浙江师范大学学术著作出版基金

浙江省哲学社会科学重点研究基地浙江师范大学江南文化研究中心

林敏霞　著

历史、文化与仪式

一座浙南所城的人类学札记

中国社会科学出版社

图书在版编目（CIP）数据

历史、文化与仪式：一座浙南所城的人类学札记/林敏霞著. — 北京：中国
社会科学出版社，2024.5
ISBN 978 - 7 - 5227 - 3274 - 9

Ⅰ.①历…　Ⅱ.①林…　Ⅲ.①军用建筑—古建筑—文化遗产—人类学—
研究—温州　Ⅳ.①TU - 87

中国国家版本馆 CIP 数据核字（2024）第 053867 号

出　版　人　赵剑英
责任编辑　王莎莎
责任校对　张爱华
责任印制　张雪娇

出　　　版　中国社会科学出版社
社　　　址　北京鼓楼西大街甲 158 号
邮　　　编　100720
网　　　址　http://www.csspw.cn
发　行　部　010 - 84083685
门　市　部　010 - 84029450
经　　　销　新华书店及其他书店

印刷装订　北京君升印刷有限公司
版　　　次　2024 年 5 月第 1 版
印　　　次　2024 年 5 月第 1 次印刷

开　　　本　710×1000　1/16
印　　　张　17.5
插　　　页　2
字　　　数　296 千字
定　　　价　98.00 元

目 录

下 篇

序

  人类学作为一门以文化为主要研究对象的学科，在西方经历了从西方中心主义到自觉以"他者"为鉴反思西方中心主义的发展历程，成为探索人类前行的重要学科之一。人类学在中国发展亦有百余年，吴文藻、费孝通、林耀华等中国早期人类学家在 20 世纪三四十年代便致力于人类学的中国化，用人类学方法对中国的民族、边政、社会结构、文化形貌与变迁等进行了深入细致的调查研究，并致力于一种"迈向人民的人类学"的学科发展抱负，关注民俗、民生、民心、民意等民本问题，体现了人民主体性特征。

  进入 21 世纪，全球格局变得更为复杂，中华人民共和国在崛起和强大的过程中，也面临着内部和外部的一系列挑战，这些挑战召唤着国人哲学、思维和文化上主体性的彰显。在此背景下，党的十九大、党的二十大先后提出了乡村振兴发展战略、共同富裕发展战略，同时也继续大力倡导和实施文化遗产、非物质文化遗产保护和开发。它们表明了我国在建设社会主义道路上对于"人民主体性"的价值和目的的强化确认与追求。

  林敏霞教授这本基于其博士论文修改、增补和完善的"人类学札记"，在我看来实则是以人类学的方式来体现上述"人民主体性"追求的体现。经典的人类学研究，总是从一个地方出发，深入分析这个地方的历史过程、文化面貌、社会结构、符号象征、宇宙图示，以反思和挑战资本主义发展所带来的诸种社会问题。本书以浙江温州蒲壮所城为地方，一方面以历史人类学的视角展现该地"军事化—去军事化—地方社会人文中心化—农村化—遗产化"的历史过程，阐释了从传统帝制国家文明体进入现代国家民族体中地方的遭遇和处境；另外一方面又以文明人类学的视角探讨地方历史过程中"文化仪式的秩序与混融"，即"地方社会通过进一步的文化地方化来参与全球化，全球化的文明进程过程也是一个更为地方化的文化过程"，彰显了一种地方主体性。

更有意义的是，通过对蒲壮所城的历史人类学和文明人类学的观照，她对这个国家级文化遗产地的文化遗产和非物质文化遗产保护提出了"地方性活态混融的遗产保护与传承"的观点，即"国宝单位不应该是简单的物质文化空间，而应是包含着人的、活态的、非物质的、超物质的混融的文化空间"，从而挑战"现代工业和资本社会对人类社会生活原本的那种'混融'中的'灵性'和'灵韵'的剥夺"，并在"'道—学—技—承'的中式非物质文化遗观中寻找相应的思想和文化资源力量，重启一个更加生态、和谐、永续的社会发展理念和道路"。

早在 2003 年，敏霞就跟随我在广西民族大学攻读民族学硕士，跟我一起做广西汉族村落的调查研究，2006 年又跟随我到中央民族大学攻读人类学博士，她依然把汉人社区研究作为她的主攻方向。博士三年的人类学学习，使她已经不满足于简单的社区民族志调查，因此她的博士论文的初稿中就带有了历史人类学和文明人类学倾向的思考和探索。作为她硕博连带的研究生导师，我一直希望她能在原有的基础上把她的博士论文加以完善并出版，但她总是认为没有达到自己想要达到的水平，迟迟不肯出版。而今，我很欣慰她能克服各种困难，把她原先偏重"汉人民间信仰"的博士论文，根据当下国家和社会发展，结合乡村振兴、文化遗产、非物质文化遗产、文旅开发等情境，进行了前述进一步深入的探索和研究，并最后完成书稿写作，我由衷为她感到高兴和喜悦。

师生多年，我很熟稔她的性情，认真、理想、负责、却又随缘、洒脱。既怀抱着对人类学的热爱，兢兢业业教书育人，关怀社会文化的去路发展，又巧妙地保持距离。因为认真、理想、负责，所以始终背负着"人类学的田野伦理"，不忘蒲城人民、不忘师恩；因为随缘、洒脱，所以她会说，这本书是一个"天真的人类学家"关于她在一座浙南边陲所城时光的一段书写，是一桩尘事的了结。

作为她的老师，我并不希望她过于淡然随缘。因此，我借此新书出版之际，希望她能继续保持对社会和文化的思考，并把这种思考转化为书写，因为学者的思考和书写，恰恰是"国人哲学、思维和文化上主体性彰显"的最重要的组成部分。

是为序与勉！

2024 年 1 月 1 日
于南宁寓所

自　序

一　地方的历史人类学想象

2007 年是我在中央民族大学攻读文化人类学专业博士学位的第二年，在导师徐杰舜教授的同意和指导下，我初步把汉人民间宗教作为自己博士论文的选题方向，并准备联系有着点远房亲戚人脉关系的温州平阳作为田野点进行初步踩点。凑巧的是，时任中央民族大学民族学与人类学理论与方法研究中心主任的王铭铭教授在北京香山召集举办了主题为"文明和民间宗教"的小型国际学术研讨会，我有幸受邀前往参加学习。会议期间，与会的中国社会科学院宗教研究所研究员陈进国先生向我推荐了温州市苍南县一个叫蒲城的地方，说那里有一个迄今为止还保存完好的明代抗倭时所建的卫所——蒲壮所城，里头有大大小小三四十个的宗祠和神庙，另外有清末民初时期建造的天主教教堂和基督教教堂。此外，还有一个非常有名气的、有着 600 多年历史、名为"拔五更"的地方仪式。

这次介绍令我对蒲城这个地方发生了浓厚的兴趣，于是我放弃了原来准备踩点的温州平阳，改道温州苍南，并决定把"蒲壮所城"作为 2007 年寒假重要踩点对象。在陈进国先生的联系推荐下，我于 2008 年 1 月中旬来到温州苍南，并在当时苍南县文化站站长林子周先生及其爱人陈剑秋女士、许则銮副站长的帮助与陪同下，从苍南灵溪前往蒲城。它很快就吸引住了我。它的历史长度、规模大小、遍布的祠堂与神庙、丰富的民间仪式活动以及国家一级文物保护单位的头衔，在第一时间便让我觉得它是非常合适做有关人类学"汉人社区"或"汉人民间宗教"研究的一个田野点。

往后接二连三的地方仪式更使我"无暇分身""不由自主"地留了下来。先是正月初四到十六开展的鼎鼎有名、规模盛大的"拔五更"迎神赛会，紧接着是苍南县蒲城乡文化艺术节，农历二月上旬又逢太阴宫桃花仙姑开光仪式，到了农历二月底、三月初恰好又赶上中华人民共和国成立后第一次恢复的蒲城城隍爷大型出巡仪式和各个宗族清明前后的祭祖活动，中间还穿插着随时可以听到、看到正一派道士的仪式活动以及佛家的和尚们进行的亡灵超度仪式。这些仪式当中既有纯民间性的（如桃花仙姑开光仪式、蒲城城隍爷大型出巡仪式），也有官方性的（如蒲城乡文化艺术节），还有半官方半民间的（如拔五更）。本来只是踩点，结果每天赶着观察和参与这些丰富多样的地方仪式，使我的踩点自然而然地变成了两个半月时间的田野调查。

第二次来蒲城做调查是 2008 年的暑假。和寒假过年相比，整个蒲城变得平静和清冷许多。一来是诸如"拔五更"等的大型仪式本身就在春节；二来春节一结束，蒲城有将近一半的人（以青壮年为主，包括部分中老年）都外出开店做生意或者打工。于是，这个在我第一次印象中颇为热闹的"小城"，一下子变成了徒留老人妇女和儿童的农村。这种异常热闹和过分冷清的对比，不禁使我对这座"古城"产生历史人类学的"想象"：热闹的仪式依然象征性地保留了地方中心曾经的繁荣，冷清的日常则意味着城市化过程中曾经的地方中心退缩为"农村"的命运轨迹。更有意思的是，由于它是国家一级文物保护单位，经常有各地的学者、游客来这里参观考察学习，使得蒲城和一般的农村又不一样，当地人或者以本地是国宝单位而津津乐道、引以为豪，或者带有埋怨，认为"国宝单位"并不能为自己落后的农村生活带来什么改善。

随着我对蒲城地方志、族谱以及其他相关资料的逐步深入阅读，上述关于蒲城的历史人类学想象得到了进一步的确定。蒲壮所城这一小地方的历史过程，既显示了传统帝制国家文明在地方的演进，也体现了现代民族国家在地方的推进，更折射出从传统帝制国家文明体进入现代民族国家体的某种转型。这种历史过程又由于其自身是明代所城这么一个特殊的文化地理空间而更显突出。在这个叫作"蒲壮所城"的地方，它先是经历了一个从军事性机构设置到一个地方社会文化中心转变的历程；接着又在民族国家的现代化、城市化进程中，经历了从地方社会经济文化中心"衰败"为落后的农村；再接着在"有着现代性反思的遗产时代"，其传统时期所遗留下来的、一度被视为"落后迷信"的各种物质与非物质的文化遗产，又成为地方复兴的文化资本。

　　我的博士生训练计划中有"历史人类学"课程内容，其中一个重要的观点便是批判了人类学历史上颇为推崇的"社区研究"，因为这种来自英国功能主义鼻祖马凌诺斯基（Bronislaw Malinowski）的"科学研究方法"①，采取的是静态的"时空坐落"中平面的民族志调查和研究，它忽视了其所研究的"原始部落"自身的历史。部落社会尚且有自身的历史，更何况在中国这样一个拥有漫长书写和记录传统的国家，大到王朝自身，小到村落家族，都有着自身明确的书写记录。对于中国人类学的研究而言，"历史"是明确无误需要面对的一个事实。历史人类学所要做的是对这些书写的"历史"进行"情境化"的再思考。

　　由此，在这本取名为"人类学札记"的书中，也潜藏着一点理论上的"抱负"。全书的上编，采用历时性和点面结合的方式，对蒲壮所城的历史进行了"情境化"的探究和表述，展现其"军事化—去军事化—地方社会人文中心化—农村化—遗产化"的历史过程，涉及了卫所、宗族、族学、仪式、遗产保护和旅游开发等内容，从而确证地方以及地方的历史从来都是超越"地方"自身，并"是历史问题分析的弹性脉络"②的所在。

二　文化仪式的秩序与混融

　　在蒲城做田野，除了"蒲壮所城"自身历史过程会引发田野者的兴趣之外，更让人无法忽视的就是其密集的、多元的、丰富的各类仪式活动。仪式本身就是一个"巨大的话语"③，可以表征社会和历史自身，因此在上篇探究蒲壮所城历史的篇幅中，也有一部分和当地仪式相关的论述。然而，按照现代人类学追求精致的仪式研究风格，即注重仪式"物质化""技术化""内部化""符号化""具体化""数据化"等方面的特质和指标④，蒲城如此丰富的仪式活动是无法全部容纳在上篇的，于是我把蒲城田野调查中与仪式相关的内容集中在下篇进行论述。

---

　　①　［英］马凌诺斯基：《西太平洋的航海者·导论》，梁永佳、李绍明译，华夏出版社 2002 年版，第 6—8 页。

　　②　［加］玛丽莲·西佛曼，P. H. 格里福编：《走进历史的田野——历史人类学的爱尔兰史个案研究》，贾士衡译，台湾：麦田出版股份有限公司 1999 年版，第 42 页。

　　③　Catherine Bell, *Ritual Theory*, *Ritual Practice*, New York：Oxford University Press，1992，p. 1.

　　④　彭兆荣：《人类学仪式的理论与实践》，民族出版社 2007 年版，第 9—10 页。

仪式部分的五章内容，分别是《城隍出巡：传统文化仪式的当代复兴》《"拔五更"：非遗视角下的迎神赛会》《桃花仙姑：一个地方草根信仰实践的故事》《寺院遗产：地方崇拜体系的空间表达》《仪式专家：蒲城正一师公的实践和传承》。它们有的是对地方历史过程的仪式性表达，可以作为上篇的扩展，如"城隍出巡"一章反映的就是"断裂和复兴"的地方历史过程；有的折射出了遗产时代地方的自我表征，如"拔五更"一章；有的体现了地方自身底层文化逻辑以及超人类中心的"泛伦理主义"的世界观和宇宙观，如"桃花仙姑"一章；有的体现了文化的混融性、复合性和秩序性，如"寺院遗产"和"仪式专家"两章。因此，分章而论的仪式内容，更加细腻地展现了蒲壮所城地方历史进程、社会转型、地方认同、混融的世界观和个体生命史等综合内容。

不可否认的是，仪式部分的书写依然受到我读博期间所受人类学训练的影响。王铭铭教授所主持的"民族学与人类学理论与方法研究中心"的不少学术活动都涉及了"文明"的探讨，如："文明研究的讲习班"的开设；在中心"席明纳"的讨论中，大家也热衷于用文明的概念来阐释社会和文化；另外也专门举办了有关文明与中国宗教研究的会议等。这些有关文明的研究和讨论，展示了一种历史性、过程性、流动性、关系性、全局性、混融性、超社区性的研究视野。虽然我在蒲城田野的初衷，也想中规中矩地做一个传统的"汉人社区"研究，但是蒲城的历史以及仪式资料本身却向我展示了很多"超社区"的、"混融"的、"流动"的、"包容"的地方。于是，从这些仪式个案资料出发，我还是回到了我在博士研究生期间所受的有关"文明人类学"训练的一些探讨。

进一步而言，从地方仪式看到文化的混融性、超社区性，甚至超人类中心主义，其实对于今天我们国家走"生态文明发展战略"的理解是有极大裨益的。它有助于反思资本主义工业化以来，人们对待物的"物化"、对待世界的"资源化"等导致生态危机的思想观念和生产生活方式。此外，混融性、超社区性，甚至超人类中心主义的"文明人类学"的观点，亦有助于理解和开展当下的"遗产保护运动"。下篇所涉及的仪式多半已经被认定为不同级别的"非物质文化遗产"，开展非物质文化遗产保护的时候，需要运用综合性的、整体性的、超人类中心主义的人类学思维，才能避免遗产保护失之偏颇。

总的来讲，全书用民族志的资料呈现一个复杂的地方社会历史和文化的进程，通过对"汉人社区"或"汉人地方社会"的文明人类学的思考，力图对于蒲壮所城的"乡村振兴""非物质文化遗产保护""遗产保护"等提供部分人类学的思考和建议。

三　作为人类学伦理的书写

距离 2007 年第一次到蒲城踩点，已经过去十四年了。十四年前，前后两次近五个月的蒲城田野，最后形成了名为"文明的演进：一座所城的文化与仪式"的博士论文参加答辩。当时论文的主旨是把蒲壮所城"去军事化"过程和相关仪式信仰实践放在"华夏化"和"全球化"两条文明演进脉络中，探索地方社会过程的复杂性和多元性，从而试图对原有国家—社会理论框架的汉人社区研究进行反思，也力图部分消解关于地方化与全球化对立性的话语。论文虽然通过答辩，但距离我心目中想要完成的学术目标实则还是有一定的差距的。毕业工作后，我多次想继续修改和完善原来的文本，却因为全新的教学科研内容、自身身体状况以及生活羁绊，搁置至今。

然而我始终受困于"人类学的田野伦理"，即人类学田野正义性问题。《兰屿观点》这部人类学纪录片一开始不无嘲讽地从一个被访谈者的口中谈道："人类学者在某个地方做调查，那个地方只是他晋级到某个社会地位的工具而已，并不能回馈给他所调查研究的对象。"无论人类学者在主观上是否如此，客观上这种"嘲讽"多少是立得住的。我相信绝大多数的人类学者，包括我自己在内，在开启人类学之路的时候，对于其研究的"他者"和田野点都是满怀善意和情感，并力图能有所贡献。但客观而言，在某个地方做田野确实是完成其博士论文并获得高校或科研机构工作机会的方法和途径。能够和最初的田野点发展成一辈子的联系并回馈的，那是需要极大的机缘、善愿和能耐的。多数人在往后的日子里，新的工作和生活扑面而来，常常会身不由己被推着往前走，纵然心底里常念想着重回自己的田野点，却不免有渐行渐远的无奈和唏嘘。

只是于我而言，这种无奈和唏嘘本身却没有渐行渐远，反而随着时间的推移，积累成了越来越深的亏欠感。每次给研究生上"民俗志与田野调查"这门课，每每讨论到田野工作伦理的时候，我的神经便会再一次被刺激：我远未尽到我对我的田野点蒲城的人类学伦理义务。如果一个人类学者没有能耐直接改变和改善其田野点和田野点人们的生活，他至少可以为他的田野点进行一次书写。这或许是人类学者对其田野点的能尽到的最基本的伦理和义务。

我联系了原先田野点的报道人，试着把出书的想法和计划与他们商议，依然得到了对方高度的支持，并表示如果需要回去做补充调查，会帮我安排好各种接待，说这么多年，蒲城的很多百姓还依然记挂着我。这种热情周备令我感动和惭愧，却也更激励我要为这个浙南边陲之地进行一次书写，为历史多留一份关于这个地方的记录。这或许是一个袖里清风的高校老师、一个以学术为生的人类学学者能回馈给地方社会的最好礼物。

念念不忘，必有回响。随着国家倡导和实施文化遗产、非物质文化遗产保护、文旅开发、乡村振兴等政策和战略，自己所在专业、学院和非遗研究基地也与上述国家倡导的领域紧密相关，这也使得我重新修改和完善博士期间的调查研究的机缘成熟了起来。因为蒲壮所城及其实践着的文化仪式，恰恰就是与文化遗产以及非物质文化遗产紧密相关的领域。由此，我重新思考了原先一直被我置之一旁的这本旧稿，发现它与我所在学院和专业有着的内在关联：它是把国家重点文物保护单位蒲壮所城作为一个"地方社会"进行人类学田野调查的一个成果，展示了文化遗产地在历史过程中所形成的多元的传说与故事、文化与仪式，是关注了文物当中的"文化"、建筑背后的"生活"、物质后面的"超物质"，从而体现了遗产的文化之根、生活之魂和生命之灵，与我当下所从事的文化遗产、非遗、文旅、文化资源开发等教学和科研内容内在相关。重新整理、修改和完善这份旧稿，也是我作为高校教学科研人员的本分、是对我所在单位专业建设的应有之义。于是2021年，在我完成《文化资源开发概论》教材写作后，便开始着手本书的撰写修改和完善。并获得了浙江师范大学学术著作出版基金的立项资助，与此同时，浙江省哲学社会科学重点研究基地浙江师范大学江南文化研究中心亦为本书的出版提供了资助。

正如前述，"历史人类学"和"文明人类学"依然是我所倚重的理论资粮，但我对原来的论文结构和框架进行了较大的调整，亦补充和增添了不少篇幅，也做了相应的补充调查。因此，我以"人类学札记"的形式，对蒲城的历史、文化和仪式重新进行整理和编撰，并将之与当下的遗产保护、文旅开发、乡村振兴的宏观背景进行关联思考和探究。其中部分内容曾以论文形式发表在《广西民族大学学报》《青海民族研究》《非物质文化遗产研究集刊》《宗教人类学》等学术刊物上，此次收录时对它们进行了相应的调整和修改。

　　作为人类学伦理书写的文本，距离学术上的圆满定是有距离的，希望有机会得到同行专家的批评指正。笔者邮箱为 lmy@ zjnu. cn。

上 篇

第一章　边陲所城：历史人文地理

一　蒲门郁苍苍：田野点的地理空间

笔者的田野点蒲城，广义上来说是指整个蒲城乡（现改为蒲城共富委员会），狭义上则是对其拥有的一座 600 多年历史的国家级重点文物保护单位"蒲壮所城"的简称。换而言之，蒲壮所城是蒲城一带的核心，没有蒲壮所城，也就没有今天有着国家级文保单位的蒲城乡或蒲城共富委员会。笔者很大程度上是在狭义的范围内使用"蒲城"一词，因为绝大多数的田野资料都来自于"蒲壮所城"之内这一核心区域。

当然，笔者遵循一般田野调查的背景介绍方法，首先要将"蒲壮所城"放在原来蒲城乡这一行政区划的地理空间中来介绍。蒲城乡位于浙江省温州市苍南县马站区的西部，地处浙闽交界，东连沿浦镇，南邻沿浦湾临近东海，西靠合掌岩山脉，北接马站镇。以汉人聚居为主的。拥有一座 600 多年历史的国家级重点文物保护单位——蒲壮所城。1992 年之前，蒲城乡有城东、城西、城南、城北、甘溪、牛乾岭、西门外、水陆山 8 个行政村。2001 年 7 月，蒲城乡原来辖 8 个行政村合并为 5 个行政村：城内的城东、城西、城南、城北四个行政村合为金城村和龙门村，城外合并为甘溪村、兴蒲村、西门外村。当时，全乡一共下辖 20 多个自然村，共有 2135 户，7258 人，总面积 9 平方公里，耕地面积 3962 亩，林地 7531 亩。乡政府驻地蒲壮所城之内的阔口巷。[1] 2011 年 5 月撤销蒲城乡，并入马站镇，原蒲城乡区域分设为马站镇蒲门社区和甘溪、西门外两个村。蒲门社区下辖金城、龙门、兴蒲三个村，也就是蒲壮所城城内区域和城外兴建新街部分，总户数

---

[1]　蒲城乡政府资料，2005 年。

1115 户，总人口 3769 人。2022 年 7 月，设马站镇蒲城共富委员会，把原来蒲城乡的甘溪村和西门外村重新和蒲门社区合并，现在户籍人口 6888 人，常驻人口 4355 人。[①] 因此，原来蒲城的"蒲壮所城"依然是该地最核心的行政文化地理空间。

蒲壮所城所在温州是典型的浙南沿海丘陵地带，西高东低，西面的崇山峻岭把它与大陆的平原地带相阻隔，东面的茫茫大海也使其与外界的交往大大地被限制。苍南县是温州最南端的一个县，处于大陆架的末端，东南濒临东海，西邻泰顺县，西南毗连福建省福鼎市，北为鳌江所断、连接平阳县，西北与文成县接壤，是一个形状为三角形丘陵地带。东南宽 80 公里，南北长 51 公里，海岸线长 168.8 公里，总面积约 1261.08 平方公里。其地势西南高、东北低，境内有山脉、丘陵、平原、河流、岛屿、滩涂等复杂的地貌类型，其中以山地为主，其面积占县域面积的 63%。南雁荡山山脉从平阳伸延至苍南北部，自西向东，峰峦连绵，在苍南县的西北南三面形成棋盘山、狮子岩、高枯山、九峰山、桂花坑和柯岭头等千米以上或近千米的山峰高耸境内，地势险峻；在东面的杨家山、站旗岗和仰天湖山亦是峰峦叠起，葱郁苍茫。这些山脉又接连泰顺县内的墓山华阳将军山，转而重新进入苍南县，并在南宋乡分为四支，分别向西南、东南（东）、东北、西北延伸出连绵的山脉，布满了苍南县的多个乡镇。

在这些山地林立的内部，河网滩涂密布，大小河流多达 154 条。蜿蜒曲折的海岸线上也遍布港口、海湾和岛屿。县内的水网平原主要是海积平原，面积有 229.1 平方公里，主要分布于东北部。这些地方原来是古海湾，由潮流带来的泥砂逐渐填淤而成，河道稠密，地势较低，分为南港、江南和马站—沿浦三个小平原。南港平原靠内陆，江南平原和马站—沿浦平原濒海。南港平原与江南平原为横阳支江所阻隔，平原内最高峰便是玉苍山主峰大玉苍山。马站—沿浦平原在江南平原在南边，中间为丘陵山地所阻断。马站—沿浦平原东南濒海，其西南西北以山地为主，包括马站、魁里、蒲城、沿浦等乡镇，以及城门乡的一部分。这里耕作精细，农业生产水平较高。整体上看，整个苍南县东面濒临大海，南面、西面和北面都是个绵延山地，仅有的内部几块平原地带也河网密布，是一个八山二水半分田的地方。历史以来温州便以"冲要"著称，苍南县

多山地丘陵的地貌，似乎更是"冲要"中的"冲要"。

蒲壮所城位于马站—沿浦平原的南端。在 G1513 高速公路未开通之前①，从苍南县城灵溪去往蒲城，一路过来要经过 671 米高的大岗山、989.5 米高的鹤顶山、846 米高的笔架山，以及 700 多米的马站半山、云亭合拳岩等。沿蒲城东南以及西南等方向还有 332 米高孟福山、369 米的澄海石钟岗、518 米高的渔寮罗家山、522 米高的信智大山等。

笔者首次踩点，由当时苍南县文化站站长夫妇以及副站长驱车陪同，对于这盘旋绵延的山路深有体会。从苍南县府所在地灵溪启程往蒲城所在的马站镇的行驶途中，多数时间都是在山地中盘旋蜿蜒，山路重重，加上当日山中迷雾，更有一种路途险恶之感。小车先是经观美镇，然后一路攀高，至南宋乡，上帆山，绕过海拔近千米的鹤顶山，然后才缓缓而下到达马站镇，颠簸时间长达一个小时。但凡稍微体弱一点的乘客，都很难经得起这一路的颠簸，我自己就算一个亲历者。据说，由于山路狭窄陡峭，许多外地的车辆司机不敢在这条山路驾驶。

虽然山路颠簸艰难，却很难掩盖树木繁茂、风景秀丽的好景象。位于苍南县最南端的马站镇，即旧时的蒲门（另外还包括矾山镇），距县城灵溪镇27.5 公里，东南面濒临东海，西面与福建省福鼎市接壤，北面靠鹤顶山、矾山、凤阳。全境南北长 19 公里，东西宽 14.2 公里，总的陆地面积约为 150.45 平方公里，其中平原地区（即马站—沿浦平原）的面积占比只有 15.8%，余下的五分之四的陆地面积都是丘陵与山地。马站—沿浦平原位于蒲门的东南位置，地势低平，内部河网交错，是粮食种植的主要地区。东南沿海的地带则星罗棋布着大小岛屿 20 个、海礁 50 个。西北面的鹤顶山主峰高达 989.5 米，山脉连绵蜿蜒，与罗家山、笔架山连接，成为马站—沿浦平原的西北屏障，极大程度上阻挡了从北方来的冷空气，使得马站的气候温润，冬暖夏凉，有"浙南小昆明"的美称。

温润的气候、多元的地理面貌以及多样的土壤，使得马站地区的植物资源十分丰富。单木本植物近百科属，杉木、松木是主要的林业资源。地方上现在还在山陵地带开发四季柚、荔枝等水果产业。平原地区土地肥沃，河网纵横，适宜粮食生产，水稻、番薯是其主要的粮食。辽阔海域有着丰富的海

---

① G1513 高速公路开通于 2019 年。

洋资源，黄鱼、墨鱼、带鱼、鲳鱼、石斑鱼、梭子蟹等是其主要的渔业资源，这也使得蒲门地区沿海地带的人们长期以来与海谋生。

唐末诗人陈陶《蒲门戍观海》一诗曾如此描述马站："廓落溟涨晓，蒲门郁苍苍。登楼礼东君，旭日生扶桑。毫厘见蓬瀛，含吐金银光。草木露未晞，蜃楼气若藏。"[1] 宋时陈桷在《合掌岩》当中写道"合掌仙岩插汉高，下临沧海压波涛。看来疑是金仙子，无相光辉礼玉毫。"[2] 可见，登高眺海，山麓连绵，林木茂盛的景象，气势颇为磅礴。而精致的马站—沿浦平原犹如一块温婉晶莹的玉石镶嵌在丘陵山地的脚下，滋养着这一方人。

当然，地处东南沿海，整个苍南（包括蒲门地区）旱涝灾害比较频繁，常有台风、山洪、海潮、龙卷风、冰雹、干旱等天气。台风的危险尤其厉害。根据旧志记载，晋、唐、元、明等朝代都有飓风海溢，死数千人。[3] 这一自然环境也造就了蒲门一代较为独特的民俗和信仰。

二　华夏的边陲：田野点的人文历史

1. 华夏视野的边陲

早在两三千年前，中国人便形成了被称为"天下"的世界想象，在这个"天下"的体系当中，中国所在的地方是世界的中心，也是文明的中心；整个世界由这个中心向四周不断延伸，第一圈为王所在的京城，第二圈是华夏或者诸夏，第三圈是夷狄。地理空间越靠外缘，就越荒芜，住在那里的民族也就越野蛮，文明的等级也越低，被叫作南蛮、北狄、西戎、东夷。[4] 这种"中国"之华夏与四方之"蛮夷"相对立的文化观和政治观，使得地方相对于中央是"野"与"文"的对立，"'地方'族群的文化是需要被'中央'文明化育的对象，'地方'应该追求'中央'正统的礼仪文教以化成天下"[5]。于是，蒲门一带的历史亦体现为边陲地方与华夏中央关系过程的历史。

尽管考古学的资料发现，早在四五千年前，温州一带的原住民已经于

① 周振甫主编：《唐诗宋词元曲全集·全唐诗》第14册，黄山书社1999年版，第5470页。
② （清）曾唯辑，张如元、吴佐仁校补：《东瓯诗存》上，上海社会科学院出版社2006年版，第35页。
③ 林振法主编：《苍南县水利志》，中华书局1999年版，第3页。
④ 葛兆光：《中国古代文化讲义》，上海复旦大学出版社2006年版，第3页。
⑤ 魏爱棠：《地方》，载彭兆荣主编《文化遗产关键词》第一辑，贵州人民出版社2013年版，第4—42页。

"瓯在海中"之地生活。此地随着海潮冲积逐渐形成平原并不断地延伸扩展，最终形成温州先民生息的陆地。① 但是，对于"中国"而言，它显然是整个"天下"地理空间的外围地带，是一个地广人稀、文明等级较低的蛮荒之地。而依山傍海、交通不便的地理面貌，也使得该地区长久以来保持了自己在文化上的相对封闭性和独立性。这个如今栖息着国人乃至世界都知晓的"温州人"的东南沿海地带、具有财富象征的汉人群体聚居之处，在相当长的时间里都是远离华夏的，是五服之外的蛮夷之地，在此居住的闽越人乃是化外之民。以至于研究温州的学者指出"温州府在区域格局内具有两重'边缘性'：行政意义上的'浙省边缘'，及文教意义上的'江南边缘'（或华东之边缘）"②。

现在的县志或史志在叙述温州苍南的时候，都按照一般的行政区署概念，强调这一瓯越之地与中央或传统帝制国家王朝的联系，如该地区在春秋时为瓯越之地，战国时属越。秦统一中国后，属闽中郡。汉高祖五年（前 202 年）于闽中故地置闽越国，属闽越国。惠帝三年（前 192 年）立驺摇为东海王，都东瓯（今温州），世称东瓯王，为东海王辖地。武帝时，东瓯举国内迁江淮间，国除。昭帝始元二年（前 85 年），今苍南地属回浦县。此后历属章安、永宁、罗阳、安阳、安固、始阳、横阳、永嘉、平阳等县。③

不过从文明演进角度来看，该边陲地区被"化内"或者说"边缘性"开始相对弱化，成为华夏的一个组成部分，应该在南宋时期。《温州府志》记载，"平阳濒海，礼乐文物至宋而盛"④。一方面是华夏文明自身伴随经济开发和人口增长，呈现从北方向南方推进的历程，另外一方面则是在于来自北方游牧民族南下的军事压力而数次"衣冠南渡"，到了南宋王朝中心迁置杭州，更是带动了南方社会经济文化的发展。于是，蒲门这个在地理位置上属于边陲地带的东南沿海之地，在南宋之时，在经济和文化上逐步华夏化，由一个化外之地演变为华夏的中心涵盖范围。

根据该地区的部分宗谱记载，蒲门地区各姓人口原来均为外地迁入，其

---

① 温州市瓯海区委员会文史资料委员会：《瓯海文史资料》第 11 辑《塘河文化》，2005 年，第 6 页。

② 徐佳贵：《乡国之际：晚清温州府士人与地方知识转型》，复旦大学出版社 2018 年版，"绪论"第 11 页。

③ 苍南县地方志编纂委员会编：《苍南县志》，浙江人民出版社 1997 年版，第 35 页。

④ （清）李琬、（清）齐召南、（清）汪沅纂：乾隆《温州府志》卷十四《风俗》，民国三年补刻本。

中以福建北移居多，自北方南迁则较少。较早而可考者为五代，闽王王审知之后的王曦、王延政为争夺王位相互攻杀，闽疆大乱，许多闽人为了逃避战乱而逃往蒲门。民国《平阳县志》对此有所记载："……平阳又与闽接壤，闽越交争，属当战地锋镝所及，流移必多。故吾平民间，族谱多言，唐季避王曦乱，自赤岸来徙赤岸者，古长溪地，今福鼎县也。"① 因此，蒲门地区至今以说福建话为主。

宋末、元末及明末，都有因战乱南下的官兵流民，部分就驻留此地。人口的迁移也能反映出中原文明在边陲推进的过程。诚如上述，有关蒲门地区的历史记载最早是五代，南齐建元时有人在此烧砖窑，南北朝时候，亦有人在此垦荒。②

在唐末唐懿宗咸通年间（860—874 年），蒲门已经是海防戍边要地了。③从唐末诗人陈陶的《蒲门戍观海作》诗题也能得知，唐时此地已设戍。唐代佛教兴盛，在这个边远的戍地亦有表现。唐宣宗大中年间（847—859 年），在今马站镇谢家垟始建延寿寺（院）④；同时期，蒲城龙山东麓已经建有东林寺（亦称东庵）⑤；唐咸通年间（860—874 年），现蒲城的南门外建有南庵⑥；懿宗咸通元年（860 年），已经有僧人在大姑山麓开基建立大姑庵⑦。佛教寺院规模化的建立说明唐代蒲门一带已经有一定的人口规模，社会有一定的发展。北宋神宗熙宁元年（1068 年），官方在此地设立蒲门寨，派兵驻守。到哲宗元祐五年（1090 年），还在此设立了官营的造船厂。⑧

北宋时期，思想文化的活动中心也开始南移。理学开山大师周敦颐来自福建，同时随着程颢、程颐的学生杨时的南归，理学开始在福建一代流传，故而"谊理之学甲于东南"⑨，温州毗邻福建，士风因此浸盛。自北宋元祐

---

① （民国）符璋、（民国）刘绍宽编纂：《平阳县志》卷十九《风土志一》，民国十四年铅印本。

② 清咸丰元年二月六日在蒲城西门外出土了一砖石，上刻"建元壬戌九月廿三"。参见（民国）符璋、（民国）刘绍宽编纂民国《平阳县志》卷五十五《金石志一》，民国十四年铅印本。

③ 马站镇志办公室编：《蒲门大事记》，1995 年，第 2 页。

④ 马站镇志办公室编：《蒲门大事记》，1995 年，第 1 页。

⑤ 东林寺亦称东庵，现在供奉道教三清、孔子、释迦牟尼以及部分地方神灵。

⑥ 蒲壮所或文保所编撰：《蒲壮所城四有材料》，全国重点文物保护单位记录档案，档案号：330300014 - 1101，2005 年。

⑦ 郑维国主编：《马站地方志》，中央文献出版社 2003 年版，第 6 页。

⑧ 马站镇志办公室编：《蒲门大事记》，1995 年，第 3 页。

⑨ （宋）王十朋：《梅溪集》别集类三，第二十七卷，《四库全书本》，集部四。

（1086—1094 年）以来，永嘉之学逐渐兴起。叶适是永嘉之学的集大成者，其学术思想也在当时产生了很大的影响，与朱熹道学、陆九渊心学鼎足而立，在当时学术界具有举足轻重的地位。①

靖康之乱以后，随着宋室王朝偏安杭州，北方思想家也纷纷南迁，南方的经济和文化都有了巨大的发展，整个浙江地区的经济文化得到了前所未有的提升，浙南山区也得到了开发。此时，蒲门的海吞滩涂逐渐展为陆地，来此定居的人口也逐渐增加。南宋时设蒲门巡检，据《系年要录》："蒲门巡检有训船，每舟阔二丈有八尺，其上转板坦平，可以战斗。绍兴三十一年（1161 年），温福诸郡造海舟，温州进士王宪献策，乞用所造为式，诏从其言。"② 与此同时，南方理学获得巨大发展并成为当时文化思想的中心，这对于平阳苍南一带思想人文的发展也起着重要的促进作用。有研究指出"浙江温州的文教科举事业在宋代是历史上的巅峰，尤其是宋室南渡后"③。《温州府志》记载："……时陈经正兄弟、陈填、林湜诸君子，皆从游程朱之门，家洙泗而户濂洛，学有渊源，名士相继而显。至今敦尚诗书，勤于教子，义塾之设，殆遍闾里。"④

蒲门一带的人文也因此有了较大的发展。生于北宋末年蒲门的陈桷，在南宋政和二年（1112 年）获得殿试进士第三名，授文林郎，后官至礼部侍郎，著有《无相居士文集》。蒲门陈氏家族随后发展成为当地的望族，族内名人屡出。陈桷之孙陈岘，在南宋淳熙十四年（1187 年）以博学宏祠科赐第，曾任翰林院编修迁秘书郎，全州知州、兵部侍郎等官，并著有《东斋集》《清湘志》和《南海志》等。⑤ 陈岘之子陈昉被称为"瑞平八士"，官至工部侍郎、户部侍郎、吏部尚书等，亦秉承文人书写的传统，著有《准斋杂说》《盈川语小》和《云萍录》等书。⑥ 以温州平苍一带在传统时期科举人文方面的

① 张立文：《论叶适思想的人文精神》，载张义德等编《叶适与永嘉学派论集》，光明日报出版社 2000 年版，第 5 页。

② 政协浙江省苍南县委员会文史资料委员会编：《抗倭名城——金乡·蒲城》（苍南文史资料第二十辑），政协浙江省苍南县委员会 2005 年版，第 195 页。

③ 陈永霖、武小平：《宋代温州科举研究》，浙江大学出版社 2017 年版，第 1 页。

④ （清）李琬、（清）齐召南、（清）汪沆纂：乾隆《温州府志》卷十四《风俗》，民国三年补刻本。

⑤ 马站镇志办公室编：《蒲门大事记》，1995 年，第 5 页。

⑥ 马站镇志办公室编：《蒲门大事记》，1995 年，第 6 页。

相对"不盛"的情况而言①，上述蒲门陈氏家族的表现可谓"盛"矣，也反映出宋代蒲门地方的进一步发展。

明代建朝初期，沿海便不断受到倭寇骚扰。因此，朱元璋依照太史令刘基奏议，在洪武元年（1368年）创立"军卫法"。明洪武五年（1372年）（一说洪武七年），朱元璋任命信国公汤和负责全国防倭城垣，从广州到鸭绿江口漫长沿海线上建筑起众多的军事卫所，其中就包括了苍南境内的金乡卫、蒲门所、壮士所。后壮士所并入蒲门所，并改蒲门所为蒲壮所，也就是笔者的田野点蒲壮所城。

所城的建立，使得不少外来的军户迁居所城，增加了蒲门的人口。除此之外，明清时期，由于逃避战乱、逃荒、招垦、从军以及仕官等原因，大量人口从南方以及北方地区迁入蒲门。根据当地宗族的记载，这段时间来蒲门人员的迁出地包括福州、泉州、厦门、漳州、汀州、晋江、南安、同安、永春、南靖、龙溪、德化、永安、长泰、平和、惠安、福清、罗源、霞浦、福鼎，北京大兴，江苏无锡，江西饶州，浙江绍兴、金华、丽水、东阳、青田、黄岩、乐清、永嘉、瑞安、平阳等地。② 这是导致蒲门在明清时期人口大量增加的原因之一。

需要指出的是，明末清初，由于战乱以及"迁界"等原因，蒲门乃至整个平阳地区（包括今苍南县）百姓外逃，人口锐减。民国《平阳县志》记载：自顺治三年清军入关至康熙二十三年（1646—1684年）全部"展界"，历经39年战乱、迁界之难。③"展复"后，部分原籍人口迁回住地，但也有大批流民人口来迁，人口数量和构成情况一度大变。

蒲门地区的历史沿革也反映了这个边陲地区的历史变化。2005年新修的《马站地方志》对于蒲门地区的历史沿革作了较为详尽的整理和记述：在平阳建县之前，有关蒲门归属的记载最早见于《汉书·地理志》。汉昭帝始元年（前85年）蒲门属回浦县地，隶会稽郡都尉。东汉光武帝时，将原来的闽中

---

① 刘小京在考察平苍的地方传统精英时候，论证了平苍传统时期的文风逊于浙西，精英数量少、资格低的情况。参见刘小京《地方社会经济发展的历史前提——以浙江苍南县为个案》，《社会学研究》1994年第6期。

② 马站镇志办公室编：《蒲门姓氏》，1995年，第33页。

③ （民国）符璋、（民国）刘绍宽编纂：民国《平阳县志》卷十八《武卫志二》，民国十四年铅印本。

地更名章安，隶会稽郡东部都尉。三国吴大帝赤乌二年（239 年），又分永宁南面置罗阳县，并在仙口一带设横屿船屯，仍隶会稽郡东部都尉。到了孙亮太平二年（257 年），以会稽东部都尉设临海郡，罗阳改属之。宝鼎三年（268 年），改罗阳为安阳县，仍隶属临海郡。晋武帝太康元年（280 年），改安阳为安固县，依然隶属临海郡。这是平阳建县前蒲门归属的历史。

晋武帝太康四年（283 年），析安固南横屿船屯地，始置平阳县，开始平阳单独建县的历史。不久平阳改名为横阳，隶属扬州临海郡。到了东晋明帝太宁元年（323 年），分临海郡设永嘉郡，统永宁、安固、松阳、乐城、横阳五县，蒲门属横阳县。从此衡阳改隶扬州永嘉郡。南北朝宋文帝元嘉三十年（453 年），横阳县始属会州永嘉郡，蒲门属横阳。隋文帝开皇九年（589 年），废横阳县，并入安固县，属吴州总管府处州，蒲门属安固。唐武德五年（622 年），恢复横阳县，隶越州东嘉州，蒲门属横阳。太宗贞观元年（627 年），横阳又并入永嘉县，隶江南道括州，蒲门属永嘉。五代后梁太祖开平元年（907 年），恢复横阳具，隶吴越国东府温州管辖，蒲门属横阳。后梁乾化四年（914 年），吴越王钱镠以横阳之乱既平，遂改名为平阳县。隶属吴越国东府温州，蒲门属平阳。北宋太宗太平兴国三年（978 年），平阳县隶两浙路静海军，蒲门属平阳。元成宗贞元元年（1295 年），改平阳州隶浙江行省浙东道温州路，蒲门属平阳。明洪武二年（1369 年），平阳县隶浙江行省温州府，蒲门属平阳。清顺治三年（1646 年），平阳县隶浙江布政司温处道温州府，蒲门属平阳。

清宣统三年（1911 年），实行镇乡自治，建立蒲门乡，辖 52—55 四都。民国十九年（1930 年），设置蒲门区公所，蒲门始设区。民国二十一年（1932 年），蒲门区更名为平阳县第六区，辖 29 个乡镇。

民国二十四年（1935 年），废闾邻，编保甲，第六区更名为昆南区。民国二十八年（1939 年），昆南区辖霞关镇及华阳、南宋、番薯、凤阳、昌禅、龙沙、赤溪、信智、马站、城门、魁里、澄海、蒲城 14 个乡镇，区署设于矾山。民国二十九年（1940 年），昆南区以区署所在地更名为矾山区，辖 2 镇、12 乡、101 保、1194 甲，共 18374 户，85185 人。民国三十二年（1943 年），矾山区更名为马站区。民国三十六年（1947 年），马战区更名为蒲门区。①

---

① 郑维国：《马站地方志》，中央文献出版社 2003 年版，第 1，46—47 页。

2. 边陲社会的人文

蒲门一带以汉人为主，在接受华夏礼仪教化过程中形成了一些共同的汉人文化特点，如共同的岁时节俗、宗族文化等。同时濒海的特殊地理环境，使其在自身历史过程中形成了一些相对独特的人文特征。

山多地少的自然环境造就了当地"土薄难艺，民以为胜，故地不宜桑"①，"握微资以自营殖"。② 因为"土薄"，人们在农业生产上是以力胜地，同时专靠种植业难以营生，要通过多种经营方式来营生，如矾山的矿业、捕捞业、养殖业等。

由于相对封闭独立的地理以及复杂的人员迁徙等历史原因，苍南境内分布不同的方言区。民国《平阳县志》记载当时平阳县（包括今苍南县）全县的方言分为瓯语、闽语、土语（俗称"蛮话"）、金乡语、畲民语五种方言，现今苍南县内依然保留了这五种不同方言。③ 其中闽语分布最广，讲的人最多，是苍南县主要的方言，主要分布在中部、西部和南部，说浙南闽语的约有57.4万人，占全县总人口一半多。蒲门属于闽语区，但在这片闽语区内的蒲壮所城里头的人却讲瓯语，形成了语言学上所称的"方言岛"。无独有偶，苍南县金乡卫（今为金乡城镇内）所讲的话也是与周边地区不一样的"金乡话"。这是蒲壮所城以及金乡卫作为一个特殊的人文地理空间所具有的独特现象。

整个平苍地区（包括蒲门在内）的宗族组织非常发达，每一个姓氏都供奉自己的始迁祖，并建有祠堂，定期进行祭祀、扫墓和修谱。祠堂内供历代祖先牌位，传统上进行春秋两祭。现代以来由于社会生活和节奏的变化，不少宗族的祭祖活动改为春祭一祭。一些大的姓氏由于人口的繁衍迁徙，会迁到另外的地方建支祠、修支谱。另外还有联宗的现象，同姓之人认作同族。闽语发音相同的王、黄等姓氏也会认作同族。20世纪80年代以来，由于民间传统的复兴，宗族活动更为活跃，不少姓氏都重新修缮宗祠进行祭祖活动。

---

① （清）李琬、（清）齐召南、（清）汪沆纂修：乾隆《温州府志》卷十四《风俗》，民国三年补刻本。

② （明）汤日昭、（明）王光蕴纂修：万历《温州府志》卷五《食货》，万历三十三年序刊本。

③ （民国）符璋、（民国）刘绍宽编纂：民国《平阳县志》卷十九《风土志》一，民国十四年铅印本。

蒲门地区属于闽语区，绝大多数人都操浙南闽语。因此，如果按照文化相似性的角度而言，蒲门地区与福建更加接近，总体上其岁时节俗和多数汉人地区大同小异，包括：正月春节、元宵节；二月二吃芥菜饭防止生病，三月三城隍爷下殿活动；四月五清明节祭祖；五月五端午节包粽子、赛龙舟；六月六旧称"晒龙袍日"，家户晒衣服；七月七"乞巧节"，外公外婆或者舅父送"烤糍（食）"给外孙（女）或外甥（女），从一岁开始一直送到十六岁；农历七月十五日，即"七月半"，又称"鬼节"，家户设宴①，祭祖宗，慰无主游魂，做"布施经"；七月三十（小月即为"七月廿九"）为地藏王菩萨生日，家户在地上泼污水，并于当夜"插地香"为其祝祷引路；八月十五中秋节，舅父给外甥送月饼，谓"送八月十五"；九月九的重阳节读书人有登高的活动；冬至祭拜家里祖先，有的家庭会到坟地祭祖；十二月二十四谓"小除夕"，有祭灶君的习俗；十二月三十除夕。和其他汉人地区一样，清明、端午、七月半（中元节）、冬至以及春节是最重大的节日。

苍南在闽浙边界地带，是古东瓯国故地，宗教民俗十分丰富多样。人们崇尚鬼巫，信奉神佛，笃信风水卜算，其民间信仰中与海水相关的就包括杨府爷信仰、妈祖信仰等。根据林亦修的统计，整个温州杨府爷的庙、观、宫、殿总计200座以上。② 其中以云岩鲸头的杨府爷庙为最大，香火最盛。苍南与福建相连，气候接近，多有福建南上的移民，历史以来与福建的经济社会交往也比较多，妈祖、陈十四等信仰也从福建传到浙南③，形成共有的民间信仰文化圈。妈祖亦称"天妃""天后""娘妈"，在中国东南沿海一带，以妈祖命名者多。至元代封为"天妃"，清康熙时封为"天后"。苍南沿海渔村大都有妈祖庙，也称"娘娘宫"。至今苍南很多渔船上还备有"妈祖棍"，遇到水怪（俗称"海和尚"，即海豚之类），便用"妈祖棍"敲击船舷吓退它们。每年农历三月十三妈祖生日前后，各地还举行祭典。供奉陈十四的宫庙也十分普遍，民间称为"陈十四娘娘"，其宫庙叫太阴宫或娘娘宫，蒲城也有一个建于明代的供奉陈十四娘娘的太阴宫。

① 苍南境内过鬼节时间不一，南港、江南、蒲门三地分别在农历七月十三、十四、十五日设宴过节。
② 林亦修：《温州族群与区域文化研究》，上海三联书店2009年版，第120页。
③ 宗力、刘群：《中国民间诸神》，河北人民出版社1986年版，第404—406页；徐晓望：《福建民间信仰源流》，福建教育出版社1993年版，第326页。

三 去"军事性"：作为所城的历史过程

1. 明代及其沿海卫所

对于蒲壮所城的认识和理解需要回到明代及其沿海卫所。从中国整个历史发展来看，明清以后中国开始由原来的多元开放进入一个相对保守封闭的时期。对世界政治经济体系变化进行一番考察后的埃里克·沃尔夫这样描述明代以后的中国：朱元璋推翻蒙古人所建立元朝之后，中国与世界的联系颠倒了过来，中国只关注自身，切断了与外界的联系。他认为，这可能是因为明人本身具有的本土主义性格所致，在经历了 400 年蒙古族统治后，他们决心回归汉人之根。[①] 尽管将"决心回归汉人之根"用来解释明王朝向内卷缩过于片面，但明代对于外部世界确实经历了由开放向保守的转变。

这种向内"卷缩"首先表现为朱元璋为了稳定政权而在明朝建立的第四年就推行的"海禁"政策。"禁濒海民私通外海诸国"[②]，后来"海禁"成为明代的祖制，清代的统治者基本上延续了明代的这个政策。尽管明成祖朱棣继位后派郑和下西洋，但其性质属于朝贡，实际上他仍然执行明太祖朱元璋的"海禁"政策。他还下令将远洋海船的桅杆砍断而改成平头船，从根本上消除民众出海的能力。[③]

很多研究对于明代海禁政策实施的原因进行了探讨，陈学文认为明朝之所以实行"海禁"政策，与明王朝建立初年所面临的让当权者感到不安的内部和外部世界有关：一方面，东南沿海盘踞着诸如方国珍、张士诚等拥有数以万计兵力以及规模巨大船只的强大反明势力；另一方面，当时又逢日本内部分裂，各封地诸侯之间开展着长期的战争，战争所导致的溃兵败将很多沦为海盗，在东南沿海一带杀掠居民，劫夺货财。[④] 这两股势力如果在海上勾结到一起，对于刚刚开国登基的朱元璋会是极大的威胁。因此，明朝建立不久，就开始推行海禁制度，禁止除朝贡贸易以外的一切海上贸易活动。

---

① ［美］埃里克·沃尔夫：《欧洲与没有历史的人民》，赵丙祥、刘传珠、杨玉静译，上海人民出版社 2006 年版，第 69 页。

② 《明太祖实录》卷一百三十九，台北：台北中央研究院历史语言研究所 1962 年校勘影印，第 2197 页。

③ 谭景玉、齐廉允：《货殖列传 中国传统商贸文化》，山东大学出版社 2017 年版，第 151 页。

④ 陈学文：《明代的海禁与倭寇》，《中国社会经济史研究》1983 年第 1 期，第 30—36 页。

与外因论不同，有的研究从明王朝内部的文化价值观念层次来分析，认为"海禁"政策实行的深层原因与"华夏"内部的人口发展以及明王朝关于自身"天朝想象"存在密不可分的联系。李宪堂分析了宋代以来的人口膨胀导致华夏的天然边界面临崩溃，大量天朝的子民为了生计被迫移居海外，闽、越等滨海地区土地更是严重不足，无地的农民只能向大海谋生路，从事航海商渔，冒险通藩，或者干脆"适彼乐土"，移居海外，这使得天朝王国、华夏神圣的荣耀性受到了挑战。华夏之内的臣民适居"蛮夷"之地，是对正统王朝天下秩序的象征性伤害，这种伤害的严重性甚至远远超过了实质性的伤害。因此，朱元璋本能地采取了严禁民众海外谋生的海禁政策。这是传统的"华夷之防"在新形势下的表现，只是以前的以"防外"为主变成了现在的"防外"和"杜内"并重。①

"防外"和"杜内"的封闭保守需要军事设置来配合实施。明太祖朱元璋在辖境内遍设都司、卫、所，以震慑地方。彭建英把明初设立的卫所分为三种类型：第一种为汉军卫所，大致分布在内地，所以也称内地卫所，是纯军事性质的机构，与地方行政区划互不相干；第二种是羁縻卫所，主要分布在西北和东北地区，其官均世袭，以当地少数民族酋领任职，兼管军民，拥有较大的自治权；第三种土流参治的卫所，从地理位置上来说，处于边疆和内地之间的缓冲地带，土官与流官同任职于其中，但以流官为主，土官副之，也称半羁縻性质的卫所。② 除了这三种之外，为了配合"海禁"政策以及抵制沿海倭寇海盗来袭，明太祖朱元璋还沿着中国海岸沿海一带整饬要塞，设置卫所，并派驻重兵进行稽查，形成了一条沿海的卫所军事防御体系。

据统计，从广州到黑龙江鸭绿江口的沿海陆地上，共置有 54 个卫、99 个所，卫与所均设有城池。另外在卫所之间，设有烽堆 997 座、墩 313 座、台 48 座、塘铺 24 座、巡检司 353 处。这一千余处烽堆、墩、台、塘铺分布在沿海各地，能及时观察从海上入侵的敌人动向，歼灭来犯的贼寇。③《明史·兵志》记载："（洪武）十七年，命信国公汤和巡视海上，筑山东、江南北、浙东西沿海诸城……移置卫所于要害处，筑城十六。复置定海、磐石、金乡、海门四卫于

---

　　① 李宪堂：《大一统秩序下的华夷之辨、天朝想象与海禁政策》，《齐鲁学刊》2005 年第 4 期，第 43—47 页。

　　② 彭建英：《明代羁縻卫所制述论》，《中国边疆史地研究》2004 年第 3 期，第 24—25 页。

　　③ 孙果清：《明朝抗倭地图：〈筹海图编·沿海山沙图〉》，《地图》2007 年第 2 期，第 115 页。

浙……又置临山卫于绍兴，及三江、沥海等千户所，而宁波、温、台并海地，先已置八千户所，曰平阳、三江、龙山、郭巨、大松、钱仓、新河、松门，皆屯兵设守。"① 到了嘉靖年间，倭寇之患更加严重，卫所海防体系得到强化和完善。

浙江省位处沿海，是明代这条沿海防线的必设之处。根据明万历三十年编纂的《两浙海防类考续编》，浙江省内的沿海卫所北起乍浦、南至蒲门，依次有嘉兴地区的海宁卫，绍兴地区的绍兴卫、临山卫，宁波、舟山地区的观海卫、定海卫和昌国卫，台州地区的海门卫、松门卫，温州地区的磐石卫、温州卫、金乡卫，共 11 处卫所。

沿海卫所建立之时亦是纯军事性质的机构，区分于地方行政区划设置。卫所实行"军卫法"，配置一定数量的屯田，专门置屯军从事耕种。如海宁卫有屯田 9 处，107 顷 25 亩，屯军 906 名；橄浦所屯田 1 处，13 顷 26 亩，屯军 112 名；乍浦所屯田数要倍于橄浦所，屯田 2 处，26 顷 52 亩，屯军 224 名，等等。屯军人数视各卫、所不同情况也有所差异，浙江沿海卫、所，当属"临边险要者"，故屯军人数要少于守城军士。上述海宁卫、橄浦所、乍浦所的屯军人数仅相当于额定军士的一成至二成，可见守军远多于屯军。②

卫所虽然是因为海防之需所建，但是从文化角度看明初所设立的沿海卫所，其影响已经远远超出了军事。研究卫所的学者指出，卫所涉及与军事移民相关的家属同守、寓兵于农、聚居等许多特点，使得卫所驻地形成独具特色的文化地理单元，在教育、风俗习尚、方言、民间信仰诸方面明显不同于周围其他地区。③ 特别是卫下属的所，其所建立的地方可能并没有州城所在地，甚至是一个相对荒僻之地，因此，所城的建立往往就会为当地添上城墙、祠庙、敌楼、水渠、桥梁等，并形成一套独立的祭祀系统，通常包括城隍、玉皇、文昌、火神等。这些建筑物和祭祀系统在所城与地方社会的互动当中，逐步为当地所接受，使得卫所渐渐成为当地的政治、经济、文化的中心。所城也就成为僻远之地最具帝国文明象征力量的一个场所。

因此，因军事防御需要而设置的卫所，也带来了文明的播布、文化的交流和创设等。在这个直接由帝制国家行政力量推行建立的特殊文化地理单元

① （清）张廷玉等纂修：《明史》卷九十一《志第六十七·兵三》，清钞本。
② 宋煊：《浙江明代海防遗迹》，《东方博物》2005 年第 3 期，第 64 页。
③ 郭红：《明代卫所移民与地域文化的变迁》，《中国历史地理论丛》2003 年第 2 期，第 151—155 页。

当中，似乎更能看到代表王朝正统的文明如何向地方延伸植入并得以成长，这符合了传统华夏"一点四方"① 的空间政治观念；与此同时，这个文化地理单元又不是一个完全被动接受中心文明的地方，它自身也会受到当地文化的影响，并在各种力量的错综互动之间，逐步孕育成一个具有自身认同的社区。

2. 作为军事设置的蒲壮所城

（1）军事设置

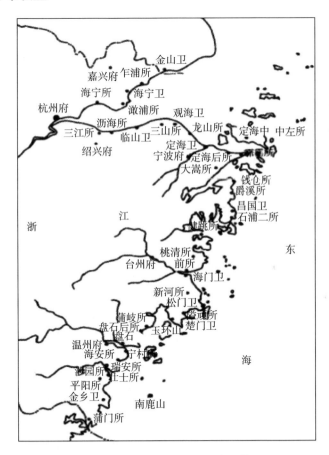

图1-1　浙江沿海卫所分布图②

蒲壮所城就属于这个巨大的沿海防御体系，位于浙江的最南端的蒲门。

---

① 李宪堂：《"天下观"的逻辑起点与历史生成》，《学术月刊》2012年第10期，第126页。

② 图片来源：安京编著《海疆开发史话》，中国大百科全书出版2000年版，第108页。

它隶属金乡卫，距离金乡卫大概25公里。据《明史·兵志》记载，洪武二十年（1387年），汤和在金舟乡设置金乡卫，二月份设置蒲门、壮士、沙园（今属瑞安市）三个千户所，隶属金乡卫，开工建筑金乡卫城、蒲门所城、壮士所城。[①] 金乡卫有指挥统千户所等官九十七员，旗军四千九百二十八名；蒲门所有知户等官十四员，旗军一千二百三十二名；壮士所有千户等官十五员，旗军一千二百三十二名；沙园所有千户等官十三员，旗军一千二百五十名。其中壮士所位于小洋孙海边（今雾城边上），后因倭寇登犯难守，归并于蒲门所内，两所合称为"蒲壮所城"。[②] 嘉靖三十八年（1559年），蒲壮所城各设置把总，配把总一员，部领哨官四员，兵四百九十员。[③]

蒲壮所城下辖菖蒲垟，埕溪寨，悬中、四表、南堡、分水隘堠，小竹台、对面山、烟山、南关岛、南堡岭、关头岗、石钟岗烟墩，（原壮士所城下辖）雷奥、尖山堠，高阳台，时家墩、打石坑、田寮、大尖山、顶魁山、毛家山烟墩。在横阳古道上岭山东南设站，供驻军憩息，即名马站。为传递官府公关所需，每10里设1铺，不久废置。隆庆年间恢复铺司。嘉靖二年（1523年），在蒲门设南关、水关、镇下关三个关卡，派兵驻防；三十三年，在蒲门招募一支水军；三十四年，设镇下关总哨官1名，船17只，兵436名，汛期屯泊官奥，守洋孙、大奥、竿山、潼头一带。同平阳、瑞安、乐清、温州与浙南沿海一带的卫、所城联结一起，与全国沿海各城堡连成一片，在东海之滨彼此呼应，联合防倭，是温州府治外围海域一道坚固的抗击倭犯屏障。[④]

到了清顺治十八年（1661年），设蒲壮守备一员，千总一员，把总二员，兵四千零十二员。至康熙二十三年（1734年），设蒲门巡检司，配弓兵十二名。乾隆二十三年（1758年），设蒲门汛左营守备一员，千总一员，外委千总一员，安兵一百四十一员。[⑤]

---

① （清）张廷玉等纂修：《明史》卷九十《志第六十六·兵二》，清钞本。
② （民国）符璋、（民国）刘绍宽编纂：民国《平阳县志》卷十七《武卫志一》，民国十四年铅印本。另外，马站城门《沛国郡朱氏宗谱》对于壮士所城并入蒲门所城也有记载：正统八年（1443年）奉旨划蒲门所城池东给壮士所官兵栖止；隆庆二年（1568年），蒲门所和壮士所合并，称"蒲壮所"。
③ 蒲壮所城文保所编撰：《蒲壮所城四有资料》，全国重点文物保护单位记录档案，档案号：330300014-1101，2005年。
④ 蒲壮所城文保所编撰：《蒲壮所城四有资料》，全国重点文物保护单位记录档案，档案号：330300014-1101，2005年。
⑤ 蒲壮所城文保所编撰：《蒲壮所城四有资料》，全国重点文物保护单位记录档案，档案号：330300014-1101，2005年。

按照明代军卫规定，蒲壮所城实行的是军士屯田制度，战时为兵，农时为民，经济上要求自给自足。关于蒲壮所城屯田情况直接记载不多，蒲壮所城文保工作人员认为，随着繁衍生息，军士群体逐渐壮大，开始沿着蒲城北山麓到东南处的滩涂不断扩张开垦，从而形成了大片田地。而民国《平阳县志》则指出，蒲壮所城在实行军士屯田的过程中，有侵并土著田地以为军队屯田的情况："平阳濒海，有地曰蒲壮，设二千户领卒以备倭寇，旧籍居民三千余其田渐为卫卒所侵……瑜被檄往勘。"①

蒲壮所城所属的金乡卫有关将士屯田方面的记载可做一个参考。金乡卫原额屯田九千九百三十八亩五分二厘，园四十三亩，坐落本卫附近及平阳、泰顺（泰顺明初属平阳），此外还有两个县坐民承粮屯田。按军屯制度规定，屯田每亩缴囤粮，军士屯田每亩上缴二斗强，坐民承粮屯田每亩上缴一斗。年屯粮总收入二千三百五十一石四斗一升五合，大概可以维持卫城五千官兵一个月口粮。② 由此可大致推测蒲壮所城的军士屯田情况。

蒲壮所城由军事设置发展而来，还留下了"民风独显彪悍"的地方社会记忆，当下有这么一段文字可以佐证：

> 站在东城门上，城下车辆往来，行人不息。他们叽叽喳喳地说着与本地闽方言不同的瓯方言，本地人都唤作"城内话"。他们的先祖多是从温州、瑞安迁入的守城军士。固定的生活空间造成了他们这种奇异的方言文化。守城的军士们，不单单只是从军。他们战时上马驰骋疆场，闲时下马耕田种菜，在城里和谐地充当着统治者和平民百姓的两重角色。据说当时的守军竟有 1200 名之多。正是这 1200 名的军士们，撑着那大明江山微不足道的一角。许是这军人血统的传承，蒲城民风独显彪悍。……就算是民俗中十五闹元宵的传统节目——"拔五更""抢红"，也能让人瞠目结舌。③

---

① （民国）符璋、（民国）刘绍宽编纂：民国《平阳县志》二十七卷《职官志六》，民国十四年铅印本。

② 政协浙江省苍南县委员会文史资料委员会编：《抗倭名城——金乡·蒲城》（苍南文史资料第二十辑），政协浙江省苍南县委员会，2005 年，第 20 页。

③ 郭进贵：《蒲门话沧桑 走进蒲城之二——元宵闹古城》，2005 年 12 月 16 日，新浪博客，https://blog.sina.com.cn/，2021 年 12 月 3 日。

（2）空间形态

中国古代的城市，无论大小，其形制都是封建伦理、政治制度与空间结构的高度统一。与西方不同，中国古代绝大多数的城市都是因为出于政治或者军事的需要建立，而非由于贸易和集市自发的人口聚居形成。这一事实也证明了中国古代城市的政治性和军事性色彩。卫所更是直接依照军事需要所建立的城，它不仅在外部功能上保卫了王朝的政治中心安全，更在内部结构上象征性地体现了王朝政治。

明代在沿海一带构建了卫、所、水寨、巡检司、寨、台、烽堠等海防体系，蒲壮所城是其中温州金乡卫下辖之所（即蒲门所、壮士所，后来并为蒲壮所城），是浙南抗倭海防体系一个重要组成部分。此外，金乡卫还包括沿着南北海岸线密布的大小三十多处的海口以及烟墩。这些海口是明时倭寇进犯的着陆点，烟墩则成为联结金乡卫城、蒲壮所城及平阳县、瑞安市所属千户所之间重要的抗倭军事设施网络。

图 1-2 蒲壮所城全貌①

作为明代海防军事建筑，蒲壮所城所建之处三面围山，西北有龙岗山（海拔 637 米）、和尚头山（海拔 592.8 米），西有合掌岩（海拔 144.4 米）、石钟岗（海拔 369.1 米）。所城背靠龙山，依山而建，南连平原，面向沿浦湾海

---

① 图片来源：《蒲壮所城文保所四有资料》，全国重点文物保护单位记录档案，档案号：330300014 - 1101，2005 年。

面，得地势之险要，扼蒲海之门户，便于远望，易守难攻。发端于合掌岩山麓的河流由西向南，与东来的西溪，在所城的南城门外汇合，把所城严密地抱合在当中，刚好沿着所城外围一周，由东门吊桥流出，汇入蒲江，再由沿浦入海。

　　整个所城的面积约为0.33平方公里，并不是严格意义上的方形布局，北面依山而建，整个城呈现北圆南方的形状，东南角微内缩近，而西南角略向外凸。康熙《平阳县志》记蒲门所"周围五里三十步，高二丈五尺，址阔一丈三尺，城门三座，垛口六百十一个，敌台六座，窝铺二十二座"①。因所城北面以龙山为靠背，故而北面不设城门。东西南三个城门——威远门、挹仙门、正阳门。三个城门之上设有城楼，东城楼为迎阳楼，南城楼为聚奎楼，内各设有翁城。城外设有南堡烽火墩，由北向南分列于顶魁山、大尖山、对面山，直至霞关烟墩多处，海上敌情，通过多处烽火墩迅速传到所城。

图1-3　蒲壮所城南瓮城②

图1-4　蒲壮所城西城墙及跑马道③

　　在所城中心有一块明初建城时候所按的米红色花岗岩奠基石。以这块奠基石为中心，向东西南北各方向延伸出四条宽约五米城内主的街道，即十字街。这四条主干又横纵出许多小的街巷，其中多以横向道路为主，辅之以纵向的小巷，形成城内的四通八达的道路系统。苍南县文史资料对所城内的街道布局有颇为详细的描述："明初建城时候，以米红色花岗岩奠基石为中心

---

① （清）金以埈修、（清）吕弘诰纂：康熙《平阳县志》卷二《城池》，清康熙刻本。
② 图片来源：《蒲壮所城文保所四有资料》，全国重点文物保护单位记录档案，档案号：330300014-1101，2005年。
③ 图片来源：《蒲壮所城文保所四有资料》，全国重点文物保护单位记录档案，档案号：330300014-1101，2005年。

点，向东延伸是十字街，经横街转到东城门为东门街，长 350 米，宽 4－5 米；向南延伸到南门街，长 142 米，宽 4—5 米；向西延伸到西城门为西门街，长 183 米，宽 4 米；向北延伸到龙山脚下城隍庙，为仓前街，长 149 米，宽 2－4 米。此花岗岩奠基石表面刻画成纵横 7 条方格线，至今作原地保存。城内街巷围绕‘田’字形而设计，整齐排列；街街相贯，巷巷沟通。其他小街巷也在‘田’字形方格内再次划分，并向四条街回环扩散，连通中心街，又与环城路一周相接，纵横交织，四通八达，如同贯穿全身的血脉，组成了小城内的道路网络。"①

作为军事用地，城内最初的一些设计也是出于军事目的考虑。靠东西南三面城墙内侧的道路为跑马道，是驻军官兵往返了各个城门、城楼、瓮城、敌台之间的主要干道，以鹅卵石和石块铺成，宽 3—4 米。除此之外，东门内设有所署等重要机构，西南角则设有社仓巷、铁械局、马房巷等。顾名思义，社仓巷为后备设施区域，铁械局为所城军需库所在地，马房巷为所城军养马之处。另外在东门外还有一个教场，这些都是典型的军事设置。

所城上述的空间结构既符合了军事建筑的目的，同时又象征性地表达了政治。费孝通曾指出："当‘墙’这个词是指在较大范围内设计了一道墙或者防卫建筑时，就是为了保护一个政治中心……因此，城是政治体系中统治阶级的工具，在这里权力以实力表现出来。城是权力的象征，也是维持权力的必要工具。结果，城的地点通常是由其政治和军事用途来定的。"② 蒲壮所城的建立出发点以及空间形态都证明了作为"城"所具有的军事和政治统治的功能性和象征性。

（3）人口情况

根据金亮希先生已有的考证，蒲城所在的蒲门一带，除了本地的土著以及公元前 300 多年越国后裔之外，直到唐代以后才有外来人口的迁入。其中，明清时期有三次重要的人口变迁：一是明初为了防倭寇侵犯，在东南沿海一带建筑永久性的城、堡、敦、台，蒲城，即蒲门所城就是其中的一个所，驻守官兵、随军家属、经商人员等落户蒲城，蒲城第一次人口剧增；二为明末，

---

① 政协浙江省苍南县委员会文史资料委员会编：《抗倭名城——金乡·蒲城》（苍南文史资料第二十辑），2005 年，第 207－208 页。

② 费孝通：《中国绅士》，中国社会科学出版社 2006 年版，第 61 页。

因战乱致使一些外籍官吏、商人和百姓无法返乡，落户蒲城；三是在清代"迁海令"后，一直到康熙二十三年（1684 年）展界，驻守官兵、随军家属、经商人员、迁移外地的人以及因灾害和欠租而逃往此地的人，使得蒲城人口再次猛增。① 根据当地谱牒记载，明清时期迁至蒲城的人绝大部分来自福建，另外还有山东、安徽、江西、台州、北京等。

与整个蒲门地区的人口发展类似，蒲城的人口发展也主要集中在明清时期，其人口来源大致也因为逃避战乱、荒灾、招垦、从军以及仕官等原因从福建、江浙一带迁徙而来。不过，因其卫所之故，初期人口主要以驻守的官兵和家眷为主。根据乾隆《温州府志》记载蒲门所在明代创设的时候设千户等官 14 员，旗军 1232 名。后来并入蒲门所的壮士所则有千户等官 15 员，旗军 1232 名。② 根据地方上的谱牒来看，蒲壮所城最初的军户包括夏姓、王姓。夏姓的始祖夏积，原籍安徽合肥，明太祖元年，克敌有功，后同汤和来金乡视察，监筑蒲门城，并世袭定居于此。③ 民国《平阳县志》亦记载："武德将军夏公墓石在蒲门城西外……天启六年夏城立。按蒲门所正与户有夏文孙宪武袭此必其家世之墓。"④ 土姓家族，也是军户，始祖王胜，为山东登州府莱阳县人，于洪武年间随征受千户职，调掌蒲门城；二世王山升副千，于明洪武二十九年随军对调壮士所千户掌印；五世祖王瑞于永乐年间由壮士所调迁蒲城。⑤ 蒲城驻守士兵有几个来源：一是从征的军户，二是归附的降卒，三是流放发配的囚徒以及从民间征调的戍卒。隆庆时期，倭寇平定之后，卫所官员以及一些士兵便定居于此。此外，随军家属、经商人员也逐渐落户到此，蒲城就逐渐聚集起越来越多的人口。

逃避战乱而迁入蒲城的人亦不少。如明成化年间因遭寇乱，徐、华、项、

① 金亮希：《苍南县蒲城姓氏研究》，载徐宏图、康豹主编《平阳县苍南县传统民俗文化研究》，民族出版社 2005 年版，第 504—505 页。

② （清）李琬、（清）齐召南、（清）汪沆修纂：乾隆《温州府志》卷八《兵制》，民国三年补刻本。

③ 《夏氏宗谱》。

④ （民国）符璋、（民国）刘绍宽编纂：民国《平阳县志》卷五十六《金石志三》，成文出版社 1925 年影印本。

⑤ 《王氏宗谱》；金亮希：《苍南县蒲城姓氏研究》，载徐宏图、康豹主编《平阳县苍南县传统民俗文化研究》，民族出版社 2005 年版，第 505—506 页。

纪、姚五姓由福建永春县肠谷乡安溪院里上场地方迁入蒲城内。[1]也有因来平阳仕官而迁居于此的，如华姓，始祖华永源，先世居江苏无锡，祖父华希晋任温州路平阳州判，永源于明洪武十八年，由平阳移居蒲城。[2]

3. 去军事性的蒲壮所城

（1）去军事性

进入清代随着沿海的战事和防卫情况的变化，蒲壮所城原有的军事功能逐渐消退。清顺治年间废除了军卫制，实行绿营兵制。而后，沿海一带经历"迁界"与"展界"之变，到清康熙乾隆时期，社会转为稳定，人口繁衍，人丁兴旺，明初所建立的蒲壮所城已经由原来的纯军事性设置，转为蒲门的政治、经济、文化、宗教的中心。在这里宗祠林立，寺庙繁多，诗书兴盛，文人辈出。"展界"后的蒲壮所城逐渐发展成一个"一亭二阁三牌坊，三门四巷七底堂，东南西北十字街，廿四古井八戏台"的人文聚集的文化地理空间。民间这一谚语所反映的蒲壮所城不再是剑拔弩张、时而硝烟的军事机构，而是透露出生活殷实、人文鼎盛的文化气息。最初因军事所需而建造的城门以及街道、水井等，都已经被当作一个地方认同的标志性景观或者生活设施来展示。

就人口发展情况来看，除了原来的军户之外，越来越多非军户的姓氏迁居蒲城，人口数量得到进一步发展，其军事性也大大降低。根据蒲城的各个姓氏族谱资料记载，明清时期迁入蒲城的比较大的姓氏有：金姓，原籍台州临海城内十字街，明洪武二十年徙居海门卫，洪武二十七年移居蒲城；徐姓，祖居浙江台州路桥，明末与弟发扬迁居蒲城；蒲城山下角陈姓，最早由河南开封府徙居福建长溪赤岸，到了十八世，陈恭率子陈禧迁入乐清白石，二十五世陈文雷迁蒲城山下角；城南陈姓，在清雍正年间由马站岑山迁入蒲城；叶姓，远祖原起于括苍，宋代理学肖叶适，始迁温州水心，至明嘉靖年间，叶翠林始来蒲城兴开当店；范姓，明嘉靖年间由福建莆田涵江镇迁居蒲城西门外；张姓，原籍浙江绍兴府，于清康熙年间蒲门展界由绍兴迁居蒲城；倪姓，始祖由广东迁居福建长溪赤岸，宋时迁横阳江南，九世于明末始迁蒲城东门；赖姓，原籍福建汀州永定县，于清康熙年间迁

---

① 金亮希：《苍南县蒲城姓氏研究》，载徐宏图、康豹主编《平阳县苍南县传统民俗文化研究》，民族出版社 2005 年版，第 508 页。

② 蒲城各姓氏宗谱。

居蒲城西门；甘姓，始祖甘台莱，元延祐六年由福州南郊之山迁居福鼎县秦屿玉歧堡，十三世甘子远，明万历四十七年由玉堡转迁蒲城；章姓，原居河南汝宁府上蔡县，于乾隆年间由上蔡县移居蒲城；林姓，祖籍福建安溪赤岑，于清康熙年间由瑞安马屿迁居蒲城内山下角。[1] 到了清中期，城内已经形成了华、金、叶、陈四大宗族，在地方上最具影响力。而这四大宗族最初都不是军户，这也从一个侧面反映蒲壮所城逐步去军事性的过程。

宗祠林立是明清时期的宗族进一步"庶民化"的结果。这些从各地分迁蒲城的家族在蒲城之内努力实践明清时期的宗族理想：建祠堂、造族谱、祭祖宗、置族田、立族规、行家法等，使得面积只有0.33平方公里的古城内建起了10座宗祠。

图1-5 蒲壮所城城内倪氏宗祠[2]　　图1-6 蒲壮所城城内甘氏宗祠[3]

此外，文人科举之盛亦表明蒲城作为地方文化中心的一个地位。后人根据史料对蒲门地区的名人（主要是科举成就以及官制人员）做了一份记录，这其中宋代有5人，明代4人，清初8人，而清代180人，在这180人当中，蒲城城内占了102人。[4] 由此可见，到了清代，蒲壮所城已经成为蒲门地区盛出文人才子和官吏的地方。

同时，这些从不同地方迁入的人也带来不同地方的民俗习惯、神灵信仰，

① 以上资料来自马站镇志办公室编的《蒲门姓氏》以及《颖川郡陈氏宗谱》《华氏族谱》《金氏宗谱》《徐氏宗谱》《张氏宗谱》等。

② 图片来源：《蒲壮所城文保所四有资料》，全国重点文物保护单位记录档案，档号：330300014-1101，2005年。

③ 图片来源：《蒲壮所城文保所四有资料》，全国重点文物保护单位记录档案，档号：330300014-1101，2005年。

④ 马站镇志办公室编：《蒲门姓氏》，1995年，第94—103页。

城内各种寺庙堂点情况更是凸显了蒲壮所城作为一个人文地理空间的特征。金亮希先生在 2002 年已经做了详细的统计①，笔者根据金亮希先生的统计，结合自己的田野调查，把蒲城内外当下所能得到各种宗教活动场所做了进一步的统计，情况如表 1 – 1。

表 1 – 1 蒲城各类宗教遗产情况一览表

年代	寺庙名称	供奉	位置	存毁	备注
唐大中	景福寺	儒释道三教	城北外	存	历代修建，1983 年再次修建
唐大中	东庵	供奉儒释道三教	龙山东侧	存	——
唐咸通	南庵	释迦牟尼、药师佛	南门外山	存	清重建
元末	西晏公庙	晏公爷	城西门角脚下	存	1995 年重建
明洪武初年	城隍庙	城隍爷及无常判官等副神	城北龙山南麓	存	——
明初	东晏公庙	晏公神	龙山东侧	存	——
——	西庵（西竺寺）	释迦牟尼、观音	城西北角	存	光绪三十年重建
——	太阴宫	陈十四娘娘	西门外	存	展后雍正元年重建
——	旗纛庙	将军神	三座城楼上	毁	——
明嘉靖年间	后英庙	陈老	龙山南麓	存	——
明中期	灵司庙	灵司爷	十字街左侧	毁	20 世纪 70 年代改为民居
——	瓜园宫	白马爷	城西南角外	毁	2000 年拆毁
——	关帝庙	关公	东城外教场头	毁	民国末年毁
雍正元年康熙年间	杨府庙	杨府爷	城西北角	存	1998 年修缮，2000 年拆毁，后重建
乾隆二十五年	五福庙	牧牛大王	三官庙东	存	1994 年在金氏祠堂内重建

① 金亮希：《苍南县蒲城"拔五更"习俗——2002 年正月迎神赛会活动记实》，载徐宏图、康豹主编《平阳县苍南县传统文化研究》，民族出版社 2005 年版，第 440—442 页。

续表

年代	寺庙名称	供奉	位置	存毁	备注
乾隆年间	天妃宫	妈祖	东门内	——	——
乾隆年间	文昌阁	文昌帝君	城西南	存	——
乾隆年间	五显庙	五显爷	城南绍兴巷	存	——
嘉庆年间	太岁宫	太岁爷	十字街西首	——	——
嘉庆年间	泗洲亭（仁美亭）	泗洲佛	城西仁美巷	存	——
道光二十五年	三官庙	天官、地官、水官	城北城隍庙左侧	存	——
清中期	白马宫	白马爷	甘溪村	——	2002 年重修
清中期	东地主庙	地主爷	文昌阁东	——	——
清中期	下庙	戚五相公	环城东路	——	2000 年拆除
清中期	仙公庙	太岁爷	南门街	——	改为民居
清中期	甘溪宫	齐天大圣	甘溪村	——	——
清中晚期	西地主庙	地主爷	社仓巷东首	——	——
清中晚期	土地堂	土地公、土地婆、送子娘娘	城南水陡门	——	2002 年拆除，后神像移入五显庙中
道光年间	雷祖殿	雷神	城西北角	存	——
光绪年间	大王爷庙	牧牛大王	五福庙东首	毁	2000 年拆
光绪年间	白马宫	白马爷	南门瓮城外	——	1960 年拆除
光绪二十九年	耶稣堂	耶稣	马房巷	存	——
光绪三十四年	天主堂	圣母玛利亚	城北	存	1972 年拆除，1987 年迁建城北书馆巷
——	白鹤仙师庙	白鹤仙师	龙山西南侧	存	——

　　由此可见，蒲壮所城虽然是因为抗击倭寇需要而设立的军事场所，然而在漫长的历史进程中，它已经逐步演变成一个宗族发达、人文汇集、香火兴盛的社区，也是蒲门地区政治、经济、文化的中心，是传统华夏王朝所推行的文明在蒲壮所城这个地方推进并成熟的表现。这种地方文化礼仪中心的地位一直延续到了大致 20 世纪 90 年代。

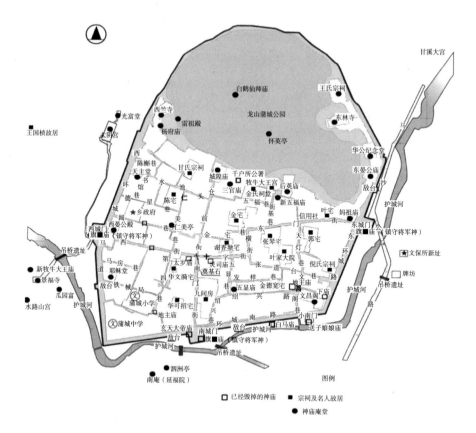

图1-8 蒲壮所城现状图①

笔者田野调查中多次访谈内容也证明了蒲壮所城曾经作为蒲门地方政治文化经济中心的历史。以一则当地80多岁老人的口述为例：

> 在国民党执政的时候，我们这里还是马站（按：即蒲门地区）的文化中心，我们有学校，整个马站只有这里有学校，七十多岁的老人都是在这里读书的。现在聪明的人都到温州、马站、灵溪还有外地去了，就剩下我们这些人了。那个时候有句民谚说："金家校，华家乡，陈家街。"说的是金家的都是当老师的多，华家的都是当官的多，而陈家的是做生意的多。现在，交通不方便了，聪明的人都到温州、灵溪、马站，还有

① 图片来源：蒲壮所城文保所提供，2008年。

外地去了，就剩下我们这样子的人在这里了。①

另一则是一位40岁左右在外做生意的蒲城人的口述：

> 十几年前，我们没人出去的时候，这里真的算得上一个繁华的小镇，这边电影、那边唱戏，十字街上各家店铺也人来人往的，天天热闹得很，就像你（指笔者）看到的过年时候的那番情景。②

（2）历史沿革

作为军事性设置而建立的蒲壮所城，它又在行政区划之内。根据明弘治《温州府志》清康熙《平阳县志》以及清乾隆《温州府志》的记载，平阳县自明代以来便分为十个乡，蒲门属招顺乡，位于蒲门的蒲壮所城自然属于招顺乡。这种建置沿革一直延续到清末。

光绪三十四年（1908年）十二月，清政府颁布了城镇乡自治章程，规定府、厅、州、县衙门所在地的城乡地方为城，其他市镇村庄地方人口五万以上为镇，人口未满五万者为乡。根据平阳县当时的人口情况，平阳县于宣统三年（1911年）规定为自治区域，建立了一城（平阳），四镇（万全、北港、江南、南港），三乡（小南、金镇、蒲门），并设有以"都"为基础的行政区划。其中，五十二都、五十三都、五十四都、五十五都为蒲门乡所辖。这四都的面积基本上囊括了沿浦平原以及周边的部分地方。蒲门城，即蒲壮所城属于五十五都之内，亦是当时整个蒲门乡的政治经济文化中心。

民国伊始仍延续宣统三年划定的行政区划，后来逐步修改。民国十七年（1928年）实行了区街村制（城市编组为街，乡村编组为村），县以下编制为区村里间邻；民国十八年（1929年）平阳县遂将街村改为村里，并筹备划区，组织区公所；民国十九年（1930年），民国政府又将村里改编为乡镇。民国二十四年（1935年）废间邻制度，实行保甲制度。

当时改行县与乡镇二级制，撤销区公所；按地方治安情况设置区署，代行县政府职权。平阳县改设为6个区署，蒲门为第六区，下辖2镇（蒲城镇、

---

① 田野访谈资料。访谈对象：JQY，访谈日期：2008年2月19日，访谈地点：太阴宫。
② 田野访谈资料。访谈对象：ZCL，访谈日期：2008年8月7日，访谈地点：蒲城东门外HZM家。

霞关镇）27 个乡，蒲城即蒲门区的二镇之一。民国二十七年（1938 年），蒲门区改称昆南区，蒲城也由镇改为乡。民国二十九年（1940 年），平阳县再次进行乡镇调整，昆南区改名为矾山区，辖 2 镇（马站镇，霞关镇）13 乡，蒲城是十三个乡之一，当时下辖蒲城、沿浦、大姑、小姑、下寨、丹丘等街市村庄。到了民国三十五年（1946 年），民国政府继续缩编乡镇，马站区更名蒲门区，蒲区从原来的 2 镇 12 乡并为 2 镇（马站、霞关）4 乡（南宋、矾山、赤溪、蒲城），蒲城乡为蒲门区四乡之一，所辖面积基本不变。

也就是说，在民国时期的一系列行政区划的变更所过程中，蒲城逐步由镇变成了乡，取代蒲城的是后来建的马站镇。尽管如此，根据地方口述的资料，民国时期，蒲城作为蒲门地区文化中心的地位还是没发生根本性的变化。蒲城依然是人口集中、人文活动频繁、神庙最为聚集的地方。

中华人民共和国成立初期基本上沿用旧政权的行政区划。1949 年 8 月，鼎平的南鹤与蒲门两区合并为蒲门区，下辖马站、矾山、霞关、南宋、蒲城、赤溪 6 个乡，蒲城乡为蒲门区六乡之一，此时的蒲城乡的面积与民国时期基本一致。

到了 1950 年 6 月，蒲门区更名为马站区，蒲城乡属马站区。1958 年"大跃进"开始后，政府开始撤区建社，蒲城乡成立了蒲城大队，归属马站公社。1961 年恢复区公所，大队建公社，因此，马站公社变成区公所，辖马站、霞关、岱岭、城门、魁里、渔寮、蒲城、沿浦、澄海、南坪、云亭、信智十二个公社，蒲城是马站区公下辖十二个公社之一。换而言之，马站区原来 6 个乡拆分成了 12 个公社。因此，相比原来的蒲城乡，蒲城公社的面积大大减少。原来属于蒲城乡范围之内的沿浦、云亭等地方都独立成为一个公社。蒲城公社下面的大队有城东、城南、城西、城北、牛乾岭、水路山、西门外、甘溪 8 个大队，也就是后来的蒲城乡范围。

1981 年，苍南从平阳县析出，独立建县，蒲城公社隶属苍南县马站区。1984 年，苍南县政府试行撤区建镇，以镇辖乡，撤销 71 公社，成立 72 乡政府。同年还试行撤区建镇，以镇辖乡，蒲城乡是马站镇所辖的十一乡之一。1985 年，又取消以镇管乡，恢复区建制，马站为苍南县七区之一，下辖 2 镇（马站镇、霞关镇）9 乡（岱岭、城门、魁里、渔寮、蒲城、沿浦、澄海、南坪、云亭），蒲城乡为九乡之一。这 11 个乡镇基本上是从原来的公社所转化而来的。此时蒲城原来公社时期的 8 个大队就变成了 8 个村，面积与公社时期相当。后来的蒲城乡的范围基本上延续此。

1992 年，苍南县进行撤区扩镇并乡，蒲城依然是辖城东、城西、城南、城北、甘溪、牛乾岭、西门外、水路山等村。2001 年 7 月，蒲城乡原辖 8 个村，经合并后为金城、龙门、甘溪、兴蒲、西门外 5 个行政村，其中在蒲壮所城城内的便是金城、龙门 2 个行政村。2011 年，金城、龙门、兴蒲三村合并为马站镇蒲门社区，2022 年设马站镇蒲城共富委员会，重新合并了蒲门社区（即金城、龙门、兴蒲）、甘溪村和西门外村。即为原蒲城乡范围。

目前，蒲壮所城所在的"蒲城乡"区域共有 104 姓，其中，陈姓、华姓超过1200 人，金姓 500 人多，王、黄、林、张、郑、甘等姓人数都在近 200人或 300 人。① 近十五年来，"蒲城乡"或"蒲城共富委员会"户数是 2000—2130 户，人口数基本上在 7000—7300 人，男女性别比例在 1.02∶1.2。

四　结语

蒲壮所城是明初朱元璋所建立的沿海军事防御体系的组成部分，是国内保存最完好的明代海防建筑文化遗产，是理解明代海防体系的最好实物。蒲壮所城"去军事性"的过程，是明代海防体系历史变迁的过程，对系统解读中国古代海防体系历史变迁具有重要意义。

从社会文化变迁的角度来看，因军事设置而建立的蒲壮所城，为"郁苍苍"的温州苍南蒲门这一边陲之地带来人口、经济、文化的交流和发展。到了清中叶，随着东南沿海局势的平稳，蒲壮所城不再是一个军事性质的卫所，而是诗书鼎盛、人文荟萃、戏台楼阁交错、宗祠神庙遍布的地方社会文化经济中心。这一地方中心的地位甚至在中华人民共和国成立后，蒲城在行政建制上从镇变成乡之后的很长时间中都延续下来，一直到 20 世纪 90 年代之前，提及蒲城，它依旧是人们心目中蒲门地区或者是马站镇的地方中心。在浙江苍南，说到蒲城，既是现今行政意义上的蒲城乡，也是历史军事意义上的蒲壮所城，更是历史文化意义上的"城里"。

---

① 苍南县公安局统计 2004 年 7 月 1 日资料，转引自郑维国主编《马站地方志》，中央文献出版社 2003 年版，第 163 页。

第二章　宗族历史：清代迁界前后宗族
迁徙、离散与重构

　　对于明清时期福建家族结构和制度变迁有深入研究的郑振满先生指出，东南沿海的宗族发展情况大致起于元明之际。沿海地区聚居的宗族纷纷建祠堂、置族产、修族谱，陆续形成了以士绅阶层为首的依附式宗族。与其他地方的宗族发展有所不同的地方是，沿海地区的宗族在明清之际遭受了倭寇之乱和迁界之变的冲击，因此沿海各地的宗族组织大多经历了解体和重建的过程。沿海地区宗族恢复和重建的时间大概在清中叶以后，并逐渐发展形成了各种不同形式的散居宗族。[①]

　　蒲门位于浙南闽北交界的沿海地带，其宗族的发展大致也经历了上述的情况。宗族的实践，中间虽然经历过解体、中断，但宗族作为一种核心的文化价值依托和社会组织结构并没有遭到改变。无论是迁界之前，还是迁界之后，地方上都是以追求创造家族的规范性、典范性为目标的。在当地的族谱里面，有很多关于迁徙、宗祠、墓地、祀产、重修族谱、家训以及族中名人传略的记载，这些都是典范的宗族实践的象征。[②] 从社会整合的角度来看，明代沿海地区的海盗倭寇扰乱，使得人们对宗族的依赖性加强了，遭到破坏和解体的宗族反而以更加猛烈的方式重建、重组。

一　迁界与宗族迁徙

　　在顺治十八年（1661 年），清王朝为了杜绝沿海居民对郑成功军队的接

---

　　① 郑振满：《明清福建家族制度与社会变迁》，中国人民大学出版社 2000 年版，第 120 页。
　　② 由于现在留下来的资料多半是清代展界以后，因此本章的资料更多地来源于地方上的族谱以及部分宗祠和金石记载。

济，下达"迁海令"，用武力强迫沿海一带的居民向内迁移十里。这一政治举措，对于清初中国沿海一带原有的社会秩序造成了极大破坏，不仅使得沿海一带多地人烟荒芜，也造成了原有宗族组织相当大程度上的离散。位处沿海的蒲壮所城亦无可避免地经历了迁界之变。

如上章所说，明初所城的建立，致使许多外来守城的军户落户并定居在蒲城，此外，明清之际，由于逃避战乱、逃荒、招垦、从军以及仕官等原因，亦有大量人口从南方以及北方的地区迁入蒲城。这些来自不同地方的人定居在蒲城之后，延续了宋明以来的宗族庶民化的社会过程。

方志以及宗谱的记载可以反映，在迁界之前，蒲城的宗族组织就已经有相当的发展。建城之初到来并落户于此的驻守官兵、随军家属、经商人员使得蒲城人口大增，同时形成了一定规模的家族组织，这些家族包括朱、夏、金、张、董等姓。明万历、天启间，平阳知县招垦，又有李、蔡、刘、周等姓迁入蒲城，人口进一步聚集，也进一步促进了当地宗族社会的成长。根据当地主要姓氏的宗谱记载，这些姓氏在明代都修有族谱，人丁兴旺、经济实力比较好的宗族则建有宗祠，置有祖产。

"迁海令"下达后，清军大批进驻蒲门，插木为界，烧尽界外民居，强迫当地群众内迁10里。迁界之变所带来的巨大破坏，使得蒲门一带（包括蒲城在内）一度人烟荒芜，极大地破坏了当地社会原有的秩序。清代的项元牲在《蒲门志》里面就描述了当时迁界的情况：

> 吾蒲于顺治十八年辛丑闰七月一日奉迁。大兵翌日抵蒲，尽驱男妇出城，三百年之生聚一旦俱倾，十万户之居庐经燹而尽。况时大火流金，狂霖漂石，僵饿载道，襁负塞途。或旅处深山，喂虎之口；或颠连古渡，葬鱼之腹，甚至在鬻妻卖子，委壑填沟，万种惨伤，一言难尽！谁绘民图，叩九阍而呼吁；聊托鸟语，向三春以哀鸣。则十禽十言，尽是流离之景况；而一声一泪，无非危苦之情词。如居高闻之，必动抚绥。①

蒲城主要姓氏的宗谱，基本上都有关于"迁界"的历史记载。以华氏为

---

① （清）项元牲：《蒲门志》，转引自郑维国主编《马站地方志》，中央文献出版社 2003 年版，第 387—388 页。

例，《华氏宗谱》同治十三年续修谱序中记载：

> 迨顺治十八年，郑成功滋扰沿海，于是有迁徙内地之令，奔走仓皇合族离散。（族高叔祖良卿公遗记顺治十八年六月初二日，忽逢迁界之令，零雨载途，仓皇出走，苦不胜言。有十禽言以纪其事）或迁北港，或徙郡城，八九两世祖良嘉二行昆仲共三十余家散处各方，不通音问。①

《朱氏宗谱》乾隆四十九年申辰秋八月重修宗谱序中记载：

> 嗣后丁口盛，居处繁更，遭迁界流离失所，或有归或无归，南抵下魁、埕溪，东至旧城，西连马站，计程三十余里，内外余惧世代愈遥搬折，愈远一族之长幼，邈不相识，一姓之字行乱不相同，因欲重修宗谱以贻后人然始焉。②

《金氏族谱》"下魁派系溯源清流"亦记载：

> 顺治十八年迁居内地，展界不归，久无来往，竟失所考。③

一直到康熙二十三年（1684 年），清政府撤销"迁海令"，部分当地外迁姓氏才陆续迁回本地，也有部分姓氏的部分家户分散在外不得回归故里。总之，迁界之变导致了沿海家族人口的流离失散，祠堂、祖坟、宗谱等都遭到极大程度的破坏。

换而言之，在温州沿海一带，迁界前的基层社会结构是一个以祖先崇拜为核心的宗族社会。但迁界之变，使得蒲城一带的宗族组织经历了程度巨大的离散乃至解体，其重新凝聚和构建也经历半世之久。

二 展界与宗族重构

随着东南沿海局势的稳定，清康熙二十三年（1684 年），朝廷颁布了展

---

① 《华氏宗谱》卷一《续修谱序》，2005 年修撰版。
② 《朱氏宗谱》。
③ 《金氏族谱》。

界令，迁界在外二十多年的蒲城族人得以陆续返回，重建家园。根据《华氏宗谱》同治十三年《续修谱序》记载：

> 至康熙廿三年，展复令下，各祖始谋归里，其牵系而不克归者，不知凡几。雍正之初，首邱既遂，始克尽辟，先畴整葺庐宇。而我高祖章若公与族中诸叔祖倡修祖墓，竖立坟碑，重建宗祠，手缮谱系。及嘉庆丙子岁，诸叔祖乃校辑付梓。然亦订就既，归各支。确可考核者，而辑为三大房总谱，而向日之迁徙莫返者、未遑搜集。①

《朱氏宗谱》中于康熙廿六年记载：

> 康熙九年庚戌岁次九月展界，吾等幸矣。讵料文武下僚欺虐小民，不能上疏，私相拟议止开桥墩门，南港藻溪、江南金镇、将军岭，下以山为界，喜还，悲矣，至于康熙廿三年岁在甲子正月开界，得复故里。②

《金氏族谱》中于道光十四年撰：

> 顺治十八年夏秋之交，以海禁未靖，所为倭寇侵坏。沿海亿兆迁居内地。良民失业。高祖良玉公、曾祖承琳公奉旨迁移，居江西垟凤池里。
> 至康熙廿三年甲子春，展界复归故里，是时遗失宗谱，先朝族考讳字无从稽查。但尊文爵公为始祖耳。③

由此可见，康熙二十三年展复令下之后，饱受颠沛离散之苦的人们回归故里，便开始着手倡修祖墓、重竖坟碑、重建宗祠、手缮谱系等宗族事宜。原来有宗祠的家族，选择一定的时间重建或者重修宗祠；迁界之前还没有建立宗祠的，在展界之后，随着时局的稳定以及家族自身的发展，也纷纷建造宗祠，进行一系列的宗族实践活动。《金氏族谱》中的一段清光绪时的序言，

---

① 《华氏宗谱》卷一《续修谱序》，2005 年。
② 《朱氏宗谱》卷一《历代祖考端委略》。
③ 《金氏族谱》卷一《原序十三》。

亦表明了展界后，金氏族人如何在蒲城进行家族重建和发展的实践：

> 当展界旋梓时，独能破天荒列苗胶庠以致棠棣，秀兰桂腾，芳入判雍，一门中凡数十倍是岂特厦构千万间，田联阡陌顷为足成望族于三蒲，乃今者英才错出，贤者挺生，既课绍于书香家声丕振，且重修乎谱牒世泽长绵，吾见本立道生将来登高第陟巍科拾紫掇青何不可。于是谱成，兆志也至。于分封赐姓之由转播迁之故，忠孝义节，缙绅先生道之详矣。余奚庸赘述，是为序。[①]

另《朱氏宗谱》"祠堂记"一则，记载朱氏在清乾隆时期朝局稳定后，建造宗祠的缘由：

> 周礼大宗伯掌建邦人鬼之礼，小宗伯掌建神位，《孝经》曰：祖宗以庙享之皆，所以崇德报功者也，要之由官师而上达天子，均得以庙称士庶人不获有庙享，维於寝室致祭焉。乾隆十九年春赍可任、可廷相诸公念我始祖印公前明洪武年间自饶州浮梁来官壮士所，几历戈载艰辛流遗，今日不有寸土斗室以为栖神之所，有志追远继孝者，心何安？四人遂董其事，仿文徽国公改命祠堂之制，商诸罗地师，选址三亩洋地方，坐甲庚兼卯酉……架造凡三进两楹，以周垣中奉高曾祖祢，龛主先代香火有所凭依，如是祖宗安，则子孙之心亦慰焉矣，夫祖孙一气也……爰定期每岁……二季设祭。

由此可见，"敬宗收族"作为一种文化理念，早已是地方进行自我认同的内在价值观，是地方社会得以团结和延续的一种内在机制。在重新实践宗族的过程中，宗族已经作为最基本的价值理念，在变故之后的家园重建过程中发挥着关键的作用。前述《华氏宗谱》同治十三年"续修谱序"最后的叙述也表明了这种价值观念：

> 今幸年谷顺成，宗党安乐，尚其念迁徙之年，祖宗有聚而忽散之苦。

[①] 《金氏族谱》卷一《原序十二》。

念展复之后，祖宗有散而复聚之劳，遇将散之劳，必尽其保；聚之术当
完聚之日，必廑其可，不使散之心，则是谱之，所以永吾族之聚也。即
以觇吾族之盛也。是为序。①

伴随宗族的重构，社会转为稳定，人口繁衍，人丁兴旺，蒲城之内逐渐
宗祠林立，诗书兴盛，人文辈出。到了到清代康乾盛世，城内已经形成了华、
金、叶、陈四大宗族。人们在这里进一步实践着宗族的理想，建祠堂、造族
谱、立族规、置族田、祭祀祖先、实行家法等，使得面积只有 0.33 平方公里
的古城内建起了 10 座宗祠。同时，这些从不同地方迁入的人也带来不同地方
的民俗习惯和神灵信仰。

此外，后人根据史料对蒲门地区的名人（主要是具有科举成就以及当官
的人员）做了一份记录，这其中宋代有 5 人，明代 4 人，清初 8 人，清初之
后 180 人。清初之后的 180 人当中，蒲城城内占了 102 人。② 这一数据表明，
到了清代，蒲壮所城已经成为蒲门地区盛出文人才子和官吏的地方。文人科
举之盛，亦是当地宗族重构社会发展的一个表现。

由此可见，"展界"之后，蒲门一带的宗族组织或者说宗族社会不但得到
了恢复，而且还有了进一步的发展。

三　宗族认同的文化建构

中国的宗族社会在自身认同的建构上普遍具有以下几种方式，即修族谱、
建宗祠、造墓地、立家训。族谱在时间谱系上为宗族建立了认同的联系；墓
地是族人身体的安息之地，宗祠是祖先灵魂的居所，也提供族人开展宗族活
动的空间场所；家训是对族人行为的规约，也是宗族的精神核心所在。因此，
"展界"之后的蒲城社会，以此四种文化方式来重构和强化宗族认同，使得温
州一带的宗族社会结构一直延续至今，并在自身社会的经济、礼仪和宗教中
得到体现，形成即经济意义上的，同时也是文化意义上的"温州模式"。

明末清初温州沿海地区的宗族迁徙属于政治性和军事性的原因所致，它
使得温州沿海地区的宗族普遍经历了一次离散和重构，显示出了宗族作为一

① 《华氏宗谱》卷一《续修谱序》，2005 年。
② 马站镇志办公室编：《蒲门姓氏》，1995 年，第 94—103 页。

种文化认同方式，在形塑和构建地方社会结构和过程中的重要作用。宗祠、族谱、家训等构建和强化宗族认同的文化方式，虽然是在宗族庶民化过程形成而内具历史性，然而，认同的方式或手段自身常常在历史过程中内化为文化的组成部分，成为一种具有"根基性"力量的东西而获得生命力。因此，尽管政治性因素所导致的宗族离散，使得该地区的宗族社会结构受到了破坏和损伤，但具有"根基性"力量的宗族认同使得离散的宗族延续了下来，并在"展界"之后能迅速地按照其原有的文化方式来重建宗族组织和强化宗族认同。

1. 宗祠与墓地：宗族认同的空间谱系建构

宗族实践的核心内容是建有宗祠和宗族墓地，这是"敬宗收族"的基本手段。平苍一代的宗族十分发达，基本上每个姓氏都建有自己的宗祠。作为供奉祭祀祖先的场所，宗祠主要用于供奉祖辈灵位及进行祭祀等活动的场所，同时也是宗族其他公共活动的中心。在土改之前，祠堂都有田、房等不动产，由族长（通常年高德重者担当）来负责管理众田、房产。众田，也叫义学田，是宗族中培养与鼓励子孙上进致仕的田产。祠堂里供有宗谱，设有案桌；有的正厅供有本宗族最有名望祖先的画像或塑像；族中去世的人都分房设立木主和香炉，并写上某地某房某公神主；有的两厢壁上画有祖先创业和建功事迹的图像。[1]

在明清时期宗族"庶民化"的背景下，建造华丽的祠堂，本身就是华夏化成功的一种文明表现。从宗祠建造内部格局和外部旗杆上都可以看出，他们以标榜诗书世家、朝廷官宦为荣耀。蒲城主要姓氏的宗谱基本上都会记载宗祠修建的情况。以《华氏宗谱》为例，它详细地记载了每一次修建或者修缮宗祠的情况。乾隆四十四年谱序中记载：

> 明季烽燹频，更遭迁徙。故祠宇圮毁。康熙年间三房叔祖仲美公暨仲商公倡族捐资存放出息，为建祠计。到了雍正元年，始克重建於城西隅。费用浩繁，馀资无几积。至乾隆三十年，二房伯章若有事重修费金四百余两，其羡余亦径陆续用尽。今祠宇颇已完整，始祖各坟墓年久崩坏，并碑志磨灭。因于乾隆四十三年，会族捐资稍加修葺仍立。墓碣因思众资，毫无剩费何以备不时之需。复集三房族众共捐钱六十千文，登

---

[1] 苍南县档案局：《苍南民俗》，2001 年。

簿存放。惟所捐微薄，不过继述前人之志耳若夫。扩充仁孝，光大前烈。
如范文正公之义田，广孝韩魏公之推恩睦族，端有望于来者矣。①

道光戊申年，因为宗祠"数十年间几经风雨霉蚀交侵"，又"集族人金
议"，集资增修。光绪三十年岁次，更为详细地记载了历次修宗祠的情况以及
本次重修宗祠的情况。

蒲壮所城之内建有的宗祠有十座，都是展界以后整修或者新建。就所城自
身的面积而言，0.33 平方公里之内有 10 座宗祠，其密度是相当高了。老的华氏
宗祠位于城内西南位置，于乾隆三十二年（1767 年）重修，道光十八年（1837
年）扩建，光绪三十年（1904 年）重建按，宣统三年（1911 年）修整；金氏
宗祠于清乾隆三十九年（1774 年）重建于城内龙山脚下，光绪三十三年（1907
年）重修；甘氏宗祠位于城西陈福巷后，始建明代万历年间，到了清同治年间
增建；张氏宗祠位于城东天灯巷，清嘉庆二十四年（1819 年）修建；倪氏宗祠
位于城东天灯巷，清康熙五十五年（1716 年）建立，历代均有修缮；徐氏宗祠
于城北五福巷东后英庙边上，建于道光十九年（1839 年）；王氏宗祠 1998 年增
修于龙山东侧山腰，东庵左侧；叶氏宗祠 2003 年增修；陈氏宗祠 1998 年增修于
城西南社仓巷；黄氏宗祠民国二十年（1931 年）增修于城西陈福巷后。

有些宗族在最初迁到蒲门一带的时候，由于各种原因，长时间没能建立
宗祠。在宗祠作为家族最为重要的象征符号的时代，一个没有宗祠的家族是
不体面的。

蒲门良壁公派下的《陈氏宗谱》有一段清道光十九年的文字，记载了陈
氏家族一度长时间未建宗祠，而后由众合议之后鸠工建祠的事件：

余始祖良壁公由闽徙蒲，传至今二百余年，十有一世，祠宇未建也，
谱牒无存。戊戌春，余孟仲季三房众合议，爰将国儒公山场树木售出银
钱四百八十余两，就岑山花井头祖屋后十字街地基，鸠工经营祠宇。其
地坐辛向乙兼酉卯，是冬落成。寻进神主，俾先祖得凭依之所。②

---

① 华元衡：《追识建修宗祠事》，载《华氏宗谱》卷一，2005 年。
② 陈兰圃、陈焕森：《建祠并创谱记》，载《颍川郡陈氏宗谱》卷一，1991 年。

文字中并没有交代为什么陈氏迁到蒲门两百多年未建祠堂的原因，不过可以推测多半因为当时人口不盛，财力不足，没有能力建造宗祠。然而，在明清时期，东南沿海一带宗族庶民化已经非常普通这种有宗无祠的现象，显然是有背潮流的。我们也可以从这段文字中感受到透露出的焦虑和压力，因为没有宗祠就是不合规范，也不符华夏的典范。于是，陈氏族人最后终于三房合议，将山场林木出售得以筹集建祠资金，才使"先祖得凭依之所"。

对于家族来说，宗祠是祖先灵魂的居所，而坟墓则是祖先躯壳的所在。因此，一个典范的家族必然同时拥有宗祠和坟墓，坟墓的重要性丝毫不亚于宗祠。族谱当中通常都会对家族坟墓的地理位置和范围以绘图方式表示出来，此外还会用文字记载。《华氏宗谱》的《南堡岭脚总墓碑》（乾隆四十三年）和《南堡岭脚世墓记》就是非常典型的有关祖坟的文字记载，不仅对祖坟地理范围进行记载，而且对祖坟的历史以及重要性等都进行了记载：

《南堡岭脚总墓碑》

吾族本江南无锡当元季有晞晋公者，来宦於平，兵阻不得归。遂家焉斯邑。再传为永源公，实始居蒲则前明洪武十八年也。吾蒲宗派以永源公为始迁祖，五传至杰公并厝兹山，盖以上本支未茂，犹循周礼族，葬之遗意焉。杰公生高祖三，始分孟仲季三房。长叠山公葬城门，次云衢公葬山兜，三吉山公葬大姑。初始祖及各祖坟原立有碑志，城内建有大小宗祠。适顺治十八年，海氛滋扰致有迁移之变，悉皆毁没。后于康熙二十三年展复，于是宗族咸归故里，得以仍前祭扫其宗祠。既于雍正元年重建于城西，今复立碑志于墓前，镌先代世次于上，以垂不朽云。乾隆四十三年岁次戊戌相月谷旦十世孙岁贡生日昕谨记。

乾隆四十三年岁次戊戌相月　　谷旦

十世孙岁贡生日昕谨记[1]

《南堡岭脚世墓记》

先祖觅地葬于明季，周围之山为荫不狭。但恐年久坟佃，有串通吾

---

① 《南堡岭脚总墓碑》，载《华氏宗谱》卷一，2005年。

族不肖者盗卖，其遍并外人侵扰等情，爰复族到山指明疆界，并附于俾谱，守顾者永久无虞矣。

敬从伯谟裔孙恒仝志 汝楫 斯莹

附：始迁祖坟在南堡岭脚，飞凤形其山上。右两界至墙围外陈高两姓园，并仲房伯奇园，下至水沟，左至甘姓园，左肩直上至甘厉二姓园，并孟房亦定园，惟五世祖杰公以上列祖附葬于石，另向其界不同，上至陈姓园，左肩一荒坪与始祖坟接连，下至路左，至石坎外仲房之小房众祖墓，右首罗圈，右至墙围外季房之小房众祖墓，左首荫地，距离蒲城西南里许，又五世祖坟上有陈姓山园一片，每大雨后流下直落孟房弟亦象与族长伯通叔登陇，慨念乃商于余出权积大众钱项二十千文，向陈姓买来上至陈园高坎、左至石坎外、右至高姓坟裔孙培基志孟仲季三房祖坟暨元衡、元时二公坟界记孟房坟在城门灵岩寺之外，峰卧地金牛形上至峰，下至溪，左至埋石，右至坑，距离蒲城北十里许五届增图。仲房祖坟在山兜金星叠体形其山，上至峰，下至大路，左至季园，右至纯之公墓，左荫地之小路，距离蒲城东南二里许五届增图。季房祖坟在大姑廻龙顾祖形其山，上至峰，下至周姓田，左至坑及程姓田，麟郊公，附葬隔峰，上至孙姓园，下至程田，左至孙姓园，右至水沟，其两墓距离蒲城东五里五届增图。元衡元时二公墓在福鼎二十都，林家山陶#洋，四围有墓田，计算五斗共八十四丘，山园水坝在内，其界墓上至小路，下至彭山田，左上下至彭林田，右至薛山为界。[①]

此外，其他宗族族谱亦有相关记载，并有实的宗族墓地。如陈氏宗族的墓地，据笔者日野初期的观察，有坟六七广座。

2. 宗谱：宗族认同的时间谱系建构

上述情况充分说明了在明清时期当地宗族实践的盛况。此外，宗谱也是宗族实践的重要文化手段。宗谱的纂修、宗谱的内容和格式以及祭谱仪式在当地也发展得十分完善。

蒲门宗族清代的谱序里面经常出现的论调就是强调修建宗祠和造宗谱的必要性：要使人知木本水源之谊，知亲疏有别，必须要修谱。通常每隔二十

---

① 《南堡岭脚世墓记》，载《华氏宗谱》卷一，2005 年。

年或三十年便重修一次族谱。每次重修时须预先调查此期内存殁及生育人名及其出生年月日时。修谱设总理事和分理事，每户要出丁口银，作为做谱先生工资与诸项费用。

宗谱的内容包括：本族来源及迁徙变化情况，宗规族约，行辈，重大事件，本族著名人物传赞和图像等。谱系按辈分排行，以红线贯穿，记录本族人口、生卒、妻女与葬地情况。修谱时，要将各房族的人丁、姓名、生卒年月、婚配、顶嗣及葬地等详列，并画先祖遗像、撰写人物传赞、行略、谱序、祠祀、众产、著作经事等。谱中要为族中有功绩和地位者，如忠臣孝子、节妇烈女、名儒学者立传。谱牒编纂完成，刻版印刷或正楷缮写，分成几十册或几百册。传统时期，谱牒不能任人随意翻动，如需查谱，须用福礼拜过宗祠方可开谱。查谱者要净手后才能翻阅。逢农历六月初六晒谱一次，以驱蛀虫。谱牒修缮完成，举行"拜谱"仪式，要拜祭宗祠与祖墓，故又称"祭谱"。合族盛设完谱酒筵，每户人丁齐来吃酒，又做谱戏，同族相庆，邻村同姓宗族派首事前来庆贺。①

修谱和建祠都是宗族大事，谱牒修缮完成之后的祭谱仪式是不可或缺的。大型的祭谱仪式通常要做三天三夜，由正一教师公设道场，手书祭文，向历代祖先宣读。祭文的内容大致包括谱祭时间、各派子孙人丁数、修谱建祠的情况以及祝文。

每一本族谱中，对于本姓先祖的追述总是不遗余力。通常会有"始封宗系次图""世系纪图"来追述宗族的历史谱系。越是晚近修缮的宗谱，在谱系时间上的建构和联系就推得越远。新修的《甘氏宗谱》当中记载了最近一次宗族谱祭时的祭文，大致可以帮助我们了解明清以来蒲城各宗族的谱祭情况：

> 维
>
> 岁乙亥己卯月癸丑日（公元一九九五年阳历三月二十三日），我甘氏宗祠理事长暨全体理事，敬率全族各地各房各派全体裔孙，计有一千零五十丁。其中：福建后山六人，清官司二十人，印斗十九人，黄金地七十二人，霞浦郬山十三人，才堡十五人，岩坑一百五十八人，玉岐九十七人，谢家山八十三人，云亭斗米五十人，泰屿一百六十人一人。

---

① 苍南县档案局：《苍南民俗》，2001 年。

　　浙江蒲城、下关二百五十五人，龙港十二人，墨城吴兰庵三十四人，石邦一十人，中墩一十三人，金乡二十九人，蒲城居沙埕七人。

　　缘于去年全族上下致力为我甘氏宗祠修复与宗谱重修之举，仰赖先辈英灵庇佑，得以全功告成，使我后裔子孙得能仰瞻祠宇，重光庙貌，前则明堂远大，胜概包罗；后则龙山拥抱，松桧葱茏，冈峦叠秀龙气钟灵，是诚吾族祠宇制大观，兆百世无穷之绵衍。

　　至于修谱之举，乃继共和丁巳（公元一九七七年）第十二修后之第十三修也。其间时隔二十载，宗枝繁衍，桂馥兰馨。为延续世系、明辨昭穆，修谱之事堪称盛举。二十年来吾族财丁两旺，子孙昌盛，当修祠落成之日，曾毕全族七代祖孙同堂聚影，此诚闽浙两省各地后裔子孙，近百年来之盛事，亦足以告慰于列祖列宗在天之灵。

　　今值修谱完功，祠宇重光之际，全族谨建三昼夜超度功德道场，追荐列祖列宗上自始迁祖，下及各世各辈宗亲，解除（文革）浩劫，恢复神主供位，同享超度，同登天界，并受阳世后人春秋祭祀，永庆升平。今择良辰，谨备醴浆牲礼礼致祭丁。

　　始迁祖台莱公，妣赵孺人。

　　二世祖从源公，妣徐孺人。

　　三世祖士寿公，妣王孺人。士疆公，妣梁孺人。

　　暨及其后世各房各支列祖列宗之座前，以祝以文曰：

　　溯我甘氏，世系绵长。根固枝荣，华夏芬扬。源深泽远，长发其详。考诸史籍，秩爵相传。春秋时代，祖孙两相。甘茂甘罗，赐邑封疆。历佐朝廷，护秦说赵。出使沟联，屡建奇功。西汉延寿，辽东太守。元帝五年，匈奴犯境。寿公督师，西域名震。官加都护，封义成侯。东汉甘英，公元九零。奉旨出使，罗马大秦。班超倚重，官封都护。为国效劳，史播佳音。三国甘宁，东吴名将。原籍四川，忠县生辰。骁勇善战，受封太守。万民景仰，坐镇西陵。近代甘辉，出身农户。籍居龙海，聚义反清。后归郑师，身充部将。职中提督，善战著名。永历十二，从郑反攻。兵败力战，不屈献身。忠心赤胆，为国捐躯。千秋史册，永志功勋。乾隆中叶，屏南国公。官居提督，护驾有功。卫戌九门，威名远播。献匾宗祠，光祖尊宗。年长代远，岁月绵延。追念吾宗，如仰昊天。为国为民，青史遗篇。后世子孙，永感先贤。唐代玄宗，建州忽汗。祚荣渤海，嗣并东丹。继有遗民，率下南边。披荆斩棘，历尽苦难。克勤克俭，毋怠毋荒。蕃衍九族，定居闽疆。胼手胝足，业富家强。追念劬劳，祖德弘扬。纪元一千，献公始祖。卜居榕城，三山莫迹。次乔泉郡，再移闽清。先后五迁，历年三百。传来莱公，十有一世。兄弟三人，各奔东西。莱公于兹，世经廿七。绍承千载，繁衍生息。莱公迁鼎，时年十六。少年英俊，坚毅纯朴。仁宗丁巳，一三一七。入秦定寓，业创玉歧。嫡传四支，各创家业。长守玉歧，根深叶茂。次迁金地，再分吉溪。绳其祖武，贻厥孙谋。三房蕃茂，两支并旺。吴坑衍庆，生生不息。翁潭水秀，代代发祥。兄友弟恭，闾里钦扬。秦屿一支，始于君仁。来自潭尾，直接莲秦。创基立业，大展雄图。桂馥兰香，昌盛繁荣。四房超公，迁出玉歧。建业蒲城，展邑分支。岩坑米企，庆衍怀宏。洋口中墩，子孙峥嵘。意我莱公，创业至今。世传廿七，代出能人。岁经七百，创业艰辛。造福子孙，感德频频。祭兹盛公，集聚群宗。拜谒祖先，弘扬大道。缅怀远辈，仰德崇芳。丰功伟绩，仁善可风。后代蕃衍，枝叶同根。源流派系，万系归宗。溯本追源，唯德是扬。春秋俎豆，百世蒸尝。列祖列宗，佑我子孙。爱我中华，守法遵章。欣逢盛世，奋发图强。（笔者注：因为是当前的谱祭，祭文中自然涉及到了当前的时代）千秋永盛，渤海长存。虔诚拜祭，来格来尝，伏维尚飨。①

　　这篇祭文不仅记录了甘氏宗祠理事会人员的组成、甘氏宗祠和宗谱重修原因及大致情况，更为突出的是对甘氏世系绵长进行了详细"考察"和记述：通过"考诸史籍"的方式，把先祖追述到春秋时代两相甘茂甘罗，接着逐一按朝代记录了西汉、三国、明、清有名的甘姓人士事迹。又对来闽迁蒲的甘氏支系逐一加以详考。强调先辈"岁经七百，创业艰辛"，现在集聚群英、拜谒祖先，以溯本追源，万系归宗。由此，参与祭祖、祭谱仪式的人所认同的人群超越了蒲城、福鼎等有明确谱系记载的范围。祭文把历史记载中所有甘姓名人先烈都与蒲城甘氏联系在一起，提供蒲城甘氏一个更为久远和广泛的"想象的共同体"。

---

① 《甘氏宗谱》第一卷，2006 年修撰版。

3. 家训：宗族认同的精神核心构建

宗族组织通过乡约和家训来规范基层社会和宗族成员。蒲门地区大的宗族族谱里面基本都记有清代时期所规定的家训，有的还涉及乡约。从宗族作为一种地方文明化的文化和组织手段角度而言，各种家训也充分反映出了当时宗族文化实践上模仿大族的做法。越是有着详细的家训族规，则说明宗族发展越是典范，也就越接近于正统的文化价值评价标准，因而也就更是整个华夏文明组成部分，他们就具有更高的地位和荣誉。笔者在蒲城所收集的族谱中，基本上都载有家训或者祖训。家训一般罗列数条，在伦理思想以及行为举止上进行规范和教化。每一条针对一项内容，并对为什么要遵守该项规范进行一定的论证。以《陈氏家训》为例，其对家训做了如下的罗列和论述：

一孝父母。昔孟夫人有云孩提之童无不知爱其亲也，及其长也，有妻子而移少慕者矣，犹不思羊有跪乳之恩，鸦有反哺之义，安有人为万物之灵，而反禽兽之不如乎？为人了，务竭力以事二人。

二敬祖宗。当考家礼一书，独祖宗为重，当必立庙祀以荐，频繁定墓祭，以剪荆棘者，报本追源之至意也。故氏族祠宇未兴，当捐资以创，墓道就圮，宜协力以修之，春祠秋尝致其诚恳。

三端夫妇。男正位乎，外女正位乎，内男女正而后家道成，苟失正始之道焉，得顺从之，雅故易曰："夫妻反目不能正室也"。可见，身修而后家齐，夫义自然妇顺，男子壮而有室者，尚其念诸。

四和兄弟。人有兄弟，犹手之兴足也。然，近世往往因财贿而相嫌隙者矣。无他，伉俪之情，密孔怀之念疏也，不知世间最难得者兄弟，诗曰："式相好矣，无相尤矣"。有兄弟当效灼艾之情，毋致燃箕之刺。

五睦宗族。苏氏谱记曰："吾族千万人，其初兄弟也，兄弟之初则一人也"，故族中富者宜恤其贫，贤者宜悯其愚，患难相顾，庆吊相通，毋特尊以压卑，毋挟强以凌弱，同心协力御其外侮。

六重婚姻。男女居室，人之大伦也。可见，男婚女嫁不可不谨。但嫁女必择快婿，贫富不与较，娶妇必求淑女，状奁不与计苟，徒慕范氏之富，何能免叔向之讥，且婚姻论财夷虏之道，此文正公所深戒也。

七肃闺门。妇人无故不出闺门，斯外言不入于闾，内言不出于闾示别也。倘男女杂坐，内外无分不宜，玷辱家声，即风俗因之败坏。虽然妇人何知刑狱之道，责在家长，易曰："家人利女贞"。

八教子弟。易曰："蒙以养正，圣功也"，语论曰："性相近，习相远也"，故有胎教而生文王，三迁而成孟子。凡子弟稍有知觉者，当为择师严交，游以豫养之纵，不能如古之贤圣，亦庶乎比匪之虞矣。

九慎职业。古者四民士为首，农次之，工商为末，其余杂流世家所不为也。愿族中子弟，秀者泽诗书，朴者务耕，鉴或居于肆，或藏于市，为圣人之氓可也。慎勿习俳优，为君子所讥，充隶卒，受贵人辱。

十守勤俭。周书垂无逸之训，鲁论有节用之经，凡为国者，尚务勤俭为本，而况于家乎。每见世人袖手好闲，衣文绣食，膏粱将累世之积贮，一朝荡洗，可胜慨哉。愿吾家子弟俭遵晏子之风，勤法陶朱之度。

以上训辞十则俱极恺切详明，凡岁时祭祖毕，族中老成者，当为历历讲说，警励后生，万勿视为具文也。①

另外诸如《王氏宗谱》记载了道光二十五年的族规，先对族规在规范礼仪方面的重要性进行了阐述，曰："夫所称望族者，岂特势位显荣物产丰裕，已哉以其隆道义而敦礼让，具古盛世之风也，则家箴教诫之，道不可失矣，为首叙宗规。"② 然后罗列和阐述七条族规，包括：谱牒当重、祠墓当展、族类当辨、名分当正、宗族当睦、姻里当厚、乡约当遵等。《甘氏宗谱》的祖训内容包括：忠为士、孝圣贤、悌兄弟、俭、矜孤、恤寡节妇、既事亲以孝、事长以敬、兄友弟恭夫义妇顺等，并强调这些"训词实系废兴，诵之再三尔其深听"。③ 此外，《夏氏宗谱》还记载有如"祖训七则"（谱牒当重、祠堂当展、族类当辨、名分当正、宗族当睦、里仁当厚、乡约当遵）"圣谕十六条"（敦孝悌以重人伦、笃宗族以昭雍睦、和乡邻以熄争讼、重农桑以足衣食、尚节俭以惜财用、隆学校以端士气、黜异端以崇正学、激法律以警愚顽、明礼让以厚风俗、务本业以定民志、训子弟以禁非为、息诬告以全善良、戒逃匿以免株连、解雠忿以重身命、联保甲以弥盗贼、完钱粮以省催科）"族箴"

① 民国《陈氏宗谱》第一卷。
② 《王氏宗谱》第一卷。
③ 《甘氏宗谱》第一卷，2006 年修撰版。

（一曰孝父母、二曰和兄弟、三曰序长幼、四曰别夫妇、五曰训子孙、六曰亲宗族、七曰严内外、八曰慎官守、九曰安生理、十曰明利益）[1]，等。其他各姓族谱中都有类似规定。

　　除了宗祠、坟墓、族谱、家训外，一个大的家族还会参与地方神庙的建设，这是家族兴旺的又一个表现，反过来也是家族实践的文化手段之一。蒲城清代所形成的金、陈、叶、华四大家族中，有三个家族就与地方上的神庙有关系。当地供奉陈十四的太阴宫与华家有相当大的联系，太阴宫从明代开始到清代的修葺主要都是由华家负责；五显庙在清代时由陈家建立；初建于乾隆二十五年的五福庙与金家联系密切，以至于现今重建的五福庙位于金氏宗祠之内；此外，东晏公庙的二扇则是清乾隆年间重建东晏公庙的时候，由金家南门九间宅的创建人金藩及其儿子负责。

四　结语

　　明末清初温州沿海地区的宗族迁徙属于政治性和军事性的原因所致，使得温州沿海地区的宗族普遍经历了一次离散和重构的过程，显示出了宗族作为一种文化认同方式，在形塑和构建地方社会结构和过程中的重要作用。

　　宗祠、族谱、家训等构建和强化宗族认同的文化手段在宗族庶民化过程中成为温州沿海地区族群文化认同的方法，因而有其历史性。然而一旦成为认同手段，并内化为文化的组成部分，就成为一种具有"根基性"力量的东西而获得生命力和延续性。因此，尽管经历政治性因素而导致的宗族离散，使得该地区的宗族社会结构组织受到了破坏和损伤，但是具有"根基性"力量的文化性认同使得离散的宗族延续了下来，并在"展界"之后能迅速地按照其原有的文化手段来重建宗族组织和强化宗族认同。

　　温州这个闻名世界的中国东南沿海的边陲地区，其被关注的原因和角度是多样的，他们是"中国的犹太人"、是中国经济发展的"温州模式"[2]，也是中国"礼仪经济"集中体现的地方[3]、是宗族社会结构保存完整的地区，还是各种信仰和宗教荟萃之所。

---

① 《夏氏宗谱》第一卷。

② 费孝通：《关于乡镇发展的思考》，《北京大学学报》（哲学社会科学版）1992 年第 1 期，第92 页。

③ 杨美惠、何宏光：《"温州模式"中的礼仪经济》，《学海》2009 年第 3 期，第 21—22 页。

以人类学整体性眼光来看，这批"中国的犹太人"所形成的"温州模式"以及在此模式中所体现出来的礼仪、信仰、宗族结构和力量是相互关联，并可以互为诠释。宗族重构过程中所运用的宗谱、祖坟、宗祠、祖训等文化手段，在空间、时间以及精神上强化了温州地区宗族社会的认同。对其深入调查研究能增进人们对当今温州社会的经济、礼仪和宗教的认识。对于温州地方社会或者地域史研究而言，"可以透过宗族的视角剖析出该地域的社会发展与独具特色的地域文化特性"①。由此，宗族是重要的文化事象，从历史人类学视角去探究该地区宗族社会的变迁以及认同状况，尤其是明清时期的温州宗族，有助于我们更为完整地理解和看待今天的温州、温州人、"温州模式"。

---

① 王春红：《明清时期温州宗族社会与地域文化研究》，中国社会科学出版社 2016 年版，第 1 页。

第三章 华氏族学：国家与地方的历史互动

蒲壮所城清末至今一百多年的历史变化还可以通过一个家族所办族学的百年变迁得以窥见：一方面是国家力量植入基层社会组织并作用和形塑地方；另一方面是地方在这一过程中显示出的自身能动性。在一所族学变化的方寸中展示了国家大历史与地方小历史的互动与互构。

一 清末民初的"兴学"及其在蒲门的表现

19世纪末，华夏文明的进程随着西方资本主义世界体系的全球性扩张而发生了更改。清朝陷入一个内忧外患并存的风雨飘摇之境。晚清政府于1901年开始实行"新政"，推行官制、兵制、学制以及奖励工商等改革。新政所推行的改革，多项内容并没有取得预期效果，唯有文化教育（即学制）方面的改革影响广泛，颇有成效。维新运动时期，维新派就把"变法"和"兴学"联系在一起，他们认为国家弱的原因是人才的凋零，而人才凋零则是因为现代教育的不足。到了20世纪初，八国联军侵华加剧国势的危机，增进了清政府"求才"的紧迫性，国家亟须推行教育制度改革，在全国设立新式学堂，推行现代教育。学堂的推行采取了以下的举措：逐步废除科举制度、建立各级兴学机构、广筹学款、解决办学师资、严定奖罚等等。[①]

如此，兴办近代学堂便成为清统治者的既定国策并推行到全国。民国《平阳县志》对于这段特殊的历史进行了记载。清光绪二十九年颁布的学堂章程中规定："州县城镇乡均可建设高等小学堂。虽僻小，州县至少必由官

---

① 王笛：《清末新政与近代学堂的兴起》，《近代史研究》1987年第3期，第245—251页。

设立高等小学堂一所。"①"初等小学堂应以每百家以上之村设立一所初办，以每四百家设立一所，逐年扩充以办成为度。"② 同时，清政府还在县一级设立劝学所，作为地方官执行教育行政工作的辅助机关。平阳县的劝学所于清光绪三十四年成立。

然而，经济衰敝、财政困窘的清末政府在兴办学堂时所面临的最大问题是"需款极亟"和"筹款维艰"之间的矛盾。除政府拨款、庙产兴学、收取学杂费、苛捐杂税等③，当时所采取的筹款措施当中，一个重点是放在了士绅官民的社会捐助上。为了筹到更多的兴学款项，清政府鼓励和倡导不同形式的社会捐助与个人捐款助学，对之予以奖励和表彰。针对不同的捐款额，设置不同的奖励层次，从地方官自行奖励到都抚奖给匾额，乃至奏请皇帝给奖不等。奖励的方式包括精神奖励和实官奖励，精神奖励包括请旨允准捐款人在地方建坊，给予"乐善好施""急公好义""急公兴学""辅翼士林"等字样或奏请赏给匾额；实官奖励包括比照赈捐章程给予贡监衔封翎枝等职衔的奖励（奖励的标准经历了由十成实银到五成实银的变化）以及由皇帝特旨批准按照十成实银赏给实两种。④

清光绪二十九年（1903 年），清廷颁定学堂章程以后，蒲门境内也兴起了办学热潮。士绅范登良首先于光绪三十二年（1906 年）在沿浦文昌阁创办蒲乡公学，到了宣统三年（1911 年），蒲门境内设有正本（在今蒲城城内）、回澜、瓯岐、枕山等 15 所由士绅主导创办的新式学堂。⑤

国民政府成立以后，"兴学救国"依然是当时的一个主旨思想，不仅得到继承，而且还更为全面地、扩大地加以实行。就平阳县而言，境内"推广小学骎庆乎遍境内，盖与古家塾党庠之制差有近焉"⑥。到了民国九年，整个蒲

---

① （民国）符璋、（民国）刘绍宽编纂：民国《平阳县志》卷十一《学校志三》，民国十四年铅印本。

② （民国）符璋、（民国）刘绍宽编纂：民国《平阳县志》卷十一《学校志三》，民国十四年铅印本。

③ 吴林羽：《困厄中的变迁：清末新式小学堂》，硕士学位论文，华东师范大学，2006 年，第 16—20 页。

④ 张小莉：《清末"新政"时期政府对教育捐款的奖励政策》，《历史档案》2003 年第 2 期，第 113—117 页。

⑤ 郑维国主编：《马站地方志》，中央文献出版社 2003 年版，第 356—357 页。

⑥ （民国）符璋、（民国）刘绍宽编纂：民国《平阳县志》卷九《学校志一》，民国十四年铅印本。

门地区共计有高等小学 1 所和国民学校 28 所①，比清末增加了近一倍。

　　虽然民国时期兴办学校的范围扩大，但"需款极亟"和"筹款维艰"之间的矛盾依然存在。为了解决这一矛盾，国民政府也采取了一系列的措施，其中包括了奖励教育和庙产兴学，这在本质上延续了清末"新政"时期的筹款措施。

　　在实际生活中，县级以下的兴学运动以庙产兴学和奖励赞助教育为主要方式。从清末"新政"到民国，县级区域内各项社会事业的发展，只能在国家财政收入之外另行筹措，各县的教育经费主要依靠各种渠道向民间来筹集，而奖励赞助教育依然是获得士绅官民社会捐助的有效途径。因此，在平阳，"县立高等小学校之经费由县经费支给之，各自治区设立高等小学校，其经费由自治区或关系自治区之经费支给之"②，而县以下的学堂创办只有自己筹措经费了。这也导致蒲门境内二十多个初等国民学校，大多设在祠堂、宫庙，办学条件差，经费缺乏，迁移频繁，时办时停。有些族谱对当时的这种办学情况也有所记载。如蒲门《朱氏族谱》记载："大宗祠之建，迄今二百四十三年，以前修理不得其详，民国五年蒲门初小公学在本祠，办三年迁于蒲城。后曾三次在祠堂，办过灵岩初级学校，后移五显宫……"③ 短短十数年时间里，在一个姓氏的祠堂里面先后办过并移出 4 次学校。由此可见，民国时期一方面是地方上热衷于办学的风气，另一方面在办学条件上又面临诸多困难。

　　蒲城作为一个传统时期已经相当"华夏化"的社区，通过读书来获取功名的"文风"甚盛。据当地老人说，在兴办新式学堂之前，蒲城城里的大小私塾有 30 个，基本上稍有能力的宗族都办有私塾。教育基础如此广泛的蒲城，在明末清初兴学之风中，自然免不了有所表现。现今在蒲城城内的西南角方位，有一所名为"蒲城乡辅导中心学校"的初级中学，就是民国时期兴学演变之产物。从其前身蒲门学堂创立的时间开始计算，到现在已经有一百多年的历史了。它的历史变更与蒲城华氏家族有着密切的联系。这一在表面上是家族性的事件，其背后反映的却是一种现代性的文化组织的成长过程，是国家力量与地方社会互动的一种社会历史。

---

　　① 郑维国主编：《马站地方志》，中央文献出版社 2003 年版，第 357 页。

　　② （民国）符璋、（民国）刘绍宽编纂：民国《平阳县志》卷十一《学校志三》，民国十四年铅印本。

　　③ 《朱氏族谱》，1997 年修撰版。

二 从兰义社到振华小学

1. 兰义社：宗族意义理性的实践

蒲城华氏原籍江苏无锡，在明末清初的时候，其始迁祖华晞晋因担任温州路平阳州判官，而来宦平阳。当时正逢方国珍窃据温台地区，致使道路梗阻不能回归无锡故里，（于是）不得不侨寓昆阳。① 明洪武十八年，其二世祖观音公华永源由平邑迁到蒲门城内，为蒲门始迁祖。自观音公后，华氏家族绵绵延延，枝繁叶茂。到了第五世的时候，华氏家族"以诗书奋发，崇正之季，衣冠齐楚，畴陇相望，一时号称极盛"②。自此以后，华氏家族一直是蒲城最大的姓氏之一。

根据已有的统计，截至 1991 年，从明代的始祖开始计算，华家在蒲一共有 22 世，总计人数是 10530 人，其中在蒲城乡的人数是 1304 人。③ 这一人口数占据了蒲城乡总人口数的七分之一。除了人口，土改之前，华氏家族在蒲城拥有的田地数量也位居第二。

作为当地望族，华氏家族在蒲城地方事务上发挥了相当大的作用。比如，蒲城四大神庙之一的太阴宫，其产生、重修都是华氏家族在起着主要的作用。相比其他大姓，华氏家族尤以人文诗礼、书香门第著称，饱学通儒的华文漪是其中的一个典型。而另外一件反映华氏家族在传统时期通过追求诗书人文来进入帝国文明体系之事，便是与后来的蒲城乡高级辅导中心学校相关的兰义社。

义田、义社、义学是宗族实践的组成部分。义田的创立，肇始于北宋皇祐年间的范仲淹。范仲淹所实践的义田，后来被理学家张载（1020—1077 年）、程颐（1033—1107 年）等大力提倡，成为宗族庶民化发展的重要手段。从宋元以来，各地宗族的义田皆有发展，到了明清时期，宗族义田的发展更是进入了全盛时期，义田在社会生活等方面都起着重要作用。④ 与之相关的义社、义学亦有了重大发展。

---

① 《续修宗谱序》，载《华氏宗谱》卷一，2005 修撰版。

② 《续修宗谱序》，载《华氏宗谱》卷一，2005 修撰版。

③ 金亮希：《苍南县蒲城姓氏研究》，载徐宏图、康豹主编《平阳县苍南县传统民俗文化研究》，民族出版社 2005 年版，第 510 页。

④ 李江、曹国庆：《明清时期中国乡村社会中宗族义田的发展》，《农业考古》2004 年第 3 期，第 198—211 页。

除去义田、义学的经济功能不论，从文化角度而言，官僚士大夫、商人、地方乡绅乃至妇女参与义田的建置，是对宗族文化理念的一种实践。大凡能够置办义田的家族或个人都是值得嘉善的，该行为本身被视为和宗睦族、光耀门楣之事。能够拥有义田或者义社的家族也是更为典范的、成功的家族。正是在这样的文化观念作用下，但凡有能力者，都会想方设法来置办义田、义社。

在明清时期，华家是否置办了义田或义学，现存的谱牒当中并没有记载。不过到了民国初年，族谱中便有了一则有关义社的记录，叙述者是华镇藩。

华镇藩，号兰卿，前五十年的时间生活在清代，最后十年左右的时间生活在民国。《先考兰卿府君事略》记载他少时从师受学，弱冠时弃学而学贾，通过勤恳的操作、井井有条的管理，收获维倍。他个人生活简单朴素，为人处事恩威有度，侍奉母亲几乎孝无复加。又曾经出任过族中理事管理祀产，任劳弗恤，宽容大度，而使得产复而益滋殖，在族中颇有威望。①

民国四年（1915年）九月二十三日，五十四岁的华镇藩写了一段题为"兰义社小叙"文字。文字一开始以寥寥数语勾勒了他自己秋后抱病以来的忧患心情。大意是说，自己虽然历经四十年惨淡经营，置得田地数十亩，但上有老母，下有幼儿，自己的病体万一有什么不测，就会"遗忧未既"。于是想到以行善延年的方式来消解这种忧患之情，打算把自己手头数十亩田产中的二十亩来入祠，当作族中贫寒子弟的读书之资。可就在思考这件事情的过程中，他梦见一老翁告诉他与其舍田入祠，不如用这个田来创办义社，用自己的名字来命名。然后以义社每年的产出来添置田亩，二十年后，大概可以得到一百多亩田地，再请官立案，选择有贤能的人来办学。老翁一再强调这是善举，能做这样子的善事，不愁寿命。并告诉他，以后他的儿子如果能继承善业，是他的孝子，也是老翁自己的贤孙。镇藩在梦中就追问老者的年龄，老者回答说是"双甲有奇"，又问老者是几世祖，老翁回答说：可以在七日内询问他自己的母亲。

华镇藩对于这个梦感到奇异，并记录下来，等待日后观察。巧的是，不久镇藩的病就有起色。他就按照梦中老翁所示，询问自己的母亲有关老翁的身份，母亲说：我们又不是同梦，哪里能知道呢？然而，镇藩的母亲不久就

---

① 华镇藩：《先考兰卿府君事略》，载《华氏宗谱》卷一，2005年修撰版。

病逝。七日，亲友来挽那天，镇蕃在检母亲身前肖像展拜堂前的时候，看到了曾祖的画像，容貌和自己梦中老翁十分相似。按照年龄算，曾祖七十一岁作古，迄今五十五年，相加刚好有一百二十多岁，与老翁所说的"双甲有奇"相符。再加上七日之言又得到验证，使得镇蕃相信梦中老翁就是曾祖父亦奎公。

于是，镇蕃感念"公弃世久，灵又未泯"，为了不负亦奎公殷殷入梦之意，从民国四年开始，对此田产所处另外造册，成立兰义社，并满含深情地写下"兰义社小叙"这段文字，希望儿辈们也能谨遵此嘱。[①]

与这份"兰义社小叙"一起的是有关义社的十三条规则：

> —本社须设社员二人，一经理人，一监视人。
>
> —经理人经理本社一切事务，如银钱出入、添置田亩、完粮税契等务。
>
> —监视人即监视经理人有无私曲事情，得从中督责之。
>
> —本社款项须立簿，据二册，一存经理人，一存监视人，每正月十五日到祠清算一次，二册合计相符为准。
>
> —本社所有田产契据存监视人处。

---

① 华振藩：《兰义社小叙》，载《华氏宗谱》卷一，2005年修撰版。其原文为："民国三年甲寅，余年五十有三，秋后抱恙，汤药无虚日而迄不瘳。明年春正月初七，夜深人静，倚枕支颐，廻溯四十年来，惨淡经营，日无暇晷。除父遗成产外，手置田数十亩，盖为子孙世业计。今一息奄乜朝不谋夕，老母在堂，幼儿未长，倘有不测，遗忧未既。因念行善可以延年，吾族方以无读书子凡事落人后，若以田二十亩入祠作为贫寒子弟读书资，於古人敬祖收族之义不无少。合又念婿家寒薄，归其所质田贰亩，亩俾亦二，宽妻子负担。此外更抽身后祀田十亩，以馀分给诸子。余家虽不丰，此区区者犹可为。力筹思之顷，颇有倦意。彷髴见一老翁头白鬓，乜然扶小僮人。余揖之坐，老翁曰：闻孙有善念，无患不寿也。乜但舍田入祠，不若立为义社，以孙名名之。以每年所出添置田亩二十年当可得百馀亩，然后请官立案，以垂永远。更择贤者，司其事，以资办学，虽未足以义庄称，而善积自在。异日尔子果能善继，则尔之孝子亦我之贤孙也。尔其行之毋忽余。问公年几何矣。曰：双甲有奇。又问公於孙为几世祖。曰：可於七日内询之尔母。言讫遂扶僮出。余起送之，顿足而悟，乃一梦也。异而志之，以觇其后。而疾果日有起色，乃以老翁言询之母。母曰：余非与汝同梦，何由而知之？然此心耿，乜固未尝一日忘也。秋九月，母病笃，於十七日下世。七日亲友来挽，余检母生前肖像展拜堂前。出画椟乃先曾祖容初，讶其似梦中老翁，细审之果无别少。屈指公七十一岁，作古迄今己五十五年，合之适得百二十馀岁。年数既符，而七日之言又验。老翁之即为曾祖亦奎公也，盖无疑。公弃世久，灵又未泯，余既邀公佑公言，又何敢忘爱。自今年始以此款所出，另立册目，不敢稍存苟且，冀有成也。更望儿辈克绍厥志不致有负亦奎公殷殷入梦之意，则此愿既遂，此心亦慰，因录以示后辈，其各勉？。中华民国四年九月二十三日 镇藩自志"

一本社所有田产粮票存经理人处。

一本社业产户名以五十五都三庄兰义社称之。

一外事欠费与本社无涉，亦不得动用本社银钱。

一本社岁入款项不得储蓄，须随行添置田亩，如满百元而未置业者，则经理人须立票据付监视人收执。

一本社二十年内陆续添置田亩凑成满百数，然后由经理人创办族学。

一本社二十年后情形无须急于办学，再经营一二十年更佳。

一本社冀成之日，田段坐处勒石于祠，请官立案，以垂久远。

一本社课田定于冬至日，缴课价支课票为凭。①

六年后，即民国十年，镇藩弃养溘逝。逝世之前，还疾革诏兄弟们，嘱咐他们一定要坚持把义社办下去。② 其后人对于镇藩办兰义社的举措有这么一段小结：

> 岁乙卯，府君年五十有四，病中辄念族人日繁，贫者日伙，思创为义塾，以课农工子弟。然自顾绵薄，乃别籍田二十五亩，立为社，而冠以己号曰兰社。不私其岁入递，为添置田亩，苟能延以岁月，预计二十年后，当可得田百亩，以之办学，裕如矣。③

由此可见，虽然华镇藩当时的生活已经进入民国了，但是有关置办义田种种举措背后的社会价值观念主要是传统时期的，是在传统宗族实践意义理性的作用下进行的。病中的他试图以置办族田这种"善行"来延年，反映了"义田"背后的价值观念在地方上得到鼓励。而他梦境中借助他曾祖来思考如何更好地利用这些田地来创办义学，更是充分地展示了宋元以来宗族作为文化实践意义理性的力量。④ 这种意义理性是经过理学家提倡，为

---

① 华振藩：《兰义社小叙》附，载《华氏宗谱》卷一，2005 年修撰版。

② 《华氏族谱》中记载的说辞是："余与尔诸叔析箸时，家仅有田十余亩，财足温饱。今余之所以遗尔兄弟者且倍之，当力田以为生，遗产不足，恃义塾之设，尔兄弟其慎图之，毋隳吾志也。"见华振中《先考兰卿府君事略》，载《华氏宗谱》卷一，2005 年修撰版。

③ 华振中：《先考兰卿府君事略》，载《华氏宗谱》卷一，2005 年修撰版。

④ 黄向春：《文化、历史与国家——郑振满教授访谈》，载张国刚主编《中国社会历史评论》第五辑，商务印书馆 2007 年版，第 482 页。

官方所接纳，成为地方社会发展的一种重要的价值观。换而言之，华镇藩关于兰义社的设想是传统时期国家主导的宗族庶民化对地方社会影响的一种反映。

2. 振华小学：国家与地方互借力量的场域

然而，在现实中，兰义社试图"二十年后得田百亩，以之办学"的目标并没有真正实现。因为几年后，国民政府所力推的兴学之风已经深刻地影响到了地方社会，使得华氏族人转而把兰义社创办成名为"振华小学"的族学，实行国民政府所推行的新式教育。

为了能对这种转变有更好的说明，需要对"新政"时期蒲城士绅的兴学之风另加介绍。在光绪二十七年（1901 年），一名为张蔚的人在蒲城文昌阁创办了蒲门学堂，当时一共 2 个班，学生有 30 人。光绪三十三年（1907 年），校址迁蒲城龙山南麓五福庙，更名正本小学堂。① 这算是整个蒲门一带最早的新式学堂之一。

到了民国，办学之风更是兴盛。平阳教育家刘绍宽在《振华族学记》中描述道："盖吾国创设学校三十余年矣，其始新命颁布，风行雷动。士大夫竞相激劝吾乡出而办学者，皆不惜财力排众议而为之，且以能多出资为荣……"② 上述的正本小学，到了民国二年（1913 年）易名为蒲门乡高等小学，校址迁到马站天后宫至陈桷祠之间。③ 民国十六年（1927 年）时候，因经费拮据，曾一度停办。后来这个学校一直发展成现今的苍南县马站小学。④

由此可见，在华家捐资创办振华小学之前，蒲城已经有兴办新式学堂的基础。华家参与办学在一定程度上与前人的办学基础有关系。一来，正本小学在民国时期更名后从蒲城迁往马站，使得蒲城里面少了新式的学堂。二来，经费拮据导致的停办，也在一定程度上促使了华家在当时试图采取捐资办学的行动。再加上民国时期兴学之风已然影响到了华氏族人，一个家族能举办学堂、教授新式的课程，是一件体面而荣耀的事情。

于是，在民国十六年（1927 年）的冬天，华氏家族里面有人来找"兰义社"的负责人华觉民（字振中，华镇藩之子），建议以兰义社的田产来捐资办学。《华氏族谱》记录了此事：

---

① 苍南县教育志编纂委员会编：《苍南县校史集》，温州天元艺术印刷厂，1995 年，第 231—232 页。
② 苍南县政协文史资料委员会编：《刘绍宽专辑》（苍南文史资料第十六辑），2001 年，第 77 页。
③ 苍南县教育志编纂委员会编：《苍南县校史集》，温州天元艺术印刷厂，1995 年，第 231—232 页。
④ 苍南县教育志编纂委员会编：《苍南县校史集》，温州天元艺术印刷厂，1995 年，第 231—232 页。

民国十六年冬，族人有倡捐资兴学之议者来征不肖兄弟意，请以兰社田益且要不肖主其事。然尔时社田仅及预期什之七耳，不肖兄弟虽未能竟府君之遗愿，然时机已至，不容或缓。遂以翌年春创设振华小学，于我华氏宗祠。距今又五年，于兹矣窃幸规模粗具，启迪得人，历届毕业生之有志于升学者均得餍其欲以去从，未有向隅者，使府君之得及见于今日，其愉悦也，为何如哉，呜呼悲矣。不肖振中跪述。①

当时，社田只有预期的十分之七，还没有达到镇藩遗愿中的一百亩。但是族人商议，觉得时机已然到来，办学的事情刻不容缓。因此，到了民国十七年（1928 年）春，镇藩的儿子觉民、醒民捐出兰义社田产七十亩，并提议华氏家族三大房捐出祀余众产三十亩，合计一百亩，在城西南角的华氏宗祠及毗邻陈、王两氏宗祠创办了振华小学。② 当时的华氏宗祠是蒲城最大的宗祠之一，以此为基础创办的振华小学概有学生百人。

在民国癸酉年（1933 年）重修的族谱中，详细地记载了华家祀田和山场用于捐赈振华小学基金的数目和坐落处：

源祀祭田及捐助振华小学基金亩数田段坐处详载于后，计开：一塅三亩二丘，坐落下材洞桥边，值年祀产；一塅三亩一丘，坐落甘溪大陆湾，值年祀产；一塅一亩五分一丘，坐落甘溪大路底，值年祀产；一塅一亩一丘，坐落大水库头，费用议归族长课佃津贴应酬；一塅二亩一丘，坐落直头垟，此田永作存公完粮；一塅三亩一丘，坐落横港尾，捐助振华小学基金；一塅二亩一丘，坐落东门港，捐助振华小学基金；一塅三亩一丘，坐落甘溪岚下，捐助振华小学基金；一塅三亩一丘，坐落邱家岸边，捐助振华小学基金。共九塅计田二十一亩五分正课佃依照时价立有，华源祀粮户

---

① 华振中：《先考兰卿府君事略》，载《华氏宗谱》卷一，2005 年修撰版。
② 在《王氏宗谱》当中记载了相关的信息："我族太原王氏，明初胜公迁蒲始祖，子山陛，系武将军孙俊等，五世均任蒲城千户职。几百年来为不望（忘）祖先开基创业，曾于清中期在本城西南角重建宗祠五间，坐北向南，东首平房三间，西首有房龛一间，西墙下有古井一口，与华祠相接，北墙外与陈祠为界，宗祠前有小天井及台门一座。每逢春秋各房子孙登堂拜祭。民国卅二年，西首华祠小学租用我祠一间为办公室之所。建国后，均系小学利用。"载《王氏宗谱》，2004 年新修版。（按：着重号为笔者后加）

完纳内捐出田十一亩补助振华小学基金。呈请县政府备案，各房裔孙永无异议，业归振华小学经理。民国十六年冬，合族筹资置垟田一亩坐落东门外腰子屯舍于山兜太祖坟边同乐亭给主持收租以作供茶之费

云祀祭田及捐助振华小学基金亩数田塅坐处载于后，计开：一塅八亩五分四丘，坐落厦材，系值年祀产；一塅一亩五分三丘，坐落厦材溪，值年祀产；一塅四亩一丘，坐落直角头垟，值年祀产；一塅四亩一丘，坐落直头垟，值年祀产；一塅三亩一丘，坐落关帝庙后，当于玉堂公未赎；一塅三亩一丘坐落淺眼塘，值年祀产；一塅二亩一丘，坐落大水车头，值年祀产；一塅一亩一丘，坐落黄泥岭脚，□出完纳梁税；一塅一亩一丘，坐落腰子屯，□□经理人经营杂支；一塅十五亩，详载墓图，坐落山兜太祖坟前，捐助振华小学；一塅四亩一丘，坐落东门港，捐助振华小学。共十一塅计田四十七亩正课佃依照时价。立有华云祀粮户完纳。内捐出田十九亩补助振华小学基金。呈请县政府备案，本派裔孙永无异议，业归振华小学经理。①（着重号为笔者后加）

---

① 除了上述三十亩田用来补助振华小学基金外，在民国癸酉年重修的《华氏族谱》中还记载了下面的田亩数以及当中用于补足振华小学的田地和银元。但是，在华经等人的叙述中并没有提到这些三十亩外的田地。而笔者在田野中访谈中，有的口述说华家捐出了二百亩（包括兰义社在内），这比华经叙述中的 100 亩（包括兰义社田产）多出了一倍，倒是在一定程度上解释了癸酉年重修的族谱里面所记载的另外两部分的材料。因暂时无法考证，就把这些田亩的记录放在脚注中，以备参考：(1) 祚祀田亩数并田塅坐落处及补助振华小学常年费列后，计开：一塅五亩一丘，坐落直角头垟；一塅四亩五分二丘，坐落老文昌阁基；一塅三亩二丘，坐落甘溪岚下；一塅二亩一丘，坐落甘溪岚下；一塅三亩一丘，坐落大港边；一塅四亩一丘，坐落甘溪大路上。按旧谱载有南门街店三间，本派合议变价置田四亩共六塅计田二十一亩正课□□□□□。本派裔孙议定田祭田课价内□□□□□□□□□助振华小学常年费冬至日缴清。嗣后永不得抗议。启之公祭田另载派下裔孙议定，由祭田课价内抽出大洋壹拾元正补助振华小学常年费，冬至日缴清，嗣后永不得抗议。(2) 山祀祭田并山场及捐助振华小学基金亩数田塅坐处详载于后，计开：一塅两亩四丘，坐落鲤鱼缸；一塅七分一丘飞丘，坐落鲤鱼缸；一塅四亩二丘，坐落新桥头；一塅三亩七分二丘，坐落长河坎；一塅四亩一丘，坐落长河坎；一塅四亩五分一丘，坐落新寺陡，捐作读书笔资田；一塅一亩三分一丘，坐落甘溪□□□□□；一塅三亩一丘，坐落横港□□□□□□□；一塅一亩五分一丘，坐落横港，捐助振华小学；一塅一亩一丘，坐落墩田，捐助振华小学；一塅五亩一丘坐落东门港龙珠墩，系向郑于新当来计，当价两百五十元，捐助振华小学；一塅一亩两份五厘，坐落东门港，系向小岳当来计，当价七十元，断定每年课价七元捐助振华小学。共十二塅计田二十八亩九分五厘，立有华山祀量户完纳，内捐出田十三亩零五厘补助振华小学基金。呈请县政府备案，本派裔孙永无异议，业归振华小学经理。一西门外土名老虎坑山场一峰上至尖峰下至祖坟余地，左至尖峰右至小墙，佃本派宗苗宗鉴宗门，一铁场山前后金上至尖峰下至山脚左至分水右至黄界详载墓园，一铁场山脚薯园基址一丘。

(3) 仲美太祖祀田亩数□坐□□□□□□□□□ 列于后，计开：一塅三亩一丘，坐落甘溪灌塘；一塅三亩一丘，坐落下垟；一塅一亩五分一丘，坐落下材，永嘉祖坟祀产。本派裔孙（转下页注）

上述两处华家祀田和山场中共捐出了三十亩用于补助振华小学基金。加上原兰义社的七十亩田产，共一百亩，完成了华镇藩"得田百亩，以之办学"的遗愿。

由华家捐出兰义社田和部分族中祀田而创建的振华小学，本质上还是族学性质的，因为其出发点是"为便利贫寒子弟求学起见，不负兰卿兄举办兰义社之初意"①。振华小学创设于华氏宗祠之后，族中子弟皆得以就学。华氏家族的子弟上学是免学费的，学校还为学习优良的子弟进行物质奖励：每年期考获得名次的人都有奖金。另外，学期结束的时候，全部的就学子弟还能得到学校分发的糕饼。从振华小学毕业考上平阳中学读书的子弟还另外进行资助和奖励，初中生每人每学期给 300 斤稻谷，高中生每人每学期给 500 斤稻谷。相比华家族中的子弟，在振华小学就读的其他姓氏的子弟就没有这样丰厚的待遇，而且另外还要缴纳一定的学杂费。②

创办初期，华觉民任校长，成绩突出，数次获得政府颁发的教学奖状。中华民国二十年（1931 年）一月十二日，根据国民政府捐资兴学褒奖条例之规定，华振中被授予"捐资兴学二等奖"。中华民国二十一年（1932 年）三月，浙江省政府主席张难先，按照捐资兴学褒奖条例第二条第二款之规定授予整个公祀公众（即华氏季房）"捐资兴学四等奖"。另外捐资的迭山公派被浙江省政府按规定授予"捐资兴学五等奖"。奖状被学校和房支谨慎地收藏起来，作为家族的巨大荣耀。③华觉民曾在族谱中记述："今又五年，于兹矣。

（接上页注①）议定由祭田课价内抽出大洋二十元正补助振华小学常年经费，冬至日绞清，不得抗议。启之公祭田另载派下裔孙议定，由祭田课价内抽出大洋壹拾元正补助振华小学常年费冬至日缴清，嗣后永不得抗议。载自《华氏宗谱》，民国癸酉年重修版。

①　华经：《振华小学奉令改为蒲城乡中心小学吾族舍田壹百亩结案祀事（民国三十七年）》，载《华氏宗谱》卷一，2005 年修撰版。

②　根据当地的退休教师华安如的口述资料。

③　2005 年新修的《华氏宗谱》里面收录了三次奖状的内容：（1）捐资兴学二等奖状乙等第三十八号：浙江省平阳县公民华振中于民国十七年捐助本县振华小学基金田七十亩，估值银四千二百元。又开办费银三千余元，共计银七千二百余元。照捐资兴学褒奖条例之规定，授予二等奖，状此证。兼理教育部部长职务蒋中正，中华民国二十年一月十二日（状存振华小学）。（2）捐资兴学四等奖状：兹查有平阳县云祀公众捐资兴办教育事业，核与捐资兴学褒奖条例第二条第二款之规定，相符应。按照同条例第三条，由本政府授与奖状，以照激劝此状。浙江省政府主席张难先中华民国二十年三月□日（右给云祀公众收执状存）。（3）捐资兴学五等奖状：兹查有平阳县迭吉 山公众捐资兴办教育事业，核与捐资兴学褒奖条例第二条第一款之规定相符，应按照同条例第三条，由本政府授与奖状，以昭激劝此状。浙江省政府主席张难先中华民国二十年三月□日（右给迭吉山公众收执二状存）。

窃幸规模初具，启迪得人，历届毕业生之有志于升学者，均得餍其欲以去从，未有向隅者。"① 由此可见，振华小学在当地掀起一股强劲的现代兴学新风，同时也为华家在当地赢得了巨大的名声和荣耀。

然而，正如在本章开始所指出的，民国时期县以下的办学面临的困难之一就是经费问题。虽然，华家捐出兰义社七十亩田以及族中祀产 30 亩，但办学经费还是很快陷入支绌的地步。华觉民又因为自身业务关系不能兼筹并顾，终辞去了校长的职务。

民国二十三年（1934 年），由华觉民的叔叔华经来接替振华小学校长的职务。在华经奉令调任县立昆南区中心小学校长之前，他一直接管了振华小学八年时间。八年时间里，筚路蓝缕，兢兢业业。他自语曰："经接校长以来勉为维持，常年经费取支于基金田产，并未向地方筹措分文，如遇亏空亦自行筹垫，承乏八载。"②

尽管华氏家族创办振华小学是新时期国家对于兴办教育的各种举措和奖励的结果，但同时也表明国家力量对于地方社会的依赖。民国期间，明清时期"宗族庶民化"所形成的家族作为社会的基础组织形式继续存在，政权变更并没有使得家族这种社会组织形式发生变化。新的政权组织在进行一系列政治经济和文化变革时，还需要依托传统时期的宗族组织。宗族，作为一种意识形态、一种文化理念，同时也是实体的社会组织形式，在清末民初成为传播和实践国家所主导的教育现代化的一个社会组织基础。另外，对于地方而言，宗族响应国民政府的号召、创办新式学校又成为其获得荣誉的一种方式。总之，振华小学既是国家力量依托于地方社会组织的产物，也是地方社会借助国家得以张显自身的手段。

三　从中心小学到中心学校

1. 蒲城乡中心小学：国家力量的深植和宗族势力的展演

随着民国时期国家建设的进一步深入，在基层教育上，像振华小学这样的族学，渐渐就被国民政府接管，而改造成纯粹的国民政府小学。

---

① 《华氏宗谱》卷一，2005 年修撰版。

② 华经：《振华小学奉令改为蒲城乡中心小学吾族舍田壹百亩结案祀事（民国三十七年）》，载《华氏宗谱》卷一，2005 年修撰版。

民国三十一年（1942 年），振华小学的校长华经调任县立昆南区中心小学校长，而振华小学也奉国民政府之令改为"蒲城乡中心小学"，从族学性质转变为国民政府所有的小学。学校继任校长以基金田请示于县，希望能解决振华族学的基金田与现在蒲城乡中心小学的关系问题。于是，县府命令华经和当时担任蒲城乡乡长的华醒民（华觉民兄弟）赴县里共谋解决此问题之策。

华经与侄子华醒民协商，以振华族学原有基金田一百亩（即将兰义社田及三大房祀产合舍田一百亩）拨充为蒲城乡中心学校基金田，免得令地方重新筹募，增加地方上人民的负担。这一举动等于把原来家族的基金田、校舍（即华家祠堂）捐赠给了国民政府。他们认为这一举措也是遵从了"兰卿府君捐资兴办族学之美意"，现在"由一族而统于一乡，亦可告慰先灵于地下"了。

事实上，从当时实际情况而言，族学变更为国民学校也是在所难免之事。所以，华氏家族的精英们认为，与其与国民政府相左，不如依势而为，可以提升家族的荣耀和地位。另外，华经、华醒民等人在当时都已经是国民政府或者国民党中的成员，这应该在很大程度上减少了振华小学及其相关财产从族学性质向国民政府性质变更的阻力。

不过，成为国民政府性质的蒲城乡中心校，并不是完全不受到华氏宗族力量影响的。一来，华家捐族学赠基金田所获得的声誉不能被忽视；二来，诸如华经等华家精英也已经是国民政府或者国民党的成员，因此，当蒲城乡中心校的继任者依然经管无方，乃至借学营利的时候，作为蒲城乡乡民代表会主席的华经还是采取了措施，即在民国三十五年（1946 年）所召开的全乡代表第二次会议的时候，他提议要成立蒲城乡财产保管会。这项提议在会议上得到通过。根据该决议，乡中心学校的基金田将归蒲城乡财产保管会管理，以此来杜绝后继的办学者借办学而行渔利之为，以确保基金的安全。决议通过后，便在随后的时间中得到了实施。对于这一事件，华经还把它郑重地记录在民国三十七年（1948 年）重修的族谱当中：

> 迨继任者经管无方，经费仍复支绌。民国三十五年冬，经任乡民代表会主席，乃于召开全乡代表第二次会议时，决议将是项基金田划归蒲城乡财产保管会管理，以杜后来办学者藉学渔利之念，而基金亦得确保

万全矣。兹值本届修谱之便，志之。家乘以资稽考云尔。①

这种由宗族精英主导的、将宗族族产转化为地方教育基金会的做法，一方面是宗族在新的时期用以认同新的政府和国家的方式；但另一方面，这种做法也无疑和宗族自身利益有一定的冲突。原来振华小学的基金田一百亩拨充为蒲城乡中心校基金田后，对于华族自身而言就"余额既微积储不易复"。此时面对族中子弟多，而且贫寒者众的情况，"对于族中子弟对於求学上进不有补助，难免向隅"②。于是不得不另外重新在族内筹集祀产，用以筹措族内的奖学金。但这并不是一件容易的事情。

曾经经手拨充振华小学基金田为蒲城乡中心校基金田的华经，责无旁贷地担当此事，前后历经八年时间，才初步抽筹成功，其中的艰难华经在《组织族产奖学基金保管委员会缘起》有所记录："当经两度更易祭祀办法，锱铢累积，务求扩充族人，误会在所不免。经抱得失寸心毁誉由人之念，黾勉以赴。不稍葸馁。今幸得先后购置田亩，抚心自问，上可以顾全祖宗庇荫，下亦不致有负兰卿兄捐资兴学之愿望焉。"③

前后数年锱铢累积之后，华经于民国三十六年（1947 年），召集华族各房代表开临时会议。先是将历年收支账目推员清算、完妥无误外，然后组织奖学基金保管委员会，推定出纳、会计负责保管，按照规章进行管理。重新组织而成的华族族产自民国三十七年（1948 年）起，所有众产统由宗族内的基金保管委员会负责管理。

关于当时拨充振华小学基金田为蒲城乡中心校基金田在宗族内所引发的矛盾和纷争的具体情况，现在已经不得而知了，不过从拨充的基金田亩数以及华经自己的记述情况来看，这当中存在的矛盾和阻力还是不小的。召集华族各房代表开组织族产奖学基金保管委员会，算是对于原基金田拨充振华小学后的一次协调族内矛盾的举措。

---

① 华经：《振华小学奉令改为蒲城乡中心小学吾族舍田壹百亩结案祀事》，载《华氏宗谱》卷一，2005 年修撰版。

② 华经：《组织族产奖学基金保管委员会缘起（民国三十七年）》，载《华氏宗谱》卷一，2005 年修撰版。

③ 华经：《组织族产奖学基金保管委员会缘起（民国三十七年）》，载《华氏宗谱》卷一，2005 年修撰版。

华经在《吾族祀田始末记》一文中的记载，可以对这一事件的前后提供进一步的证明：

> 吾族自始祖永源府君以及大三房，均有祀田，前谱内详载可考。缘于民国十七年（1928年）年创办族学，除抽起各房各派祀田外，悉充为办学基金，并修谱及奖学补助之需。至民国三十一年（1942年），振华族学改为蒲城乡中心学校，将兰义社田及三大房祀产合舍田壹百亩为中心校基金田，外其祀余田产，锱铢累积，绝不浪费。越时五载（1937年），添置田亩，除提储作奖学基金外，乃于民国三十五年春，合族议决确定始祖祀田七亩五分、孟房迭山公祀田三亩、仲房云衢公祀田八亩、季房吉山公新置祀田二亩、季房纯初公祀田四亩、一鹏公祀田五亩、启之公祀田三亩、祚之公祀田九亩、其田段详载于后俾，合族各房各派依次轮流用，垂久远于勿替云。[1]（着重号为笔者后加）

随文所附有各房派祀田详细的坐落分布：

> 始祖众祀田七亩五分，一段三亩在下埠通记屋前，一段四亩五分在甘溪；
> 孟房迭山公众祀田，一段一亩在甘溪，一段二亩在长河坎；
> 仲房云衢公众祀田八亩，一段四亩在直头洋，一段四亩在直田岸；
> 仲房启之公祀田三亩，一段二亩在无头港，一段一亩在官塘；
> 仲房祚之公众祀田九亩，一段四亩在大路上，一段五亩在岚下底；
> 季房吉山公祀田二亩，一段二亩在下埠宫边；
> 季房纯初公祀田四亩，一段二亩在鲤鱼缸，一段二亩在下埠宫边；
> 季房一鹏公众祀田五亩，一段四亩在甘溪亭后，一段一亩在西门外。[2]

上述文字当中，强调除了捐助给振华小学的祀田外，其他田产都要"锱

---

① 华经、华振中：《吾族祀田始末记（民国三十七年）》，载《华氏宗谱》卷一，2005年修撰版。
② 华经、华振中：《吾族祀田始末记（民国三十七年）》，载《华氏宗谱》卷一，2005年修撰版。

铢累积，绝不浪费"，而且用这些余下田产的产出来添置更多的田亩，这些田亩除了用来提储作为族内的奖学基金之外，其余就是要用来确保家族祭祀方面所需费用。由此可见，华氏族人花了相当大的功夫，来弥补因为原基金田拨充捐赠振华小学之后所造成的损失。

对于华氏族学这段历史，民国温州地区著名的社会活动家刘绍宽曾经撰写《振华族学记》加以记录和赞颂：

> 余昔闻蒲门华生觉民，以先人兰卿先生命，出腴田兴办族学，心甚嘉之，语视学赵君星辉，吾必为之记。盖吾国创设学校三十余年矣，其始新命颁布，风行雷动，士大夫竞相激动，吾乡出而办学者，皆不惜财力，排众议而为之，且以能多出资为荣。乃近十余年，非惟出资兴学者不一二觏，且有藉学牟利，以侵渔见讦者，无岁蔑有。何先后人心相悬若此？此诚世道之忧，非有人焉起而风历矫正之，流弊何所底止，而学务尚可问哉！余蓄此意久之，而未有以发也。今兹觉民重修宗谱，以所譔先生事略见示，益得详其颠末。先生幼习儒书，长而就贾，初有薄田四十亩，居积渐至增益。民国四年，年五十有四矣，病中念族生齿日繁，贫者日夥，思创义塾以淑寒微子弟，而力有未逮。疾既愈，辄别籍田二十五亩，岁所收入增置产业，谓积二十年，得有田百余亩，以之办学裕如矣。乃甫六年，遽捐馆舍，遗命觉民兄弟，毋堕厥志。十六年冬，族人倡议兴学，来商于觉民兄弟，以岁未及期，得田才七十亩。族中贤达玉堂克梧、树修、克明等八人，各出田相助，益以公众之产，共得田百七十余亩。翌年春，遂创设振华小学于其宗祠，赵君为呈案请奖，于是里族子弟，皆得就学。余谓先生此举盖极难矣！席丰履厚之家，筹议兴学，一旦出数千金，犹取怀而与；若夫中资以下，则虽有兴学之志，而势不能骤几，不得不持之以恒，行之以渐。如先生者，铢积寸累，要其成于二十年之后，身不及待，则期诸其后之人，而卒也能如其愿。其志专行笃若是，是岂不足以风世哉？抑亦可以喻进学之道焉。孟子曰：原泉混混，不舍尽夜，盈科而后进，放乎四海。荀子曰：不积跬步，无以致千里，不积川流，无以成江海，骐骥一跃，不能十步，良马十驾，功在不舍。夫非谓志专行笃，渐进不已，而能达于所期乎？蒲门固贤哲挺生之地，自宋陈季任东斋以来，代有达者，华又为梁谿著姓，子升别驾始迁，至今儒硕相望，绿园九松诸老，流风未沫。是学也兴，吾

知人文蔚起，为宗族光，为乡邑望，且为邦家之桢焉，要亦在持之以恒，行之以渐，使学者循序而进，以期至于大成焉，庶无负于创设是校者之初心也乎。是为记。①

从族学变成政府的学校，华氏宗族办学的族产变成国民政府的财产，从家族资产损失方面而言，这是现代性的国家力量对地方传统组织的一种消解。上述材料也表明了华氏宗族为此而付出的代价以及承担的后果。此外，华氏宗族的精英，或者是国民党党员，或者就职于国民政府，无论是出于个人升迁的目的，还是更多地迫于形势，他们在这一事件上起着推波助澜之作用，这也从另一个侧面反映国家力量已经植入地方社会的"细胞"中。当然，由族学变成政府的学校以及宗族精英的政府人员身份，其实也是华氏宗族地位和荣誉的象征，整个事件的过程都透露出华氏宗族在地方事务上的重要影响力，甚至最后还以通过召开全乡代表会议来设立蒲城乡财产保管会的方式，把乡中心学校的基金田归其管理。国家力量植入地方社会，而进入地方上的"国家力量"又以具体的宗族形式或者说宗族影响力米表现。因此，蒲城乡中心小学一方面体现了国家对地方的进一步植入，在一定程度上削弱了华氏宗族，使其失去学校（祠堂）和基金田；另一方面，华氏宗族在这个事件过程中又充分借助国家舞台展现宗族的影响力。

2. 蒲城乡辅导中心学校：传统复兴背后的文化象征资源之争

中华人民共和国成立后，蒲城乡中心小学为人民政府所接管。1949 年下半年，该小学有 6 个班，学生 170 人，教职工 9 人。1964 年，附设夜中一个班，学生 50 多人，教师 2 人，学制三年。另外还开办过团校、妇女班、夜校（分初小、高小、夜农中），教育颇为兴盛。1965 年，县、区在校开现场会，省教育厅厅长洪流、淳安县代表团特抵该校参观考察。1967 年，原平阳县教育局拨款 1.85 万元，拆华氏宗祠正堂、二进平房、一进大厅，就地新建一幢 6 间教室的矮屋。1971 年，附设初中 2 个班。1977 年，初中增至 5 个班，学生 200 多人，还附设高中 1 个班，学生 60 多人。翌年改校名为"平阳县蒲城公社中心学校"，撤高中部。1981 年，附设幼儿园。1984 年，更名为"苍南

---

① 苍南县政协文史资料编委会编：《刘绍宽专辑》（苍南文史资料第十六辑），2001 年，第 77 - 78 页。

县蒲城中心学校"。是年，新建一幢6个教室的三层教学楼（其中幼儿园教室4个、小学教室2个）。苍南县区、镇、乡撤扩后，1994年5月，县教委下达72号文件，该校命名为"蒲城乡辅导中心学校"。[①]

至此为止，华氏家族就彻底失去了族学以及用于创办族学的田地和祠堂。从20世纪80年代末开始，全国大范围地兴起"民间传统"的复兴，蒲城的宗族纷纷重新修缮旧祠堂，开展宗族祭祀仪式。然而，作为蒲城最大家族之一的华氏却没有自己的祠堂来进行宗族集体性仪式和事务商讨，因此，华氏族中有人提议要求政府把学校归还宗族。但是，这件事情难度颇大，经过家族理事会代表与学校领导和地方政府多次协商，最终还是没能成功。最后，华家只好在城东龙山脚下另外买地建立新宗祠。同时，他们向学校要求，在学校和自己新建的宗祠里面都要刻上石碑[②]，以说明华家捐祠办学的事项，并说明学校这块地的所有权是华家的，现今归学校使用，如果以后学校搬走，或者停办，土地归还华家。这个协议有双方以及县有关部门的签字。

此举措只能说是退而求其次，现今蒲城里头不少人也包括华家的人，都认为学校搬走或者停办是遥遥无期事情，立碑要求证明土地所有权，更多是一种仪式性和荣耀性的行为。

然而，在近一二十年来民间宗族活动复兴的浪潮中，这一前身是振华小学的蒲城乡辅导中心学校成为华氏宗族复兴活动中的一种文化象征资源被加以宣传和利用。

1991年，蒲城乡文物保护委员拟就了《献祠办学赠》送给了华族。文曰：

> 蒲城华族为我乡明代三大望族之一，几百年来该族在德行、政事、文章、气节以及金石书画等方面均涌现出不少出色人物，乡里闻名。为

---

① 郑维国主编：《马站地方志》，中央文献出版社2003年版，第361—362页。

② 碑记名为"兴教流芳"，碑文内容："华氏宗祠坐落蒲城西南隅社仓巷北首。宗祠包括三进，左右厢房及前后余地四至三。参照华谱，民国十七年，华振中及其族众发起捐资兴办教育事业，以宗祠为校舍，创办振华小学，成绩卓著，曾荣获时兼理教育部长蒋中正及省县捐资兴学奖状以昭激劝。建国后，该校转为公办，更名为蒲城中心学校，嗣后，应教育事业的发展，宗祠先为之拆毁。饮水思源，该族为了承先启后，以教育事业为重，于公元一九九零年择地另建新祠于本城龙山东麓，与旧祠远相遥望。抚今怀古，为表彰华氏族人兴教卓识，特此立碑兹稽考。蒲城乡中心学校、华氏族务理事会全立，公元一九九六年岁次丙子初夏。"

缅怀先人光辉业迹，其族人曾多次建祠以资纪念。原祠建在本城西南角，规制宏大，民国十七年为发展地方教育事业，族人自动捐资献祠，为培养地方下一代人才提供良好的学习场地。于是另建新祠于此。他们对教育事业的高度重视和无私的奉献精神实在值得我乡广大人民学习。研究和了解华族史也是研究蒲城文化史一部分，他们的光荣族史也是蒲城人民光荣史的一部分。①

需要指出的是，蒲城乡文物保护委员的主要成员之一是华晋绪，1949年后他在蒲门各个乡村当地方干部，在华族拥有比较高的地位。在《献祠办学赠》的事情上，他起着主要作用。这种对于"家族荣誉"的争取，或许也可以理解为在地方性传统文化复兴的当前，华家贯有地方性力量的一种能动表现。只不过，这种能动表现，依然是针对象征性的国家力量，但也借助了国家力量作为象征。

四　结语

宗族研究在历史学、人类学、社会学等社会科学备受关注。学界对宗族实质、宗族的基础、祖先崇拜的意义、宗族功能、宗族复兴等方面的研究已经取得了颇为丰硕的成果②。其中从宗族角度来探讨国家与地方社会关系是十分重要的一个研究视角。弗里德曼通过对东南地区宗族组织规模、经济功能、共祖祭祀和礼仪等叙述，分析了大规模宗族存在及其与国家之间长期紧张关系的原因，开辟了中国人类学宗族研究的范式③。华南学派在透过宗族探讨国家与地方社会关系的研究上更进一步：他们把明清以后华南地区的宗族看作一种"文化建构"，是国家政治变化和经济发展的一种表现，是国家礼仪改变并向地方社会渗透的过程，也是地方社会用以构建社会文化认同和正统合法性的基础④。华南学派的宗族研究可谓在历史长时段过程中创新性地考量了国家和地方的一种互动关系。王铭铭有关"溪村家族"的讨论同样从历时性角度，考量家族村落与区

---

① 《华氏宗谱》卷一，2005年修撰版。
② 周建新：《人类学视野中的宗族社会研究》，《民族研究》2006年第1期。
③ ［英］莫里斯·弗里德曼：《中国东南的宗族组织》，刘晓春译，上海人民出版社2000年版。
④ 科大卫、刘志伟：《宗族与地方社会的国家认同——明清华南地区宗族发展的意识形态基础》，《历史研究》2000年第3期。

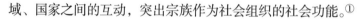

域、国家之间的互动,突出宗族作为社会组织的社会功能。①

就教育组织本身的研究而言,除了从教育学角度对于学校教育各方面进行探究之外,不少研究者也关注学校的变迁所反映的国家和社会的变迁情况。如熊贤君、王笛、张小莉等人就结合清末到民国时期国家社会关系的变化,研究了当时学校的创立和发展情况。② 另一些研究学校教育的学者也运用文化的视角,把国家和社会纳入学校中来探讨,揭示国家仪式在学校中的展演,如王有升探讨了当前学校教育中的"国家仪式",表明了国家力量如何通过仪式性的行为而在学校中建构出来;③ 李书磊研究了当代的一所小学——丰宁满族自治县希望小学,通过对教师、教学内容、文化传承等内容的民族志记述,诠释了国家内在于学校教育的观点。④ 上述研究虽然吸纳了国家、社会的分析要素,但缺乏一定变迁时段的历史纬度,也缺少国家与地方社会双向互动的一种呈现,使得其研究流于横向的平面化和单向性。

本章对于蒲壮所城华氏族学的百年变迁的窥探,是以历史人类学所开辟的长时段宗族研究的方法路径,把研究视角再细微到宗族的义学、族学领域中来,以宗族之教育文化组织的生成变化为中心,来揭示国家与地方之间的互动关系。清末至民国时期,从全国范围来看,华氏家族创办振华小学以及振华小学转化为蒲城乡中心小学、蒲城乡高级辅导中心学校这一案例,只是众多案例中的一个。不过,在地方社会研究中,它在相当大的程度上反映出了整个国家与地方的历史互动与互构关系。

如果说宗族作为一种血缘性或者说拟血缘性的社会组织,其"庶民化"实践过程是传统国家力量在地方社会推进的一种表现,那么现代性的学校作为一种业缘性的社会组织的生成,则更是国家力量对于地方社会的一种植入。在蒲城的地方社会过程中,通过华氏族学的演变,可以清楚地看到现代性的文化组织是如何从传统的血缘性宗族组织当中生成转变过来的。与此同时,当国家力量不断植入地方社会的时候,地方社会(具体体现为宗族)其实也

① 王铭铭:《溪村家族——社区史、仪式与地方政治》,贵州人民出版社 2004 年版。
② 熊贤君:《民国时期解决教育经费问题的对策》,《教育评论》1995 年第 2 期,第 52—54 页;王笛:《清末新政与近代学堂的兴起》,《近代史研究》1987 年第 3 期,第 245—270 页;张小莉:《清末"新政"时期政府对教育捐款的奖励政策》,《历史档案》2003 年第 2 期,第 113—134 页。
③ 王有升:《理想的限度:学校教育的现实建构》,北京师范大学出版社 2003 年版。
④ 李书磊:《村落中的"国家"——文化变迁中的乡村学校》,浙江人民出版社 1999 年版。

在借助国家的力量，实践自身的目的。

诚如上述，对于传统时期的士绅来说，科举制度的废除，以科举取得名望和官阶的路途已经中断。从"新政"时期开始的清政府到民国政府都鼓励地方上的乡绅、士人来创办学校，因此办学兴学成为这个时期地方上士绅们获得荣誉的途径。从士绅和民众角度来看，"义举善行"的名号所能换来的荣誉，是在传统的社会结构发生改变、原来获取荣誉的途径中断后，重新用以达到自我认同的新方式。不论他们的行为在多大程度上是出于兴学以救国的思想，可以肯定的一点是，对于很多捐资士绅来讲，兴办学校是一种文化资本，是他们维持或获取地位和荣耀的新途径，是他们保持对国家或者说中心认同和联系的新方式。正如相关研究所言，晚清时期"政府没有财力办学，地方兴学只好依赖民间力量。上层士绅集团在新的时势下，以学务场域为孔道进一步扩张其社会权力。随着兴学活动的展开，绅权呈现了扩张的趋势……"[①]

华氏宗族中的精英分子把原来的义学、族学（这是传统时期被认可的文化方式）转化为新式的学校，把新式教育纳入宗族的实践中，这既是代表现代化的国家力量对于地方的进一步形塑和影响，也是族人在新的时期通过实践国家所鼓励的办学活动来对国家进行认同的一种表达方式，同时，家族亦在此过程中提升自身在地方上的地位。振华小学既是国家力量依托于地方社会组织的产物，也是地方社会借助国家得以彰显自身的手段；由振华小学变为国民政府的乡中心学校，既是国家力量对地方的进一步植入，又是地方借助国家来展现自身影响力的舞台；在宗族复兴的潮流中，已经无法要回的华氏祠堂（即蒲城乡中心学校）又成为华氏宗族实践自身的文化资本。地方并非没有自己自主的历史，正如有的研究所指出："晚清知识转型'地方化'的可能机制与可能的限度，以及这一进程对参与其间的地方士人，乃至该府县地方本身的历史走向的具体影响。"[②]

总之，浙南蒲城这所学校的百年历史过程，是现代国家力量植入基层社会组织并作用和形塑地方社会的过程，也是地方社会借助国家力量来发展自身的能动过程，是国家大历史与地方小历史互动互构的历史。

---

① 李世众：《晚清士绅与地方政治：以温州为中心的考察》，上海人民出版社 2006 年版，第298 页。

② 章清：《序》，载徐佳贵《乡国之际：晚清温州府士人与地方知识转型》，复旦大学出版社2018 年版，第 3 页。

第四章 断裂复兴：民族国家进程下的地方传统

在现代中国的版图上，几乎每个点上的地方史，都是一部民族国家历史的微缩版本。从传统社会进入现代民族国家之后，中国社会的权力运行单轨化，国家力量直接进入地方基层，国家和地方的距离前所未有地接近，由此所导致的地方社会与国家的关系也一再为人类学的村落研究所重视。在民族国家的进程中，在追求以工业化、城市化为标志的现代发展主义主导下，传统的宗族社会组织与神明信仰被视为落后的封建和迷信。民族国家现代化进程的一个表现就是用新的、民主的、科学的东西来取代旧的、愚昧的、迷信的东西。学界曾用"传统的断裂"来表示 20 世纪下半叶以来中国所经历的各种变革及其产生的社会性、文化性问题。于是，到了 20 世纪 80 年代，国家和地方都出现了一种"文化寻根"现象，试图寻回在现代化进程中被断裂的传统，各个地方都不同程度地出现了传统文化的复兴。这种现代化民族国家进程中传统的断裂与复兴亦呈现在蒲壮所城，构成了蒲壮所城社会过程的一个重要组成部分。

一 地方文化传统的断裂

民族国家现代化进程中所经历的传统断裂和复兴在蒲城的呈现，亦是地方社会的过程。一方面是国家力量对地方社会文化传统的深刻作用和影响；另一方面依然能看到地方传统和文化的能动性，一种对于国家力量符号性征用的能力。

国家力量深入作用于蒲城的表现之一是把蒲城"乡村化"，这一"乡村化"肇始于民国，完成于中华人民共和国成立之后的几十年当中。苍南原是平阳县的管辖范围，在原平阳县范围内，平阳县城是整个地区政治经济文化中心，彼时的苍南境内普遍属于村野之地。因此，明代初期金乡卫以及蒲门所

（壮士所并入后改为蒲壮所）的建立，使得苍南区域当中聚集起两个军事—政治—人文中心，金乡卫与蒲壮所成为明清以来苍南最具人文历史传统的地方。1981年，苍南从平阳县分离出来，独立建制。苍南县史志办等单位在开展苍南县文史资料的整理和编撰的时候，第一辑就是把金乡卫和蒲壮所作为"抗倭斗争古迹"进行介绍，后来又专门作了一个专辑对这两个"抗倭名城"进行了详尽的说明和论述。可见，对于独立建制的苍南县来说，金乡和蒲城是最重要的历史文化遗产，是明清以来苍南区域范围内的地方经济文化中心。

1949年之后，行政区划经历了多次变更，最终蒲城作为苍南县马站镇的一个小乡，下辖城东、城南、城西、城北、甘溪、西门外、牛乾岭、水路山等几个村。2001年进行行政村合并，蒲城乡下辖金城村（城东城南合并），龙门村（城西城北合并），西门外村（水路山、牛乾岭、西门外合并），甘溪村以及新建的小区兴蒲村，其中金城村与龙门村位于蒲壮所城城内。在这个乡镇建制中，蒲城失去原来的地方中心的地位。蒲壮所城只是苍南县一个面积相对较小、人口相对较少的普通行政乡的一个组成部分。

蒲壮所城这种"去中心化"一方面是行政变更的结果，另一方面也与它失去了传统时期的军事职能以及自身地理位置的偏远有关。距离蒲城只有3.5公里的马站镇逐渐成为地方中心。它的兴起加快了蒲城的边缘化和乡村化。应该说这种边缘化和乡村化始于中华人民共和国成立伊始，一直持续到现在。蒲城当地的老人皆言："解放之前我们这里是马站一片的中心，现在这个中心转移到马站（镇）去了。"①

蒲城作为浙江南部的一个农村地区，作为民族国家的一个普通组成部分，和全国绝大多数地方一样，被卷入社会主义国家现代化建设进程中，经历了各种形式的自上而下的社会政治改革和运动，在各个领域内经历了前所未有的改造。

从1950年2月开始，马站地区进行土地改革运动，蒲城和城门、沿浦、澄海四乡以及马站镇被作为第二批土地改革对象。土地革命改变了原有的生产关系，原来的家族公田以及寺庙产田都被收归国有，重新分配。从1952年到"文化大革命"之前，蒲城也经历了"三反五反"、初高级农业合作社、人民公社等。1966年8月，马站开展"文化大革命"运动，各地纷纷成立了

---

①　关于蒲城的"去地方中心"的问题在本书第五章将会进一步详细论述。

革命委员会以及红卫兵组织进行"破四旧"（旧思想、旧文化、旧风俗、旧习惯）活动，宗祠、戏台、神庙以及其他相关文物都遭到破坏。1969 年 7 月 9 日，蒲城人民公社革命委员会成立，专门承担了对蒲城的文化革命任务。

和全国其他多数地方一样，在这一系列涉及政治、经济、文化等各方面的改革、改造运动中，蒲城社区原有的各种"传统"都遭受了很大程度的破坏。集体的春秋祭祖活动停止，修谱的活动也一度中断，不少宗祠或废弃或改为他用。各种民间信仰和仪式活动被迫停止，仪式活动场所被改作他用，当地正一派师公家里的经书被焚毁。1958 年"大跃进"期间，当地最主要的地方神灵晏公神像被破坏，后来被信众搬离躲藏到山中，神庙的神龛上神像空缺。1963 年，西晏公庙前的戏台以及厢房遭拆除，改建新式戏院。"文化大革命"开始后，红卫兵搜查出藏在山中的晏公神像，并用刀斧砍毁。其他的民间信仰活动场所，诸如城隍庙、太阴宫、南庵等也都遭到破坏。城隍庙中的神像被毁坏，城隍庙被当作牛栏使用。始建于唐咸通间的南庵，在 1958 年"大跃进"炼钢铁时，庵内佛像被毁，20 世纪 60 年代又被马站酒厂所借用，后酒厂厂房迁往马站，南庵被拆毁，成为蒲城公社社员的杂种地。《重建南庵碑记》当中记载了这段千年南庵被破坏的景象："佛像遭毁，殿堂被拆，僧尼四散，昔日弘法佛地已沦为荆棘。"太阴宫的遭遇也类似，先被当作酒坊使用长达十几年，经过长时间的酒精熏染，太阴宫的很多木头松掉了。酒厂搬走之后，又被当作造纸厂使用。迎神赛会、主要神灵的神诞和出巡活动基本都不复举行。

这些社会政治改革和运动不仅中断了传统行为本身，甚至也一度改变和中断了人们对于这些传统的认知。在政治运动过程中生长或者成长过来的当地人，对于宗族、宗祠的概念较为淡薄。一位参加土改队、"四清"运动，在蒲门各地当过乡长的华姓退休干部曾这样说："我在当干部的时候，华家家族的事情都是不管的，什么宗祠都是不管的。对于这些事情也没有太大的概念。"①

不过，正如很多研究表明，虽然政治运动中断了社区生活的很多传统，但这种中断并没有彻底地毁灭传统。在颇为激进的社会政治改革和运动的表层之下，依然存在传统延续的影子。比如，当晏公神像在"文化大革命"期

---

① 田野访谈资料。访谈对象：HJX，访谈日期：2008 年 2 月 12 日，访谈地点：蒲城后英庙。

间被红卫兵毁于斧下，虔诚的信徒们就绘图代神，偷偷供奉。

20 世纪 70 年代后期，伴随社会政治运动的弱化，出现了全国性的民间传统复兴的局面。蒲城的情况也类似。早在 20 世纪 70 年代初，蒲城各个姓氏就已经开始陆续恢复修谱活动，祠堂祭祖活动也随之恢复起来。紧接着，社区的一些主要公共祭祀场所以及社区仪式活动也恢复起来。城隍庙、太阴宫、东西晏公庙、南庵、东庵、西竺寺以及其他大大小小的神庙逐渐有地方人士发动群众修缮或者重建。主要神庙的头家组织逐渐恢复，日常祭祀等民间信仰以及围绕庆祝各个神灵神诞的福酒活动也逐渐恢复开展起来。蒲城最重要的地方仪式，即晏公爷的迎神赛会活动，也在 1981 年的春节开始恢复。

二 宗族复兴的表述和实践

在民间传统复兴过程中，一方面是民间如何向民族国家寻找生存和发展的空间，或者说寻找"意义理性"；另一方面是民族国家在自身建构过程中，为了建立起国民对民族国家的认同，需要重新挖掘宗族等血缘性关系力量的民间传统。国家动员和宣传宗族、姓氏文化的重要性（包括知识分子一次又一次的采风等行为）也启发和强化了民间对于修谱造祠重要性的认识。从 20 世纪末到 21 世纪初，在蒲城目前新修的族谱当中，可以看到国家与地方两种力量的相互征用。

在 2006 年新修的《甘氏宗谱》中，收录了这样一篇官方性质的文档：

国家档案局、教育部、文化部文件国档会字（1984）7 号：
关于协助编好《中国家谱综合目录》的通知 098

各省、各自治区、直辖市文化厅（局）、文管会、档案局、北京图书馆、各高等院校：

家谱是我国宝贵文化遗产中亟待发掘的一部分，蕴藏着大量有关人口学、社会学、民族学、民俗学、经济学、人物传记、宗族制度以及地方史的资料，它不仅对开展学术研究有很重要价值，而且对当前某些工作也起着很大作用。但是，由于国内收藏的家谱极为分散，又没有专门目录，因而长期以来国内对家谱的发掘、研究工作做得不多，这与国外学者、机构对中国家谱搜集不遗余力、研究多有成果的状况很不相称。

同时，随着对外开放政策的实行，许多先祖在大陆的台湾同胞、海外侨胞的思乡之情甚为浓烈，他们也亟待利用家谱来寻找自己的血缘关系。为了推动国内对家谱的研究利用，发掘家谱这一祖国文化宝藏，改变中国家谱研究的内轻外重状况，充分利用发挥家谱在学术研究和统战工作中的重大作用，国家档案局二藏于各图书馆、博物馆、文化馆、档案馆等单位的家谱编成一部比较完整的《中国家谱综合目录》。计划一九八五年底完成编纂工作，公开出版。为了协助编号这一目录，特请你们通知各地图书馆（室）、博物馆、文管会、文化馆、档案馆（室）等收藏单位，将其收藏的家谱和所知道的个人收藏的家谱目录，按照该书的编辑凡例，于一九八五年三月底以前报送国家档案局。个别藏量较大的单位，也不要迟于一九八五年六月底报送。

　　特此通知

中华人民共和国档案局印章

中华人民共和国教育局印章

中华人民共和国文化部印章①

　　这则非常正式的现代官方文件被蒲城新修的宗谱所收录，恰好说明了民间社会在重修族谱这一活动当中，直接对代表国家意识形态的符号加以利用，为自己重修宗谱行为进行新的合理性解释，以获得国家力量的支持——至少是意识形态上的默认和肯定。

　　另外，从这则官方文件本身内容来看，亦显出国家力图把传统族谱这一文化符号加以开发和利用，因此，通过自上而下的行政方式动员全国的文化单位进行一场有关族谱的收集整理和编纂工作。这也间接地反映出了"国家这一外在形式"需要一种"文化亲密关系"来维系。②

　　相比上述全文引用国家文件的方式，更为普遍的一种做法是引用在当前意识形态中被认可的伟大政治领袖或者历史人物的某段话来论证家族以及修谱的重要性。最常见出现的几段引文如下：

---

①　《甘氏宗谱》，2006年修撰版。

②　［美］麦克尔·赫兹菲尔德：《什么是人类常识——社会和文化领域中的人类学理论实践》，刘珩等译，华夏出版社2005年版，第72页。

　　革命先驱孙中山先生说：一、依我看来，中国和国家结构的关系，先由家族再推到宗族，然后才是国家。二、中国团体之道，应该由家族而宗族，由宗族而国族。

　　毛泽东主席教导我们：为国尽忠为父母尽孝、乃是人之根本。要孝敬父母，连父母都不肯孝敬之人，还肯为别人服务吗？不孝敬父母天理难容。搜集家谱加以研究，可以知道人类社会发展的规律，也可以为人文地理、聚落地理提供宝贵的资料。

　　江泽民总书记一九九一年视察上海图书馆时说：中国人信祖宗的也比较多，我认为，尊重和怀念祖先的功业，是中华民族的一种美德，如果连自己的祖先都忘记了，那个民族还有什么希望？①

　　对于地方来说，这些被引入宗谱中的国家领袖人物的语句，如同前述的官方文件一样，是国家正统权威的象征符号。由此可见，和传统帝国时期地方通过宗族和仪式的实践来证明自己文化上的正统性一致，到了民族国家时期，被打压的"民间传统"在其复兴的过程中，依然会寻求"国家"象征性符号来证明自己行为的"正统性"和"合法性"。在民族国家时期，宗族被视为一种血缘性为基础的有效的社会凝结方式，因此，国家鼓励重修族谱，表明了宗族实践活动已经作为一种文化性手段被国家加以运用。由此我们也可以看到，在"民间传统"复兴过程中，国家意识形态与民间力量之间是如何相互找寻生存空间的现实情况。正如刘晓春指出："一方面，民族—国家的政治经济利益与民族主义的意识形态互为表里，民族—国家将传统的文化符号意识形态化，使之成为实现政治经济利益的文化手段；另一方面，民间力量的增长需要在民族—国家的政治、经济与文化利益之间寻找相应的生存空间。"②

　　此外，在这个年代新修的族谱，总是自觉地把家族历史和民族国家历史相联系。1997年重修的《朱氏宗谱》序言开篇便说朱氏家族与中华民族血肉相连，在五千多年的中华民族文明史上，有着朱氏先辈治国安邦、建设幸福美好家园所创立的丰功伟绩，并鼓励朱氏家族同心同德，奋发图强，为朱氏

---

① 笔者在田野点收集的十几本当前新修族谱，如《华氏宗谱》《金氏宗谱》《甘氏族谱》乃至诸如《苍南王氏》等姓氏族谱都引用或者部分引用历史和时任国家政治领导人物的话。
② 刘晓春：《仪式与象征的秩序——一个客家村落的历史、权力与记忆》，商务印书馆2003年版，第35页。

宗族的繁荣和中华民族的振兴奉献出自己的光和热。

在众多宗族恢复祠堂的实践中，蒲城华氏家族于1991年开启的祠堂和族谱修建，是一个颇具代表性的个案。

正如本书第三章中所记述，蒲城华氏宗族在国家和地方的百年互动过程中，其原来的宗祠变为了地方的中心学校，蒲城华氏一族就没有了自己的宗祠。因此，华氏族人只能将七八代的祖宗牌位放在家里。在蒲城其他姓氏都在纷纷修缮和修建自己的祠堂、族谱的情况下，华氏族人益发觉得"人家都有宗祠，每个姓都有宗祠，我们没有是不行的"，因此华氏族人曾一度想把蒲城中心学校拿回来办祠堂，并有部分代表就此事向族内具有干部身份的族人明确提出这个要求。当然这个要求遭到了否定，理由是：华氏宗祠既然已经变为学校，如果恢复为一族之宗祠，那蒲城的孩子就没有就地上学的地方了。于是，在这位具有干部身份的华氏族人倡议下，决定重新修建一座华氏宗祠。

为此，华氏族人各房推选出代表来筹办重建祠堂和修族谱的事情。代表们为了新建祠堂、重修族谱前后共开了38次会议。鉴于蒲城中心学校所能出资的额度有限，代表们商议全部由华氏族人自己出钱重建宗祠，并与学校定了协议，学校开办期内华氏旧祠堂的土地交由学校使用，如果学校不办了，土地交还华氏家族。在出资上按照丁数集资，具体丁数的算法是：嫁出去的女儿不算，家里如果有男孩、有女孩的，那么就算男孩丁数，女孩不算；如果只有女孩，女孩也算一丁；另外嫁进来的媳妇也算一丁。一个丁20块，由每房的房头来负责收钱。在蒲城、沿浦、西门外共计华氏丁数4000左右，初步筹集了8万多块。

由于资金紧张，开会的代表们很多人都主张祠堂建小一点，用料选便宜点。但那位有干部身份的华氏族人HJX以及HYC认为不能这样子马虎，要办就要办好。"事情要办好，人家钞票拿出来，就会关心，还会问你够不够啊。你要是搞得不好，人家还觉得拿出钱是很浪费的，明明要拿出来的，反而不愿意拿出来了。我要是搞好一点了，人家反而会反过来问你够不够用呢。后来看，确实是这样子。"① 根据《华氏族谱》中的《添建祠宇记》中记载，此次新宗祠的建设花费了10多万元。加上修谱10万元，一共花费

---

① 田野访谈资料。访谈对象：HJX，访谈日期：2008年7月18日，访谈地点：蒲城后英庙。

了 20 万元左右。

添建祠宇记

　　我华氏大宗祠在蒲门城内西南角　于民国十七年　前人为发展教育培养地方青年即以其祠为校舍　在公元一九九年六月发起重建宗祠　择地于城东之上　那时要建纪念堂及修谱资金很紧　东西两厢房拖至二〇〇五年与第九次修谱同时才经研讨议及筹资着手添建两厢房　计陆小间　以允初在建筑上富有经验　即公推膺任此举　并由晋绪业厚二君辅之　在开建后复得翰绪　业勇　业卿　业开　允桂　允文等爱公心诚内外兼顾管理　大力支持　还有诸君具有尊祖敬宗　急公忘私之诚　鸠工筹资劝暮　并蒙诸多开明者解囊赞助　历经辛劳不但厢房告段落成还新立石旗杆壹对石狮两对（门内外各一对）石碑七座和漆油整座祠宇一新计用人民币 10 万多元 深得参观者盛赞　此浩大任务今已就绪告成　扑得乡里称颂　以上述的优异成绩而为民族光岂不可称哉
　　公元二〇〇五年孟冬月添建首事录膺任　　允初　赞助　　晋绪业厚

　　华氏宗祠建好后，曾经中断的祭祖活动就重新开展了。因为有祠堂进行统一的祭祖，每年清明祭祖的时候，蒲城在外地打工做生意的华氏族人都会回来。[①] 原来族内不认识的人，在这个公共的祭祖空间中都能相互认识。同时，在公共祭祖时，通过大家包红包的方式筹集族人的公共基金存于信用社，由族内基金会专人管理，用来支助族内有困难或者发生意外的族人。笔者原以为，在建祠堂、修族谱、捐助基金会等事情上，年轻人的关心度和参与度不会太高，但在田野调查中得知，年轻人不但关心，并且当他们收到清明祭祖的帖子时，都会从外地回来参加祭祖，并且捐的钱也比较多，这表明了宗族实践的文化传承性。年轻一代的华氏族人在外地做生意赚钱后，需要通过参与宗族实践的方式来提升自己的价值感、意义感

---

　　① 根据田野调查，2000 年左右，蒲城乡范围内的华家人数大概有 2000 人，外出做生意、做工的华家人大概有 1000 名。

和认同感。

三　仪式复兴的地方机制①

20世纪70年代末以来，和宗族一样得到复兴的是地方上各种传统信仰及其仪式。蒲城虽然有30多个各类信仰相关的文化遗产，不过最主要的民间信仰是东西晏公爷、城隍爷和陈十四娘娘。蒲城流传一民谣："西殿保平安，东庙保五谷，城隍保延寿，太阴保生育。"在断裂和复兴的地方社会过程中，各类仪式活动也显示着国家与地方双重性的特征，其在断裂后的恢复，伴随着仪式情感、地方面子和家族文化资本等作用机制而展开。

1. 仪式情感的延续性

晏公爷信仰在当地已经有600多年历史，是蒲城香火最旺的地方神。蒲城的晏公信仰独具一格的地方是，城中有东西两座晏公爷庙，并在每年春节要进行激烈的"竞跑"，这种迎春竞跑民俗活动在整个蒲门甚至浙南一带仅此一处，是非常有地方特色的仪式活动。元末明初之时，由于晏公显灵江湖，民间自发加以祭祀。后来晏公又被朱元璋纳入了国家祀典，被朝廷赐封为平浪侯、勇南王，具备了正统性，成为国家教化地方的一种手段，也是地方获得正统性的一种文化方式。

从传统帝国进入现代民族国家，晏公爷的正统性退化为民间小传统，被国家作为封建落后迷信的事物加以对待。尽管在意识形态上有这种转变，但是从民众信仰的角度而言，晏公在地方历史上所积淀下来的各种灵威已经深入民众心里，同时对于晏公的信仰也是地方社会自我认同的一种方式，因此退化为"小传统"的晏公信仰的民众基础依然十分深厚。地方上的老人介绍起晏公爷的灵验性时十分津津乐道。比较有名的故事有：

> 清同治年间的华英先生记述了咸丰年间城外各村发生"麻疹"，许多小孩子丧命，唯独城内安然无事，地方上人认为是晏公爷庇佑的结果。②
> 民国时期，城北林某曾在温州求学，毕业后回乡，以无神论观点向

---

① 本章从地方社会过程的角度对仪式传统的断裂和复兴进行相对简要的论述。对于蒲城主要仪式的详细论述会在本书的下篇展开。

② 该文记录在华英先生所赠"灵感"一匾中，原匾已毁。

大家讲解科学道理。一天，林某偶尔经过西晏公庙参观，他带着好奇心理在神龛前随便抽出一签，是一百零一签，签诗是："人抽一百零一签，以为祈神心不坚。须罚大金足一千，再罚红烛一斤添。"林某一看，顿觉诧异，莫非是亵渎神灵。次日，其母以为儿对神灵失敬，便带去香烛，以表歉谢。原来签诗只有一百首，一百零一首是签外签。

建国前，南门街陈某的母亲生重病，危在旦夕，四处求医，不见应效。其子曾到西晏公庙行香祈神并虔诚地抽一签，是二十六签，诗曰："无奈妖魔日夜缠，慈亲染病已难痊。岐黄妙药终无用，早办衣襟送上天。"陈某的母亲果然在半个月后亡故。

"文革"期间，有人把晏公爷神像上的木料砍下来做靴子，后来此人发狂坠河而亡，地方上人认为，这是他亵渎了晏公爷后遭到的惩罚。

除了各种灵验的故事之外，从晏公爷神庙中密密麻麻悬挂着的民众送来的各种牌匾，如"威震南都""汪洋砥柱""德泽洪施""有求必应"等都可以看出来，虽然晏公爷失去了传统社会中国家赋予的正统性象征，但是它依然以自己的灵验性在地方社会民众中拥有自己的权威和地位。当地人对晏公爷的深爱和信赖是基于自身生活经验和地方认同，是历史长期积淀所形成的感情和文化惯习。

这种历史积淀所形成的情感和文化惯习，促成了晏公爷在"断裂"中的"延续"：每当蒲城的晏公爷遭到各种破坏时，总是有信众以各种方式对晏公加以保护。1954年，人民解放军借驻在西晏公庙，部分信众因为担心部队因反对封建迷信而损毁神像，而把晏公爷神像藏到西郊大岗柴堆中，不久又被水路山的村民抢去，暗藏于一处山洞内。"大跃进"期间，东西晏公庙里面的神像被身首分离，丢弃于公社的一个仓库。不久，这些无头神像又被一些信徒抱出来收藏好，次年添塑佛头，放置于大岗的小神宫内。"文化大革命"时期，全部神像都被毁于斧头之下，虔信者便绘神像图来供奉。1979年，"文化大革命"一结束，以CAQ、HZB、HYZ等几位信徒为首，暗中重新塑造四尊神像，并藏于水路山。次年元宵十五夜，晏公爷又被城内人请下来迎赛，赛毕又送回山区。到了1981年正月初四，城内信众决定把四尊晏公爷神像从水路山迎回神殿，按照原来的传统进行元宵迎神赛会活动。

由此可见，尽管在历史特殊时期，地方文化仪式活动被排斥为封建迷信，晏公爷自身的灵威性以及地方民众历史以来对于晏公爷的信仰心理和情感使得地方传统在"断裂"的表面下继续延续。伴随着民族国家建设的步伐，地方社会面临如何展示自身作为民族国家的一部分而不断创造和挖掘地方性历史文化的问题。因此，作为最具地方特色的晏公爷迎神赛会又被当地政府和精英所关注和操作，有关晏公爷的民间信仰仪式活动也成为展现地方文化的一种手段，以提高地方社会的知名度。

地方政府相关人员和退休老教师、老干部根据晏公爷迎神赛会最具特色的部分，把迎神赛会更名为"拔五更"，它很快就成了当地普遍都接受的一个指代晏公爷春节迎神赛会的名字，并对外加以宣传①。1997 年，蒲城乡民俗"拔五更"入选"浙江省第二批非物质文化遗产名录"。

在民族国家的进程中，晏公爷民间信仰仪式之于国家，经历了从"暴力"到"祝福"②的转变。在这个过程中，地方文化仪式体现了传统的韧性，也彰显了地方的能动性。当其作为一种文化资源被代表国家力量的地方政府所征用时，地方也利用国家力量延续和再造自己晏公崇拜的逻辑，体现了"民间与国家在仪式上的互动"③。

2. 地方中心的"面子"

与 1981 年便恢复年度仪式活动的晏公爷信仰不同，同样在各种社会运动中遭到破坏的蒲城城隍信仰，其大规模的"三月三"的出巡仪式一直到 2008 年才进行了一次④，而且完全是在民众自发组织下进行的。相比已经成为地方标志性仪式和文化名片的"拔五更"，当地政府对于同样具有悠久历史的城隍司主"三月三"出巡仪式尚无参与。

在明代国家祀典中，从县城隍到都城隍的城隍祭祀体系，可以说是国家政治等级统治在民间信仰上的直接体现。在古平阳境内（包括现在的平阳县和苍南县）一共有三座城隍庙，一座在平阳县城，一座在金乡卫城，一座便是蒲城城内这座城隍庙。也就是说，在整个蒲门地区，蒲壮所城的城隍庙是

---

① 具体情况见本书下篇第六章。

② Maurice Bloch, *From Blessing to Violence*：*History and Ideology in the Curcumncision Ritual of the Merina of Madagascar*，Cambridge University Press，1986.

③ 高丙中：《民间的仪式与国家的在场》，《北京大学学报》（哲学社会科学版）2001 年第 1 期，第 42 页。

④ 关于 2008 年蒲城城隍爷大型出巡仪式的具体论述，见本书下篇第六章。

唯一的一座，庙中城隍爷也被称为蒲门三都的城隍司主。蒲门三都即蒲门五十三都、五十四都、五十五都①，地域面积范围是现在的蒲城乡的数十倍。在田野期间，当地的老人现在还能描述80年前（推算约1927年左右）②蒲城城隍爷出巡矾山的壮观场面。因此，蒲城城隍是蒲城作为蒲门地方中心的一个象征，是蒲城在传统时期作为一个典范社区的突出标志。

中华人民共和国成立后，由于交通不便利、国家对地方行政区划等进行重新安排，经济、教育、文化等都转移到了马站，蒲城日益失去了昔日在蒲门地区的中心地位，辉煌一时的蒲壮所城成了农村中的"古城"，成为一种逝去历史的代表。再加上各种社会运动，城隍庙和城隍信仰在"文化大革命"期间也遭到破坏，被用作牛栏。"文化大革命"结束后，城隍庙得到头家和信众的集资修复，但城隍下殿仪式只是每隔三五年在蒲城城内进行，大型城隍司主出巡仪式活动从民国那次之后便一直没有再举行过。

一直到了2008年，蒲城才重新恢复举行一次大型城隍出巡活动。这次出巡活动最初发起完全缘于民间的"地方面子"。2007年，一个马站镇人做生意赚了钱，来蒲城和朋友聚会时，说他牵头出一万块钱，让蒲城组织一次城隍司主的出巡活动来保平安。几位在本地没有外出开店做生意的蒲城年轻人把这个事情承接了下来。根据地方上有经验老人的初步预算，要进行这样子一次出巡活动需要7万块钱的开销。当问及为什么要承接这件事情的时候，承办人之一说："这是面子问题。人家马站的一个人出了1万块钱，我们整个蒲城难道连6万块钱都出不了吗？一定要把这件事情办起来，给蒲城挣个面

---

① 注：都是明清到民国时期的行政区划，虽然具体的划分不同朝代有所变化，但是大体的范围还是一致的。清乾隆《平阳县志·建置志》记载，清代时候的行政区划，五十三都包括：石塘、后陇（后陇岭）、渔墅（今大渔、小渔）、大岙、小岙、韩峰（今安峰）、武曲（今属赤溪、中墩、凤阳、龙沙和大渔等乡镇）；五十四都：辖岑山（今属马站、岱岭等乡镇）；五十五都：辖厦材（蒲城内）、外岙、井门、后□、镇下关（今属蒲城、沿浦、霞关等乡镇）。民国时期，按照民国《平阳县志·建置志》记载，五十三都的范围包括：城门、王孙、后□（今后□）、魁里、大陇、观音岭、雾城、毕湾、大姑营、南垄、大冈（今大贡）、关头、铁场、车岭脚、谢家阳、云遮、三步楄、园林、牛头尖、乌岩、朱家阳、湖井、圆仕、望湾（今蒙湾）、汛地（今信智）、白湾、南岙；五十四都的范围包括：岑山（今金山）、坑门、岱岭、程西阳（今陈西垟）、甘溪、后□、积谷岭、凤尾山、马站、中峰、霞峰；五十五都：蒲门（今厦材）、外岙、镇下关、窑洞、大垵、松柏林、南屏（今南坪）、蛟龙头、三□、埕溪、路尾、外阳、山崖（今仙岩）、端美（今岭尾）、李家井、沙埕岭头、云亭、牛乾、木林、金家山、沿蒲、大姑、下姑。

② 不过，在田野调查中，也有老人说大约是在1907年的时候，那就是距离笔者田野时间（2008年）有100年左右。

子。"后来他们一共从单位、宫庙以及个人筹集资金69097元。①

有意思的是，这次活动虽然没有得到当地政府的"参与"或"引导"，却吸引了当地文保单位、苍南县文物馆乃至其他地方的民俗爱好者的目光，他们用自己的相机和文字来记录这次活动的过程。紧接着，地方上的退休教师在写"保护城隍庙乐助箱"的一个通知中就指出，城隍爷出巡活动也是地方特色的民俗，属于非物质文化遗产，要大家重视，并应该保护好城隍庙里的物件。当地政府事后便开始意识到应该在对外宣传上把城隍爷的仪式活动也增加进去进行介绍，而不仅仅是"拔五更"一个活动，以便更全面地显示蒲城的民俗文化资源。

放在历史长时段的背景中来看蒲城此次的城隍司主出巡活动，可以更加清楚地看到国家与地方之间的关系。和晏公爷信仰一样，传统时期城隍祭祀亦是地方社会正统和典范的一种象征，是为国家所鼓励和允许的。蒲城的城隍爷是代表国家统管整个蒲门三都，相对于晏公而言，城隍更具超社区性。这个仪式本身就是国家权威在地方社会的一种展示，举行一次规模盛大的城隍出巡仪式象征了蒲城在整个蒲门地区的中心地位。因此，当国家行政区划在空间上把蒲城变成一个边缘化的乡村时，一次复兴式的城隍司主出巡活动就成为仪式性地展现地方中心感的一种方式。而这次无意识的象征性活动，又引起在当前社会环境下地方政府和精英分子的注意：他们试图把已经沦为民间小传统的、属于"封建迷信活动"的城隍爷信仰操作成展示地方社会历史的文化资源。

3. 家族的"文化资本"

一个地方民间信仰的延续，甚至也和地方家族力量的推动有关系。蒲城陈十四信仰从最开始在蒲城形成到现代复兴，都离不开蒲城华氏家族。

陈靖姑是闽浙赣粤湘台等地家喻户晓的女神，她又名陈十四、陈四姑，各地尊称也颇多，如临水夫人、临水陈娘娘、顺懿夫人、通天圣母、顺天圣母、太阴圣母、陈十四娘娘，陈太后、陈大奶、陈大娘、夫人妈等。她主要是一位女性和幼童的保护神，能"扶胎救产、保赤佑童"，同时又能收妖灭怪、除虫御兽、祈雨攘灾，具有"护国佑民"的能力。有

---

① 乐助的详细介绍见本书下篇第六章。

关她的信仰从福建向外传播，东至台湾，南至广东，西到江西，北入浙南。这位女神的原形是唐五代时候的一位女巫，由于身前有益于地方，死后又显灵，在宋代时被地方官请封为顺懿夫人。① 宋理宗皇帝的封号赐额，已经使她从一名民间的巫神成为帝国认可的正统神明，进入了国家祀典当中。明代以后，由于国家对祭祀体系的重新规划调整并进行推广，这些有功于民的、原本就有朝廷封赦的神灵地位更加得到提高。与此同时，帝国在控制民间宗教信仰的时候，通常是通过鼓励地方精英文人宣传帝国神谱当中的神祇来巧妙实现的。因此，明代以后，在地方文人对陈靖姑的灵异事件大力宣传后，她的声望得到了极大的提升。以张以宁的《临水顺懿庙记》为母板，后世不断进行转载、加工和创作，使陈靖姑逐步脱离了原初民间女巫的形象，进一步正统化，成为明清时期中国神谱当中的一位重要神灵。

明清时期，平苍一带的陈靖姑信仰十分普遍旺盛。据清杨葆园辑《（平阳）县志辨误》第九卷秩祀"寺观"载：平阳南北地多名胜，尽为梵宇所据。县志所载自唐宋元明以来寺观统计二百二十区（座），而邑中神庙更不可胜计，如江南（今苍南）四乡除寺宇外，约八百余所，每年每庙均要举行庙会，所祀之神，一为"地主"，俱史书所不载；二为"陈十四太阴圣母"，"系顺治己丑陈仓寇乱不毁其庙，至是祀典益盛"。② 可见当时陈靖姑寺庙之多及祭祀之盛。由于年代久远，经历沧桑，其中大都早圮。这些宫庙一般名为太阴宫、临水宫、娘娘庙。除了许多倒塌、废弃宫庙，经过有关学者的考察，在平苍一带，可考和保存崇祀陈靖姑的神庙还有十三处之多。③ 这当中保存最好、最具名气的当属蒲城的太阴宫。

陈靖姑信仰虽产生于唐代，在宋代被敕封，并且以陈靖姑为教主的闾山

---

① 张以宁撰写的《临水顺彭庙记》中写："古田东去邑三十里，其地曰临州，庙曰顺懿，其神姓陈氏，肇基于唐，赐敕于宋，封顺懿夫人。英灵著于八闽，施及于朔南，事始末具宋知县洪天锡所树碑。皇元既有版图，仍在祀典，元统初元浙东宣慰使者元帅李允中实来谒庙，瞻顾咨嗟，会广甚规，未克就绪，及至七年，邑人陈遂尝掾大府，慨念厥初状神事迹，申请加封，廉访者亲核其实，江浙省臣继允所请，上中书省，众心颙颙，俟翘嘉命。"（载刘曰旸、王继祀主修万历《古田县志》卷十二）这是关于陈靖姑最早的文字记载。明成化、弘治年间的《八闽通志》、明万历《古田县志》等资料中都显示了陈靖姑是出生于巫觋世家，能通神。

② 转载于徐宏图、康豹主编《平阳县苍南县传统民俗文化研究》，民族出版社 2005 年版，第409–413 页。

③ 徐宏图、康豹主编：《平阳县苍南县传统民俗文化研究》，民族出版社 2005 年版，第 409 页。

教在宋代就已经传入平阳县，[①] 但陈十四信仰来到蒲城以及蒲城太阴宫建造则是明代的事情。由于没有文字记载，我们根据当地华氏族人的口述资料来了解这段历史：

> 明代的时候，我们华家有姑婆两人坐船到福建去游玩，晚上住在旅店，有陈靖姑托梦，说想跟她们上来。姑婆两人就觉得这个神很灵，烧香的时候，就抓了炉里的一把香灰带回来。回到家乡了，家里的人不同意把这个香炉放在家里。于是，姑婆两个人就把香炉拿到现在的太阴宫那个位置，那里原来是一个非常小的用石头垒起来的供水母娘娘的小宫庙，她俩把陈靖姑娘娘的香炉和水母娘娘的放在一起。
>
> 后来陈十四娘娘很显灵，香火越来越旺。姑婆两个人就决定给陈娘娘盖一座新的宫庙。但是，盖到后面没有钱了，一个姓徐的老太婆就说，真的干不下来，我出钱，买了 36 根木头，当作横梁用。后来造好了，还让华族的做了一块匾。[②]

从这段口述的资料来看，可以确定的几点是：其一，明代的陈靖姑信仰是从福建往外扩大影响，她到了蒲城后，入住了水母娘娘的宫庙，并逐渐取代了水母娘娘，成为这个宫庙的主神，这从一个侧面表现宋明以来国家对陈靖姑信仰的支持使得陈靖姑信仰不断向外播布。但从地方层面看，陈靖姑最初来到蒲城，与晏公最初来到蒲城一样，具有一丝灵异色彩，同时也显示了一个神灵在民间产生，其最本质的动力是自身的"灵验性"。地方在接纳陈靖姑信仰的时候，最开始可能只意识到神灵自身的灵验性。

其二，这段口述还很确定地显示陈靖姑信仰在蒲城的扎根来自女性的力量。陈靖姑的炉灰最初是由华家的两位女性从福建带回来的，原本是打算放到自己家中（可能是祖厝或者祠堂，也可能是自己的家）来供奉，是私人性的行为，却遭到了家族的反对。由此可见，最初由国家主导推广的陈靖姑信仰的正统性在蒲城还没有得到承认。当时在蒲城，陈靖姑是作为保胎佑童的

---

① 叶明生：《福建寿宁四平傀儡戏奶娘传》，载《民俗曲艺丛书》，施合郑民俗文化基金会 1997 年版，"前言"第 11 页。

② 田野访谈资料。访谈对象：HYC、JQY，访谈日期：2008 年 2 月 10 日、2 月 19 日，访谈地点：蒲城太阴宫。

神灵被妇女们自发推崇，其信仰的正统性在地方还没有确立，对她的崇祀还未被看成是地方社会对帝国文明认同的一种方式。

陈靖姑成为蒲城表征其正统性的象征符号，应该是随着她灵验性的增加以及各种文本资料对她的宣传之后，才逐渐被意识到的。人们开始主动地接受和祀奉她，把她作为文明、正统的象征。我们能得到的论证资料是迁界展复以后，华家重修的族谱当中有关华家重建太阴宫的一段记载：

> 先世虔奉太阴圣母香火。国初（指清朝）海寇滋扰，自迁界以迄展复，均蒙护佑。雍正元年，先高祖章若公与族中诸伯叔祖因出众资合建神宫于西门外，又共捐腴田数十亩以备后嗣祀事之需。神宫屡经修葺，同治庚午岁，前殿倾圮摧及演台两庑。英乃商诸族长，嘱季房兄振煜、弟斯钦、胞侄克仁等同任其事，共得公私之资二百余金不足。英复募诸乡里，合计四百余金，于是鸠工庀材克复旧观是役也，壹心兴建者为振煜。兄监督司事不辞况瘁，则斯钦弟与仁侄实殚其劳，心力兑尽，始终不懈。则斯钦尤不可及，云此系先世报功之典，其继志述事，固与敬宗收族诸大端同，其切要者也。因修谱将竣而书其缘起于后，以示将来焉！
>
> > 同治
> >
> > 三年岁在
> >
> > 甲戌夏月
> >
> > 仲房裔孙英
> >
> > 敬书[1]

这段书于清同治年间的文字，已经很明显地展示了地方对于陈靖姑信仰的认同。原先明代由两位姑婆私自从福建带来的、不被家族认可的陈靖姑香火，到了这个时候，被认为是对家族以及地方具有重大意义的事情，因而，一开笔就恭称"先世虔奉太阴圣母香火"。雍正年间，华家华章若等人出资对"展后"太阴宫进行重建，并出田亩备后嗣祀事之需，表明了陈靖姑信仰已经在地方上被认同。为她建造宫庙，已经是获得地方声望和地位的文化权力方

---

[1]　华英：《重建太阴宫前殿记》，载《华氏宗谱》卷一，2005 年修撰版，第 28 页。

式。正如詹姆斯·沃森指出的，帮助建造一座得到允准的庙宇是有文化的士绅使他自己和他家乡的社区变得"儒雅"的方式之一。[1]

作为当地的望族，华氏家族自然不会放弃这种令自己在地方上变得"儒雅"的实践机会，最初华家姑婆带陈靖姑香火到蒲城，也成为由华家重建太阴宫理所当然的缘由。以后岁月中，神庙每每遭受自然灾害的破坏（东南沿海地带多台风），华家也总是出面担当，可以说，在传统时期，与蒲城太阴宫相关重大事务都是由华氏家族主持的。民国时期纪录的一段文字，也说明了华家与太阴宫之间的密切关系：

> 谨按太阴宫前后殿及两庑演台缘建自吾族十世太祖章若公。同治庚午前殿倾圯，重建于族伯祖振煜、粲三、斯钦诸公暨族伯克仁等，迄今六十余载。神宫迭经族人修葺，不无完固。迫民国庚辛两遭龙风，梁栋墙垣忽就崩圯。族长祖瑛匡公商于仲房玉堂、克梧二伯亟谋整葺，乃以众资二百金，复向各福户筹募百余金，合作修整之。需推克梧伯经理其事，而余祖及玉堂伯襄助之不数月完成，无异旧观。此系吾族先世报功，遗典适本，届家乘告竣因书于其后，以示不忘云尔。

> 经附注[2]

修建修缮太阴宫，使得一个家族在地方上变得"儒雅"的同时，也使得蒲城在整个蒲门地区的文化中心地位更加显赫。在整个蒲门地区，这是唯一一座崇祀陈靖姑的宫庙，根据口述的资料，来蒲城太阴宫拜亲娘、求陈娘娘庇佑的，除了来自蒲城本地的小孩之外，蒲城之外的地区如沿浦、下关、下峰、沙埕、桥墩、马站、矾山、金乡、灵溪等地都有人来这里认亲娘。在蒲门乃至更广的区域内，人们不远道路迢迢，步行至蒲城来求太阴圣母的保佑，也折射出了人们对于蒲城这个传统地方中心正统性的一种认同。人们抱着不同的目的来这里拜祭陈皇君，或求子，或求财，但在目的各异的活动下，隐含着对于国家主导和干预下的神灵的共同认同。

---

① ［美］詹姆斯·沃森：《神的标准化：在中国南方沿海地区对崇拜天后的鼓励（960–1960）》，载韦思谛编《中国大众宗教》，陈仲丹译，江苏人民出版社2006年版，第58页。
② 华经：《重建太阴宫前殿记》，载《华氏宗谱》卷一，2005年修撰版。

历经岁月，明清时期的太阴宫原貌已经不复存在，但从太阴宫中供放神牌上的刻字——"奉旨敕封太阴圣母"（当地人说，这几个字是不曾变过的），可以看到有关民间崇祀陈靖姑信仰行为背后所隐藏着的"正统王朝"，并且这个正统已经深入人们心里。到现在为止，笔者在田野中依然能看到民众心目中这个传统时期的"正统王朝"的存在。老人们会很认真地说："我们的陈皇君是皇帝敕封的，是很大的，一般的神都是比不上她的，我们当地一般求子、保小孩子太平的，都是来求她，不会求别的。"①

2007 年，蒲城遭到了超强热带风暴"桑美"的袭击，历史悠久的太阴宫再次遭到严重破坏。当时的华氏族人负责人 HYC，主张重新修建太阴宫，认为太阴宫最早是华家建造，现在被台风吹了，要帮助它重新修建好。在他的积极奔走联系下，筹集到了 50 多万元，并在太阴宫重新修建好后以华氏家族的名义送一块牌匾给太阴宫，纪念华氏家族和蒲城太阴宫的深厚关系。华氏家族的人认为，对于地方而言，"应该说华家做了事情吧。历史上是华家搞的，现在也是华家搞"②。

陈靖姑作为"敕封"的神祇、一个正统的而非邪神的框架是一致的，这个框架是由朝廷赋予的、文明体系的一部分。"……国家强加是一个结构而不是内容……鼓励的是象征而不是信仰。"③蒲城的华氏家族通过为地方建造一座被国家允许和鼓励的神祇的庙宇，而获得赞誉和声望。换而言之，地方的民间信仰是对正统王朝"隐喻式的模仿"④，帝制国家的运作逻辑通过民间信仰而得到实践和认可。这种地方文化传统的实践，并没有随着表层的"断裂"而消失，只要条件允许，家族和个人依然以实践传统的文化和仪式作为自身的"文化资本"，获得地方社会的认同和声望。

四　结语

宗族、城隍信仰、晏公信仰、陈十四信仰实践是传统帝制国家推行文明教化的手段，也是家族和地方现实自己文化正统性的一个象征性过程。地方

---

① 田野访谈资料。访谈对象：JQY，访谈日期：2008 年 2 月 19 日，访谈地点：蒲城太阴宫。

② 田野访谈资料。访谈对象：HJX，访谈日期：2008 年 7 月 18 日，访谈地点：蒲城后英庙。

③ 詹姆斯·沃森：《神的标准化：在中国南方沿海地区对崇拜天后的鼓励（960-1960）》，载韦思谛编《中国大众宗教》，陈仲丹译，江苏人民出版社 2006 年版，第 83 页。

④ ［英］王斯福：《帝国的隐喻：中国民间宗教》，赵旭东译，江苏人民出版社 2008 年版，第 2 页。

社会通过宗族实践和祭祀具有国家正统象征的神灵使得自己进入帝制国家文明体系当中，也历时性地反映出了蒲城这个地方社会在去军事性过程中成为地方经济文化中心的文化实践内容，并由此构建了地方社会历史和自我认同与想象，积淀成为地方集体情感结构和文化传统。在现代民族国家进程中，这一地方传统必然在"国家—地方"的二元叙事中，一方面与国家之间存在矛盾和张力；另一方面却又与国家相互借用和表征，完成各自的历史叙事需要。

人类学强调"地方性知识"，并视地方为更大的社会文化、民族国家、文明进程的一个"汇聚"点，通过对地方社会的研究来折射更为宏大的社会历史进程和问题。然而，通过对蒲壮所城在民族国家现代化进程的分析可以看到，地方不只是反映宏大社会历史进程，还会以其在历史中汇集和沉积的传统和文化对宏观外部力量做出自身反应，其传统和文化的惯习一方面使得地方社会在外部变革激烈的时候保持自我认同和地方感，另一方面还能成为政府和国家加以征用的文化资源或历史传统。正如王斯福所言："地方崇拜的复兴是一种对地方认同感的深邃的宣言，这里有着其自己的神话与历史，有着相对于国家的神话和行政以及集体式政府制度的自主性。"① 因此，在现代中国的版图上，每一个地方历史都是一部民族国家历史的微缩版本，但也都具有每个地方的特色，为消解一元单一的历史叙事提供了鲜活生动的地方资料。

---

① ［英］王斯福：《帝国的隐喻：中国民间宗教》，赵旭东译，江苏人民出版社 2008 年版，"中文版序"第 6 页。

第五章　抗倭名城：旅游情境下的符号动员与景观再造

　　20 世纪 70 年代末期以来，伴随社会政治运动的消减，各种在民族国家现代化进程中遭遇过不同程度破坏的民间传统又逐步复兴起来。诚如前一章所论述的，蒲城有关宗族以及社区仪式活动也都得到了恢复，在 80 年代，蒲城一度呈现十分热闹的景象。

　　然而，到了 20 世纪 90 年代以后，随着全球化、城市化和市场化的不断深化推进，蒲城陷入了作为一个农业社区发展滞后的困境。一方面，它人多地少，没有更多产业来吸纳劳动力创造财富，人口只有向外去打工或者开店做生意；另一方面，蒲城本地人在外打工或经商所集聚的财富并不主要流回本地，多数流向马站镇或者苍南县城灵溪等地置地买房，人口不断地外迁，从而造成了蒲城的进一步衰落。蒲城曾是蒲门地区的政治、军事、经济、文化中心，然而在全球化、城市化和市场化背景下，曾经象征文化中心的社区神明仪式一度成为相对落后的农村地区的符号。

　　与此同时，全球化也使得世界的联系更加密切，使得"地方"越来越被纳入世界体系当中，它在"碾平"全球的时候，又悖论性地使"地方性"的价值日益凸显，即工业化所形成现代制式性、标准性的生活方式使人们对日益消失的传统和历史产生"回归"的向往。正如格拉本所指出的，诸如乡村这样的"地方"成为在现代社会中"怀旧"的对象和地点。①

　　于是，通过对自身"地方性历史"的梳理和挖掘，谋求"抗倭历史名城的构建"来发展旅游和文化产业，成为蒲城复兴和发展的必选道路。对于作

---

　　① Nelson Graburn：《人类学与旅游时代》，赵红梅等译，广西师范大学出版社 2009 年版，第 331—334 页。

为乡村的地方而言，它们并非纯粹地"被"怀旧，而会呈现一种主动的追求，即通过挖掘地方性资源这一策略来应对现代化、全球化，使自身成为更为"典范"的怀旧对象。这些地方性资源包括了各种传统的民俗活动、历史文化遗迹乃至于有别于现代产业的农业观光等。也就是说，"经济的力量往往透过其他形式来运作表现，特别是文化形式。这导致文化成为资本的一种形式"①。因此，很多地方政府都开始大力鼓励地方精英和民众发掘地方历史文化资源，推动旅游文化产业的发展，把吸引游客的到来作为振兴和发展地方经济的一个有效手段。经过十几年的努力，在各种有关蒲城的文字和影像的报道或者描述当中，蒲城被作为一个经典的抗倭历史文化名城的形象介绍给外界。通过这些文字和影像，逐渐建构和强化了蒲城这段抗倭历史的叙述。

本章的内容，就是通过对于蒲城这一"抗倭历史名城"符号动员和景观再造具体操作的探究，呈现蒲城在加剧的现代化、市场化和全球化背景下，如何选择性地利用历史，对自身进行重新定位，从而把自己融入更为流动的，也更为紧密的世界当中。它是地方性力量对于自身历史文化符号资源的动员以及当前旅游情境下的景观再造。在这个意义上，全球化也是一个地方化的过程。

一 市场经济下的蒲城困境

1. 城镇的兴起与老城的式微

一个地方的兴起，可能会造就另一个地方的衰败。这句话也适用于在蒲门这样一个区域里的两个不同地点：蒲城和马站镇。作为当前蒲门地区的中心，马站镇的兴起是 20 世纪 70 年代的事情，当时马站供销社、农业银行、邮电局、汽配厂、仪表厂开始在马站镇建成。80 年代，更多的行政设施、文化设施以及企业在马站镇建成，包括区人民法庭、马站镇文化站办公楼、马站粮食管理所营业楼、马站标牌织锦厂、地方国营苍南罐头食品厂、马站装色带工艺、苍南县电机配件厂、马站华丽花边厂等。1985 年春，马站镇开始实施《集镇总体规划》，整个镇的建设进入了高潮，从 1985 年开始到 1992 年年底，马站镇新建了南新街、北新街、迎宾路、朝阳路、河滨东路、河滨西

---

① 黄应贵：《存在、焦虑与意向：新自由主义经济下的东埔地方社会》，文化创造与社会实践研讨会会议论文，台北，2008 年 7 月，第 6 页。

路等 9 条街道，改造蒲中街、金山路、校前路等 6 条街道。再加上剧院、信用社、学校、农业综合开发区、服务站、马站邮电大楼、机织工艺厂等在集镇的进一步建立和落成，新城区道路日渐宽敞，楼房林立，各种公共设施逐渐齐全，俨然已经是马站地区一个新兴的城镇了。城镇的兴起，加上政府的鼓励，日渐聚集蒲门地区的各种资金、人流，也吸引着周边地区的人来这里定居，形成了一个具有居民点、商业区和工业区的相对繁华的城镇。诚如一位蒲城人所说，马站有钱的人可能会搬到灵溪去，而马站区（即蒲门地区）其他地方的人，则会尽量搬迁到马站镇里来。可以说，20 世纪 70 年代以后，随着马站镇的兴起，它逐渐一步一步地取代了蒲城，成为蒲门地区的政治、经济和文化的中心。到 20 世纪 90 年代，这座从明清以来一直到 20 世纪 70 年代（甚至 80 年代）都是蒲门地区的中心所在地的蒲城，在马站新兴居民眼中只是"一座破城"而已。

2. 作为农村社区的蒲城

随着蒲门地区原来的政治经济文化中心的位置逐渐让位给新兴的马站镇，蒲城由此也转变为更加纯粹的以农业为主导产业的乡村，人多地少以及家庭联产承包责任制分散式经营是改革开放以来蒲城农业生产最为基本的特点。

在蘑菇生产以及外出开店尚未成为蒲城重要的支柱产业之前，蒲城人均农业耕地大概是 0.3 亩，人均年收入大概不到 1000 元。有的家户，6 口人只有 1.4 亩田，单纯的农业生产很难维持家庭生活和发展。

20 世纪 80 年代以后，在马站供销社人员的引进和带动下，种植蘑菇逐渐成为当地主导的农业产业。马站地区于 1979 年开始种植磨菇 1982 年，马站供销社创办"马站蘑菇厂"①。1980 年，全（马站）区栽培蘑菇 13.6 万平方尺，产量 74.55 吨。至 1989 年，产量激增至 1678 吨。2003 年，马站获得"中国蘑菇之乡"称号。② 这当中，蒲城是最主要的蘑菇生产基地。根据相关资料，1986 年蒲城蘑菇种植面积达 300 万平方尺，参与蘑菇种植人数多达 1000 多户，即接近一半的家户都参与了蘑菇种植，全乡蘑菇收入将近千万元，占据马站区蘑菇生产收入的绝大部分。随着蘑菇种植日渐成为主导产业，相应的蘑菇加工业也已出现。1991 年 7 月，蒲城乡成立了蒲城食用菌开发公司，

---

① 马站镇志办公室编：《蒲门大事记》，1995 年，第 112—131 页。
② 郑维国主编：《马站地方志》，中央文献出版社 2003 年版，第 3 页。

系集体（股份）所有制，隶属苍南县农委领导，共有职工 37 人（其中技术人员 8 人），固定财产 85 万元，流动资金 150 万元，厂房占地面积 8000 平方米，建筑面积 5320 平米，是中国粮油食品进出口公司，上海、浙江粮油食品进出口公司定点生产出口盐水蘑菇的单位。年加工盐水蘑菇 2400 吨，远销日本、韩国、意大利、德国和西班牙等国家，三年为国家创汇 700 万美元。[①] 蒲城的蘑菇生产业达到了顶峰。

1996 年，由于美国制裁中国出口的盐水蘑菇，鲜蘑菇的价格下跌，一斤只有 8 毛至 1 元，菇农盈利大大降低，两家蘑菇加工企业也倒闭。蒲城蘑菇种植从业人员有所下降，产量也有所下降。到 2004 年统计，蒲城从事蘑菇种植的家户从原来的 1000 户下降到了 700 户。2004 年蒲城蘑菇种植面积有 250 万平方尺，蘑菇收入 4500 万元左右，与最好的年份相比，减少了 500 万元。尽管如此，蘑菇种植依然还是蒲城全乡的支柱产业。

这一支柱产业在一定程度上增加了蒲城农民的收入，但是依然无法使蒲城的经济得到根本性的发展和改变。因为劳动力过剩与土地不足的矛盾依然十分严重。不少聚集在家无所事事的年轻人，形成了所谓的"十三太保""十三罗汉"和"五大兆"等团伙，常在蒲城惹是生非，给地方上的生活秩序造成了一定的麻烦。

上述矛盾在某种程度上得以解决，得益于 20 世纪 90 年代以后蒲城人在沿浦人的带动下，外出开鞋店做生意的潮流。沿浦历史上就有在家做皮鞋的传统，大概在 90 年代初，便陆续有人南下广州或者北上江苏等地开始做前店后厂的皮鞋生意。到了 1994 年左右，蒲城人也开始往外开皮鞋店。通常，最初出去赚到钱的人，便会带动更多的亲戚、朋友到外地去开店做生意。于是，从 90 年代中期开始，越来越多的蒲城人离开家乡到外地去开店做生意。到了 2004 年的时候，蒲城有将近 2860 多人外出做生意，约占蒲城总人口数的 40%。笔者 2008 年田野调查期间所走访家户中，基本上每一家都有人在外地开店做生意，以中青年为主，有时候 50—60 岁的父母也会跟着孩子一起出去帮忙打理店面，留在本地的主要是 60 岁以上的老人和小孩，其中尤以不识字的中老年妇女为多。

---

① 政协浙江省苍南县委员会文史资料委员会编：《抗倭名城——金乡·蒲城》（苍南文史资料第二十辑），2005 年，第 231—235 页。

在这些外出做生意的人口当中，70％的人都是开皮鞋店。他们所去往的地方包括广州、深圳、厦门、泉州、漳州、杭州，还有江苏和四川等地。其开店投资的成本为10万元到100万元不等，目前也没有相关的统计数据能够把这部分在外开店人员的具体收入说清楚，只能根据当地人所了解的大体情况，得知蒲城在外地开店做生意的人中有百分之八十都还是盈利的，做得好的一年可以赚十几万元，做得差的一年大概也保持一两万元的收入。总之，蘑菇生产以及外出做生意增加了蒲城人的经济收入。根据当地干部的介绍，2007年年底蒲城的人均收入达到了3686元。

上述农业产品寻求外销，本地人口外出流动，充分说明了在市场经济的条件下，传统相对独立自足的地方进一步被吸纳到了广阔的市场经济体系当中。另外几件发生在社区中的事情，也能表明农村社区与外部世界的联系。第一件事情是十字街一家小型温州百一连锁超市的开设，这可能是最为醒目的由外地资本注入本地的一个表现。除了这家连锁的外来超市，笔者在田野期间所观察到的，还有两件事情似乎也能表明这个农村社区中的农民如何在市场经济中谋求经济上的发展。一件是乡政府的挂职人员从温州等地引入了来料加工——计件工资形式的圆珠笔安装，由金城村承包，参与圆珠笔包装的人主要是在家的家庭妇女，大概有20位妇女固定从事这项工作。这些圆珠笔每组装1000支，可以赚5—7块工钱，因此，一个妇女当时一天的工钱大概是二十块钱。另一件是购物篮的生产。2007年国家发布"禁塑令"，本地有一两个比较有眼光和胆识的人就开始生产购物篮，有两三户家庭合伙参与购物篮的生产。在笔者田野期间，各地对于购物篮的需求很高，蒲城这家购物篮的家庭式作坊生意一直不错。

然而，上述变化基本上没有对蒲城的产业结构以及相对欠发达的面貌有根本性的改变。就蒲城本地而言，种植蘑菇只是在一定程度上增加了农民的创收；劳力外出做生意的赚到钱的人，不少会在外地扩大投资或者在灵溪（苍南县县府所在地）、温州乃至杭州等地方购房定居，因此资金并没有回流到当地来进行开发生产①。小型连锁超市是外来资本来赚取本地的消费，对于蒲

---

① 究其原因，一来可能是因为在外地的获利程度还不足以使人们有能力回乡投资开发；二来是蒲城本身还没有形成吸引人来投资的开发项目；三来还有不少人愿意在城市定居生活。因此，对于蒲城的老百姓来讲，它在全国的市场经济面前，就是一个很普通的农村社区，有机会在外地谋求发展的人甚至会选择在外地定居。

城自身经济结构并没有造成根本性的改变。圆珠笔安装以及购物篮生产都是简单手工加工，规模小，不稳定，只是吸纳部分闲置在家的人口（主要是妇女），蒲城作为欠发达的农业社区的面貌也不会因为这些零星、小规模的手工加工业而得到根本性改变。

当地从事非农业生产的家户，主要是面向本地社区提供一些相对传统的服务。这些服务主要集中在城内十字街中，包括日用品零售店、药店、理发店、轮胎鞋子修理店、餐饮店以及午后的菜市，等等。这些经营主要以传统小本买卖为主，并不对蒲城的经济结构带来根本的影响。当地还有两家锯木厂，分别是由两户人家开的，其中一家是笔者田野期间搭伙食的家户。由于蒲城处于沿海地带，容易受到台风的袭击，因此，当地锯木厂的生意反而不错，一年能有两三万元的收入。田野其间笔者搭伙的这位锯木厂的老板说："我们夫妻两个人这样子日夜辛苦在自己家里经营锯木厂，一年挣得两三万元，在当地已经是相当不错了。一般种地的农民，那基本上是没有太多额外的进账。种蘑菇和西红柿的都是靠天吃饭，有的年头好，有的年头不好。反正，农民还是收入最低的。"①

当地干部的反映也是如此，认为蒲城地处比较偏僻，交通不是很方便，整个地方的经济基础相对比较薄弱，再加上每年都受热带风暴的影响，引入外来资金在当地发展产业的困难度比较大。因此，在浙江温州这一改革开放以来商品经济较为发达的地区，蒲城显然是一个"欠发达"的边缘农村社区。

3. 一位外出做生意人的心声

一次偶然的机会，笔者得以和一位在杭州开店的蒲城青年人进行了开放式的访谈。② 这位 30 多岁的青年人，初中毕业，说着一口颇为标准流利的普通话，他的经历和观点基本上能代表在市场经济条件下蒲城外出开店做生意的人如何看待自己以及蒲城这个地方：

问：为什么选择去外地开店做生意呢？
答：主要是为生活所迫。我们这里山多地少，我们家 6 口人，只有

---

① 田野访谈资料。访谈对象：HZM，访谈时间 2008 年 3 月，访谈地点：HZM 家中。
② 一般在当地很难访谈到外出做生意的年轻人。通常除了过年，他们一年到头都在外地，有的人甚至连过年都不回来。而笔者正月初到蒲城的时候，主要的精力在于了解社区的各种仪式上。第二次田野是八月，这位年轻人因为家里的一些事情才回家小住几天，笔者才得以和他有一些交流。

1.4 亩农田，没有办法养活自己。另外，当时也已经有一小部分人出去开鞋店，做得不错，心里会有一点底，知道还是能赚到钱的。还有，我们这里交通太不方便，资金很难进来，所以很难发展起来，我们只好走出去了。

问：你最初开店的投资资本怎么凑的呢？又是怎么选择开店的地方？

答：自己家里有几万块积蓄，然后就是向亲戚朋友借，这里 5000 块，那里 1 万块，凑了 20 多万块钱。当时在杭州、江苏一带都跑了不少地方找店面，花了不少时间。有些地方有店面，但是觉得地方不理想；有些地方很理想，但是没有店面。还好，后来也是一个偶然的机会，经那里的朋友的介绍，（在杭州）找到了现在这个地段。

问：你怎么把握这个地方是不是好地段呢？换句话说，你怎么就能保证在你选择的地方赚到钱呢？

答：一个好地段就是一个已经有人在这里赚到钱的地方。你只要看见这里生意红火的，就是一个好的地段。既然别人能在这里赚到钱，我也一定能在这里赚钱，只要我更勤快，更卖力。我当时在这里开的店面是最大的，装潢是最好的。如果别的店新装潢了，我就会立即重新装潢，还是会最好。装潢之后，日营业额明显会提高。然后，我也会很注意店里面的细节，绝不在店里面吃饭、打牌、打麻将，因为你不会到这样子的店里去购物的，对不对？我开店的这个地段，几年下来，很多店都易主了，就是我这家一直是保持到现在，而且一直算是最好的。有些店是杭州本地人开的，他们不认真，好像开着玩似的，在里面打牌、吃饭。另外服务态度上也会差一点。我们出去开店的人不能这样子，要更勤劳、能吃苦，而且也比较诚实，懂得当机立断，也懂得不断地往前发展。因为自己没有退路，你是借了钱出来，你没有办法两手空空回去，你是一定要赚到钱才可以的。没有退路，这也是动力吧。

问：不过，应该也有人失败，对吧？

答：是的。一般来说，出去的有百分之六七十的人是有钱赚的，这当中又有百分之二三十的人是做得相对出色的，百分之四五十的人就是一般，剩下的百分之二三十的人可能就是亏本的。他们还是得继续做啊。今年亏了，那么想办法在明年把钱赚回来。我说了，没有回头路。你要是真的回来了，能做什么？种田？还是一天到晚打牌？家里面没有事情做啊！

问：你出去过，那你会回来这里吗？你对蒲城未来的发展有什么看法？

答：可能回来，也可能在外面定居。我昨天说的在宁波嘉兴买的房子，暂时不是为了自己住，是大家集资，投资买下来，用来出租的。等以后有一个大家都觉得不错的价位的时候就卖出去。然后，自己住的房子看情况再定。蒲城毕竟是农村，这里交通不方便，台风也多，很难吸引外面的资金，要发展是比较困难的。能在城市里面定居，以后对孩子的教育、前途都有帮助。

十几年前，我们这些人还没有出去的时候，我们这里真的算得上一个繁华的小镇，这边电影、那边唱戏，十字街上各家店铺也人来人往的，天天热闹得很，就像你看到的过年时候的那番情景。现在五分之三的人都出去了，剩下不是老的、弱的，就是小的，自然就热闹不起来了。

其实，一个地方要消失也很快。像云亭原来也是一个乡，有上万人，也是繁华热闹的地方了，也就十年光景吧，这个乡已经不存在了。还有一些山上的村落，基本上就是一些老人了，你可以说，等这些老人去世之后，这个村也就消失了。

不过，我想，蒲城会好一点，毕竟历史悠久，而且现在又是国保单位，不会像云亭那样子。①

上述这段谈话充分显示了出去外地开店赚钱的人的心态，以及对蒲城的看法：蒲城曾经是一个热闹繁荣的地方，但是现在不行了，人们不得不往外谋求生路。即便蒲城现在是国保单位，但他对蒲城未来的发展显然不是很有信心，或者说并不是很乐观，甚至潜意识当中认为它可能会像周围的一些乡镇一样日渐衰败，只不过速度要慢一点。

笔者在田野过程中也对一些中老年人进行访谈，他们的年龄从四五十岁到七八十岁都有，四五十岁的很多中年人都曾经帮助他们自己的儿子到外地去打理鞋店，六七十岁的老人则常常感叹：

现在我们这里人都出去了，不热闹了。原来城里每年十月份有物资交

---

① 田野访谈资料。访谈对象：ZCL，访谈日期：2008 年 8 月 23 日，访谈地点：HZM 家。

流会，好不热闹，马站、苍南整个县都做买卖，车子都拉不进来。……现在出去的人都不回来，大世界看过了，看小农村……我们的眼光就比不上年轻人，外面的世界多大我们不知道。①

在田野调查期间，笔者前后有两次因身体不适到马站镇里看医生，这个医生很惊讶笔者居然隔2个多月还在蒲城，他说："蒲城有什么好看的，你还来，还待那么长时间，不就是一个破城吗？"在新兴的马站镇居民看来，蒲城真的只是一个衰败的地方。这个曾经的蒲门地区经济文化政治中心，现在已经彻底让位给了距离它3.5公里的马站镇。

由此可见，蒲城从1949年以来一直到改革开放以后，已进入多重困境中。首先，在蒲门区域范围内，它的地域中心地位被马站所取代；其次，在全国市场经济发展背景下，它自身也陷入人多地少、没有更多产业来吸收劳动力创造财富的困境。向外寻求发展遂成为市场经济困境下的很多蒲城人的选择。

那么，蒲城究竟是会进一步衰微，还是会通过其他方式使自己复兴呢？笔者在第一次蒲城田野调查期间，当地干部便表示了蒲城未来发展必须走旅游业路线。2007年蒲城乡政府的工作思路中便提出了今后五年要"举生态旗、打国保牌、唱旅游戏、聚绿色财"发展策略，利用蒲城的生态环境和国家级重点文物保护单位的优势，推出独具特色的旅游项目，帮助广大群众增收致富。要围绕"国保"修复，在旅游开发上做文章，要发展高效生态和观光农业。这个过程从笔者田野调查开始，一直持续到现在。它不仅是蒲城一乡之事，也纳入了整个苍南县整体发展规划中，这其中经历了历史文化资源的符号动员和文化景观的再造。

二　历史文化资源符号动员

1. 整体"抗倭文化"的打造

蒲城抗倭历史名城构建的历史文化符号动员，早在20世纪80年代初，即苍南县从平阳县分出来独立建置后不久便已经显现。新建置的苍南县，无疑需要追求相对独立的地方性历史，同时建立起人们对这一地方性历史的认

---

① 田野访谈资料。访谈对象：XPC、CZ，访谈日期：2008年7月31日，访谈地点：蒲城城隍庙。

同。这一认同的建构包括了一系列对地方历史文化、民俗民风材料的收集、编撰和出版上，《苍南县志》《苍南姓氏》《苍南风俗》《苍南文史资料》等都是这些努力的结果。

在苍南境内，最具历史文化底蕴的地方就是金乡卫以及蒲壮所，这两座明代卫所是苍南境内最为重要的历史文化遗产。要建立苍南县相对独立的历史文化认同，首先是对这两座古城进行文化资源的梳理、介绍和传播。1985年编撰的《苍南文史资料》①的第一辑便以"苍南抗倭斗争古迹"为名，介绍了金乡卫城和蒲壮所城。书写者们在介绍这两座明代卫所时，视它们为"反抗外侮斗争"的光辉一页，是"进行爱国主义教育"的好题材。实际上，苍南县史志办力图通过对这两个明代卫所，构建一个具有光辉革命传统的苍南县地方性历史，把自身历史纳入民族国家革命斗争的宏大历史叙事当中。这可以看作县一级关于蒲城抗倭历史文化名城的地方性历史诉求最早、最正规的文字表述之一。此后，2005年出版的第二十辑《苍南文史资料》又专门以《抗倭名城——金乡·蒲城》②做了一个独立的专辑，对它们加以更加系统、全面的介绍，这可以看作县一级的地方政府对于蒲城作为抗倭历史文化名城历史诉求的表现。此外，诸如苍南文史资料第二十二辑《苍南风土》以及《苍南民俗》③等介绍苍南县风土人情的书籍中，都涉及了蒲城的"拔五更"，即晏公爷的迎神赛会，这亦表现出县一级政府对于蒲城地方社会历史文化资源的挖掘、开发和利用。

县一级通过明代卫所对于地方性历史认同的诉求，自然也会影响到蒲城对自身历史的关注，促进了蒲城本地的一些力量积极地参与到自身地方性历史的挖掘和宣传中。大概在同一时期，蒲城地方上的一些退休干部和教师，就开始自发地进行文物保护工作，在这一自发性力量的影响下，蒲城抗倭历史文化名城的构建逐渐拉开帷幕。

蒲城政府部门力图把分散的要素系统化，着力把蒲城打造为一个整体的"抗倭历史文化名城"。这一整体包括国家确认的由蒲壮所城、三座城堡、二

---

① 政协浙江省苍南县文史资料委员会编：《苍南文史资料》（第一辑），1985年。

② 政协浙江省苍南县文史资料委员会编：《抗倭名城——金乡·蒲城》（《苍南文史资料》第二十辑），2005年。

③ 政协浙江省苍南县文史资料委员会编：《苍南风土》（《苍南文史资料》第二十二辑），2006年；苍南县档案局：《苍南民俗》，2001年。

个寨和十六座辐射分布的堠、台、墩所组成的明代抗倭军事设施体系，也包括蒲城城内军粮储备设置、总兵千户的办公署等以及城外教场等军事场所和设备。同时还积极挖掘蒲城民俗文化中与抗倭文化相关内容。蒲城有一种中心带孔的烧饼，传说是明代抗击倭寇之时，为了戚家军能在行军时方便携带干粮，特地把烧饼的中间留孔，方便军士用绳子串起来挂在腰间。这种烧饼就叫"戚光饼"，被视为蒲城抗倭文化的一个组成部分①。

陈后英等抗倭名人更是被当作"抗倭文化"不可分割的组成部分。据流传，嘉庆年间，倭寇从闽海登陆上岭，彼时陈后英在山上砍柴，见状便立即在山隘口垒石塞路，又使人回城报信，自己则伏藏草中待敌。寇至，陈老猝然大呼"杀贼"，举斧奋击，倭皆错愕披靡，后因寡不敌众而牺牲。蒲城则因陈老使人回城报信，军民据垣固守击退来敌，而得保全。事后，乡民觅得陈老遗骸，葬于龙山之麓，并在后营巷立庙祭祀，谓"后英庙"，今为爱国主义教育基地。陈老牺牲处称"反倭坑"。后英墓位于后英庙后，碑正面自右向左楷书阴刻"守武真官墓"五字。以陈后英为代表的抗倭人士，被纳入蒲城人民抗倭斗争的历史叙述中。

蒲城清代知名文人华文漪为陈后英书写有《后英庙神传》一文，其文被作为陈后英抗倭英雄事迹的重要历史叙事，出现在很多蒲城的历史文献和宣传记录中，也被展示于后英庙中。其文曰：

> 神姓陈氏，讳老，吾里人也。前明嘉靖某年倭氛大作，濒海之境尤被其毒。蒲城西南际，岭横亘数里，与闽接壤。一日倭帆风闽海，舍舟登陆，将逾岭以剿吾里。神时适伐木山上，见之，念寇若过岭，则势不可当，里中人必无噍类。今幸未出险，扼而歼之，一人力耳。于是率同樵四五人，当山径峻绝处，垒石塞之，而身隐其内。贼至，怒甚，势方汹汹。神猝起，大呼，挺斧奋斫，贼皆错愕披靡。卒以众寡不敌，丧其元焉。而城中得樵人逸归者报，即登阵拒守。倭力攻，不克，引去。竟脱于祸。于是相与求神遗骸，瘗于龙山之麓，即其侧立庙祀之，名曰后

---

① 拍摄于2017年并获得"人文中国——家园奖"全国纪录片二等奖的纪录片《拔五更》中，这样子记述："这是一种把戚家军将士挂在腰间行军时吃的烧饼，流传下来的特具风味的光饼，又名戚光饼。"现在由西门李茂两夫妻经营这种戚光饼店。

英，言其为后来之英豪也。

呜呼！神之死可谓壮矣。明至中叶，兵备废驰，武弁多怯，不任战，往往遇贼辄逃，而寇焰益张，一时封疆之臣方且拥兵观望，缩朒退沮，以酿成其祸。故东南数千里地蹂躏焚掠之惨，蔓延数岁而不克珍。使神得提一旅之师为国效命，吾知其身先士卒，摧铬制胜，必能与俞（大猷）、戚（继光）诸公争烈矣，而顾止于此也，岂不深可叹哉？

嘉庆丁卯庙圮，重建，落成，予谂于众曰："夫人向善慕义，苟存有所为而为之心，则其为之也必不果，而其守之也必不坚。使神遇寇时稍自顾虑，势必奔避不暇。即爱护乡里计，亦惟必先归号众，使各为备，亦足以为德于里人矣。独奈何捐七尺之躯，以博身后不可知之名，此虽有愚者犹能较其利害，而谓神之心顾有所希冀而为是乎？然则吾里之人宜如何以报之？"皆应曰："然"。神幼失怙，事母以孝闻，性刚正，遇乡党有不平事，辄侃侃然为剖其曲直，当时有"陈公道"之称。素行如此，亦可见其致命，非徒激发于一时云。

野史氏曰：神之事迹不载于邑乘，独故老能传述之。至谓其方死时不自知，戴头归问其母，始悟而坠，其说颇怪诞，予尝疑之。近见里人项某《三蒲综核》一册，纪神事极详。项君为崇祯时诸生，与神世相去不远，其言宜可信。古人有言，与其过而废也，宁过而存之，善善从长，予窃取此义焉，故道其常者而著于篇，以俟夫采风者。①

蒲城城内东西两个晏公爷庙，形成全国独一无二的两队竞跑的迎神赛会"拔五更"，也被视为抗倭文化的一个部分来加以诠释。地方文化精英认为，蒲城之所以能形成东西两座晏公爷庙，并能数百年来进行迎神赛跑，与蒲城的抗倭历史环境不可分割：明代沿海一带普遍祭祀晏公，在沿海卫所系统中晏公信仰记录也较丰富。蒲壮所城之所以有东西两座晏公爷庙，可能是壮士所在并入蒲门所的时候，也把壮士所原有晏公并入蒲门，由此形成东西两座晏公爷庙。同时因为是两只部队，用竞跑的形式也是一种练兵之需的造设。②这种推测有其合理性所在，但更关键的是，无论这种推测是否符合历史的真

---

① （清）华文漪：《逢原斋诗文钞》，陈盛奖点校，上海古籍出版社 2005 年版，第 4－5 页。

② 关于"拔五更"相关叙事的详细探讨参见本书下篇第七章。

实，一定符合当下对于"抗倭历史文化名城"符号动员的现实需要。另外，蒲城当地人更加偏爱"保平安"的西晏公，也被解释为源于历史上蒲城时常受到倭寇海盗骚扰。①

图 5－1 悬挂"抗倭史迹展览"牌匾的后英庙正厅②

通过上述对地方民俗的解释，进一步强化蒲城作为抗倭历史文化名城的色彩。树立和强化蒲城作为抗倭历史文化名城的观念，同时还把抗倭历史文化名城与当前民族国家所需要的爱国主义意识形态相统一，说明地方社会动用自身历史文化资源参与现代旅游而进行的文化符号动员，也是民族国家进程的组成部分。

2. 法规制度层面的宣传

构建抗倭历史文化名城的符号动员是多方位的。除了整体上对抗倭历史和文化的宣传，还要从法规制度层面进行制定和宣传。田野调查期间，笔者了解到在蒲壮所城成为国家一级文物保护单位之前乃至初期，蒲城当地老百姓并无强烈的文物和遗产保护观念。一直到2011年，相关研究调查依然发现"蒲城还存在居民用地与遗产保护的矛盾、城内住房拆建与古建筑保护、整体风貌

---

① 笔者在田野获知，人们之所以更加偏爱"保平安"的西晏公，更加现实层面的原因是部分蒲城人靠海吃饭，出海打鱼最怕遭遇海上不测，因此对于晏公作为水神能"保平安"的需求自然就更强。但是在"抗倭历史名城"的符号动员中，这一层叙事的重要性让渡给了历史上的"抗倭"。

② 图片来源：蒲壮所城文保所提供。

协调的矛盾……居民文物意识淡薄"① 等问题。因此，制定相关文物保护的规章制度，并向蒲城民众进行宣传，使其树立起自觉的文物保护意识，强化自身关于抗倭的历史和地方记忆，实则是历史文化资源动员的重要组成部分。

1983 年蒲壮所城被立为苍南县县级重点文物保护单位，1985 年成立蒲城乡文保会，制定蒲城文物保护管理条例和管理办法等。1996 年 11 月蒲壮所城晋升为全国重点文物保护单位后，于次年 1 月成立苍南县蒲城文物保护管理所，负责蒲壮所城的文物保护工作。

文保所、文保会以及蒲城乡政府在初期是通过口头以及黑板报等形式宣传相关法律法规，以强化民众的文化遗产和文物保护意识。早在文保会活动期间，文保会的老人们就已经根据《中华人民共和国文物保护法》和《浙江省文化保护管理条例》的基本精神，结合本地实际情况，制定"保护蒲壮所城的公约"，在群众当中宣传，鼓励大家一起遵守和实施。公约的内容包括：禁止建违章建筑；禁止私拆城墙砖、石；禁止在城墙上开荒耕种和堆积垃圾物，禁止在城垛城堞上面批晒稻草、菇藤等农作物；爱护城内外的古碑、石刻、牌坊、古树等；要保护古城的原来风貌和城内街巷格局；对保护文物有功者给予精神或物质鼓励，对破坏古城及其他文物者追究责任；等等。这一公约，一直到笔者田野期间都在蒲城十字街西门街的黑板报上登出宣传。

文保所成立之后，更为深入地贯彻落实《中华人民共和国文物保护法》，以"保护为主、抢救第一、合理利用、加强管理"的文物工作方针为指导，进一步完善蒲壮所城"四有"资料整理工作，加大文物宣传力度，加强文保队伍建设，最大限度地抢救、保护和利用蒲壮所城的珍贵文物资源。同时他们在蒲城乡内的重要街道处，专门开设了介绍文物保护知识的宣传栏，以《中华人民共和国文物保护法》为主旨，通俗、详细地介绍文物保护中必须了解的政策及常识，让每位村民都能及时了解国家的文物保护政策、掌握基本的文物保护知识，使每位村民都能成为蒲壮所城的义务文物宣传员和文保员，为蒲壮所城的文物事业作贡献。2007 年 6 月 8 日"第二个文化遗产日"活动期间，蒲城文保所进一步借机开展苍南县文化遗产图片展览、发放《中华人民共和国文物保护法》宣传资料、参观抗倭图片、民俗文化等项目，进一步

---

① 施丽辉、张金玲：《明代抗倭遗址的保护与旅游开发——以浙南蒲壮所城为例》，《经济研究导刊》2011 年第 24 期，第 189 页。

对蒲城作为抗倭历史文化名城展开宣传。此后蒲城文保所几乎在每年的全国文化和自然遗产日，都在线下和线上开展文物保护法律法规和政策措施的宣传，切实提高全民文物保护意识，培养和增强当地人参与文物保护的认知和热情。

近年来，蒲城乡政府还积极开展龙城村（蒲壮所城城内）的省级历史文化（传统）村落保护工作，积极"调动民居产权所有者参与文化保护与传承的热情，引导其了解古民居作为文化遗产的永续价值，自觉担起文物保护的重担"①。

3. 其他历史文化资源的挖掘

除了对抗倭历史和文化进行挖掘之外，文保所和文保会对蒲城的总体文化、历史、人物进行梳理，建立起比较系统的地方性历史知识。他们编撰了《蒲壮所城文物保护资料汇编》，对明清时期的兵制、驻兵情况、抗倭体系、蒲壮所城的大事记、重要战事、建筑、人物、诗文、碑记、教育、宗教、姓氏、方言等进行了汇编，大体把历史文本中有关蒲城方方面面的相关记载都汇集到一个文本中，初步展示蒲城所具有的丰富历史文化。同时，他们通过文字资料和图片等方式把汇编的相关资料，摘抄在蒲城的宣传栏和黑板报上，向当地的群众以及游客宣传古城的历史、文化，强化民众的地方历史认知和认同。此外，蒲城乡政府网站、苍南县政府官网、苍南县文化和广电旅游体育局的网站上都有针对蒲壮所城的宣传和报道。

2008年，经过数年拍摄和相关材料的收集，项显美（蒲城籍异地离休干部）在各方的支持下，出版了摄影集《蒲城风土》。这本摄影集从乡县区情、蒲壮所城的城体建筑、文物古迹、庙宇祠堂、非凡历史、地方习俗、迎神赛会以及弘扬"国保"几个方面，对蒲城展开了全方位的介绍。在"非凡历史"这个部分，他陈列和介绍了蒲城历史名人和照片，这些名人包括陈后英、陈桶、张琴、王国桢等，他们成为地方标榜和塑造"革命光辉历史传统"的最好素材。在为这些图片所配说的文字中，直接显示出这种地方性历史建构的意识：

① 苍南县文化和广电旅游体育局：《苍南县文化和广电旅游体育局关于县十届人大五次会议第277号建议的答复函》，2021年12月24日，http://www.cncn.gov.cn/art/2021/12/24/art_1229611494_4004518.html，2022年10月23日。

一座历经六百余年清幽的古城，谱写着一个个传承不灭的英勇抗敌的故事。虽然这座古城的先民为保卫家园而进行的那一幕幕惨烈的战斗已经尘封史册，但他们为抗击倭寇而修建的古城，依然在向人们述说着当年的英雄气概，教育着在此生息的子孙后代。①

4. "非遗"符号的加注

丰富的地方性历史文化展示还包括对民风民俗的挖掘。无疑，作为当地最具特色的民间信仰活动——晏公爷迎神赛会，自然会成为标志性的地方民俗被加以宣传和展示。晏公爷迎神赛会历史悠久，东西两座晏公庙的晏公相互竞跑的形式又独具特色，因此《苍南民俗》以及《苍南风土》等书籍都对蒲城的迎神赛会加以重点介绍。伴随知名度的进一步提高，地方上的干部和地方精英也开始主动地对迎神赛会进行宣传和介绍。为了进一步扩大蒲城晏公爷迎神赛会的影响力和知名度，地方知识分子和干部首先是从蒲城晏公爷迎神赛会的总体特征中概括出了"拔五更"三个字，来命名它。随后，乡政府和文保所等单位积极对"拔五更"进行"非遗"的申请。1997 年 7 月 24 日，蒲城乡民俗"拔五更"入选"浙江省第二批非物质文化遗产名录"。如今，他们又在为"拔五更"积极争取国家级的"非遗"而努力。

蒲城城内的龙门村，2012 年龙门—金城村被列为"浙江省非物质文化遗产旅游景区"（民俗文化旅游村），2016 年龙门—金城村被评为"浙江省历史文化名村"。龙门村内的文化礼堂建设中，特意规划了"拔五更"民俗展示馆文化主题，除了作为村落的龙门精神之记忆外，更是借助非遗符号对蒲城作为抗倭历史名城历史进行加注。

三 抗倭名城文化景观再造

除了对地方性的历史文化资源进行符号动员之外，最重要的是，还需要使得这些符号成为旅游景观，需要广告宣传或者熟人介绍，使人们认同蒲壮所城是一个值得一游的景观，使人们具有到了苍南应该需要或者必须到蒲壮所城一游的认同，正如来中国看长城、来巴黎看埃菲尔铁塔一样。②

---

① 项显美：《蒲城风土》，福州彩顺彩印有限公司 2008 年版，第 93 页。
② 彭兆荣：《旅游人类学》，民族出版社 2004 年版，第 182—183 页。

1. 物理景观的修复

文化资源的景观化开发通常有三种形式，分别是"以物理形态为媒介的景观化、以身体形态为媒介的景观化、以电子形态为媒介的景观化"，其中，物理形态为媒介的景观化是指对各种类型的文化资源（包括物质形态的、历史真实符号的、虚拟符号的文化资源）进行物理形态的景观化建设、重构或者改造。① 蒲壮所城虽然在整体上保留有城墙、城门、门楼、瓮城、敌台、马道、蹬道、护城河等海防遗产要素，但作为国家级文物保护单位还存在不少问题：部分城门、翁城、敌台被拆除和破坏；局部墙体有风化、空臌和坍塌；城周围长期囤积的各种杂物、垃圾；护城河淤积严重等。因此，开展对蒲壮所城物理景观的修复是抗倭历史文化名城打造的基础性工作。

1996 年蒲城成为"国保单位"之后，就进行了系列的景观修复工作。首先，聘请省级古建筑设计研究院设计方案，对蒲城的城墙、跑马道、瓮城、敌台等最为象征"抗倭"名城以及海防抗倭标志的核心景观展开修正和维护。2000—2004 年进行城墙维修与环境整治：包括补砌已拆部分，拆除重修加宽部分，修复空臌、坍塌、风化部分，修复城门、瓮城、敌台、跑马道、排水沟等城墙的有机组成部分，整治城墙周边环境等；2005 年对东、南、西段城墙顶层重做三合土盖面，防止雨水渗漏危及城墙墙体安全；2006 年开始疏浚护城河工作。② 此外，在东、南、西三个瓮城及各城门口设置绿化带，培育花木、铺设草坪，在不改变老城古风古韵前提下全面提升古城形象。

其次，对城内的清代早期的古民居、祠堂、文物等进行抢修和保护。具体包括：古城道路和城内街面干净整洁；对叶宅、谢香塘故居、张琴故居、叶宅、九间宅、金宅、徐氏宗祠、倪氏宗祠等清代早期的民居建筑进行恢复保留和维修，突出古城的历史长度；对城内的民间信仰文化空间进行抢救性加固和保护，如城隍庙、杨府庙等；对其他反映古城历史的文物建筑进行维修，包括小台门、明代千户夏文墓；对所有的古建筑，尤其是木结构的建筑物进行白蚁的防治和根治工作。对实体形态的维修和保护，是建构蒲城作为历史文化名城最为直观的一种表现方式，它以物理形态的景观形式在当前把古老的过去进行展示，从而强化了人们对于所城的抗倭历史认知和认同。

---

① 林敏霞：《文化资源开发概论》，知识产权出版社 2021 年版，第 131—132 页。
② 蒲壮所城文物保护管理所：《蒲壮所城 2005—2006 年维修工程情况报告》。

最后，从物理景观方面建构历史认同的方式还包括"博物馆"意义上的物品展览形式。文保所和文保会对陈后英的抗倭事迹以布展形式来展现和宣传，是突出蒲壮所城作为抗倭历史名城的一个非常重要的元素。当地文保所在后英庙中增设四个陈后英抗倭斗争木雕，包括：上山采樵、发现倭寇、孤身奋战、英勇牺牲，还在后英庙陈列室布展，以文字、图片、实物相结合的方式，力求更加鲜明地体现和突出陈后英抗倭壮举和英勇事迹。如今，后英庙作为温州市爱国主义教育基地，也是开发蒲城旅游资源的重要宣传窗口，更是蒲壮所城抗倭史迹的浓缩。此外，文保所和文管会在叶宅成立了"蒲门生——叶良金纪念馆"，馆内摆放包括床、灯、瓷器、衣服等反映明清时期蒲壮所城民俗、民风的物品，供地方民众和游客参观。2012年，村人集资重修始建于清代嘉庆年间晏公古戏台。进入中国传统村落名录的龙门村顺势建设文化礼堂，并在文化礼堂中设立晏公爷民俗展示馆等等。总之，文物保护工作的开展，不仅是在物质形态上进行修复，更重要的是通过修复物理形态景观，日渐在民众心目中树立对古城历史文化的价值认同。

2. 举办民俗文化节

迄今为止，由地方政府、苍南县文化系统等单位主办，其他单位协办，蒲城已经举办了三届民俗文化节。第一届是2005年11月13—15日（农历十月十二至十四），第二届是2008年2月20—22日（农历正月十四至十六），第三届是2011年6月11－13日（农历五月十日—十二日）2008年举办文化节时，笔者有幸参与观察。

关于举办文化节的目的，第一届文化节策划书是这样说的："蒲城是一座具有深厚文化底蕴的古城，同时又是我县唯一一个'国保单位'。为了丰富群众文化生活，加强精神文明建设，唤起群众宣传古城、保护古城的热忱，树立抗倭名城的热诚，树立抗倭名城新形象，利用蒲城传统物资交流节并结合'文化下乡'活动，举办首届蒲城文化节。"（重点号为笔者所加）第一届文化节的内容有：古城文化采风、文物展览、布袋戏表演、踩街游行等，苍南县相关的领导、媒体以及附近的群众参与了本次活动。通过本次活动，蒲城在苍南乃至温州一带得到了宣传。

第二届文化节的策划，把文化作为资源的意识更为明显："为积极宣传蒲城丰富多彩的民俗文化资源，展现蒲城深厚的文化底蕴。本次民俗文化节即将通过举办系列活动吸引苍南及温州的游客到蒲城，将蒲城特有的民俗文化进行推广和提升，同时与各大旅行社合作，打造蒲城精品旅游线路，提高蒲城作为唯一一个'国保单位'的社会知名度和美誉度，从而促进蒲城的旅游经济的发展。"这次的内容上更加丰富多元，包括"大型民俗踩街活动""民俗文化文物展""元宵灯谜会""古城文化风采游暨民俗摄影大赛""十大旅行社踩线活动""拔五更""美食小吃广场""书法家送春联"等系列活动。本次文化节的举办，是结合电视、电台、报纸、网络、户外媒体及苍南县便民宣传活动方式进行多方面、多层次的宣传，试图通过蒲城的历史民俗文化资源，实现地方社会旅游经济的新发展。

2011 年蒲壮所城在第六个"中国文化遗产日"期间，举办了"蒲韵流芳"第三届蒲城民俗文化节。此外，蒲城"拔五更"也逐渐成为民俗文化旅游节被纳入政府的活动资助和规划中。2017 年是蒲壮所城建城 630 周年，蒲城在 11 月 26—28 日进行了主题为"守住一座古城的荣光"庆典系列活动。

上述的种种活动和努力，基本上已经把蒲城作为一个抗倭历史文化名城的形象树立起来，并在一定程度进行了宣传和推广。

3. 县域整合和支持

笔者在田野期间，蒲城乡和苍南县的领导就已经在谋求旅游开发。但当时民众和地方干部自己也认为，虽然蒲城是国家级文保单位，但是单独一个孤立的蒲壮所城是无法形成旅游业的。蒲壮所城要想更好地成为旅游目的地，除了上述地方性的历史文化资源的动员之外，还需要县域旅游资源的整合和支持。

同全国多数地方一样，苍南县也致力于旅游产业的开发，规划实施多条旅游线路，包括：滨海黄金旅游线路（龙港—炎亭—渔寮—蒲壮所城—鹤顶山）、生态黄金旅游路线（灵溪—龙港—玉苍山—玉龙湖—碗窑古寨）、假日休闲旅游路线（龙港—灵溪—炎亭—海口—燕窝洞—鲸头）、自驾游路线等。在滨海黄金旅游线路中，已经把蒲壮所城作为一个旅游景点推出。此外，苍南县还试图把蒲城所在马站区作为农业观光区进行推广，这也有利于蒲壮所城作为一个旅游景观的对外知名度。2008 年，苍南县还全面启动了创建省旅游强镇和旅游特色村的活动，以推动苍南旅游业的快速发展。在同年开展的苍南旅游文化年的系列活动中，蒲城的第二届民俗文化节、五凤山开茶节、玉苍山森林旅游节都包括在其中。

2016 年，全域旅游概念得到更明确的贯彻和实施，苍南县委、县政府近年来高度重视旅游产业发展，充分利用苍南山海与乡村旅游资源禀赋，围绕打造"浙江山海生态旅游目的地"的目标，积极探索全域旅游发展新理念，把全县作为一个大景区来谋划建设，同时提出"一线一带八区"的全域旅游发展空间布局。① 2017 年前三季度，全县接待游客 820 万人次，旅游总收入66 亿元，被列入全省首批全域旅游示范县创建名单，充分说明苍南全域旅游发展有潜力、有规划、有项目、有产业、有保障。②

蒲壮所城被纳入苍南县滨海旅游线这条旅游线路，实际上也是苍南县力图对蒲城作为历史抗倭名城的历史文资源加以利用，以创造旅游文化产业经济的一个表现。蒲壮所城被纳入苍南县的旅游开发点，一方面是十几年来的蒲壮所城关于自身历史定位的追求成果；另一方面又促使了蒲城在新历史时期进一步强化自身抗倭历史文化名城的形象塑造。

四 结语

20 世纪末以来，蒲壮所城进一步经历了从地方中心向边缘农村转化的过程，并在这个转化过程中启用自己的"旧传统"来建构自己的"新历史"——抗倭历史文化名城的打造。这一过程是"地方性力量"通过"符号动员"和"景观再造"参与到全国性的或者说全球性的旅游情境中，以分享旅游所能带来的社区繁荣；它也是民族—国家和全球化历史进程的组成部分。

经济欠发达的地方，通过发展地方性的旅游文化产业，谋求地方社会经济的发展，这几乎是一种世界性的发展模式，蒲壮所城也不例外。基于蒲城是目前国内保留下来的最为完整的明代抗倭所城，这一国家级文物保护单位及其历史文化无疑能成为蒲城开发自身旅游产业最为得天独厚的文化资源符号。于是，一场由当地政府和精英主导的地方社会历史自我认知的强化和构建"运动"开始进行。他们从有形到无形各个要素符号入手进行动员，在现代化、市场化以及民族—国家建构的背景下，强化蒲城作为明代抗倭历史文

---

① 《浙江：全域旅游助推强村富民，山海苍南春来早》，中国网，2017 年 2 月 17 日，http://jiangsu. china. com. cn/html/Travel/tour/9322017_1. html，2021 年 3 月 15 日。

② 《苍南（马站）全域旅游暨蒲壮所城保护与利用高峰论坛举办 各路专家共商苍南旅游发展大计》，苍南新闻网，2017 年 11 月 28 日，http://www. cncn. gov. cn/art/2017/11/28/art_1255449_13418815. html，2022 年 10 月 12 日。

化名城的形象，并以此作为文化产业资源，进行旅游开发和推广。在这一过程中，人们从过去的历史中不断去挖掘符合现代建构和叙事需要的要素，诸如能体现所城作为抗倭性质的建筑和设置等实体性要素，能体现符合现代爱国主义精神的抗倭事件与人物故事，能显示古城历史与文化深度的名人、书面传统、宫庙民宅、民俗活动、仪式实践，等等。正如旅游人类学者孙九霞教授指出："现代旅游可为文化遗产提供发展的条件、资金的支持和价值的普化。旅游作为一种现代性的力量，将面向过去的遗产转化为创造美好未来的动力，使遗产融入居民的日常生活，成为其自我表达的方式，从而实现旅游的文化遗产化。"[1] 总之，所有能用于构建蒲城作为一个抗倭历史文化名城的要素都被积极地挖掘和利用起来。这一表面上的旅游事件，内涵着有关"过去如何被现在创造性地挖掘和利用"的历史人类学解释力度。历史遗产于是就成为新时期寻求新发展模式的文化资源，尤其是文旅经济。到一个地方去旅游，是地方性的，也是现代性乃至世界性的，所以蒲城的旅游开发是应对现代化、全球化的地方性过程。

另外，地方社会符号动员与景观再造也是民族国家建设的组成部分。民族国家建设的一个目标是在全国范围内建立一个国族认同，因此"爱国主义教育"是其中重要的组成部分。诚如岳飞是爱国民族英雄一样，陈后英是蒲壮所城抗倭的民族英雄，后英庙被作为爱国主义教育基地来加以宣传和展示。当前蒲城地方精英努力书写有关蒲城的历史，把蒲城作为抗倭历史与爱国主义教育等联系在一起，力图把地方历史纳入与民族国家一致的历史叙事中。这是地方在民族国家建构中寻找自己定位的一种努力。

由此，在地方性的旅游开发中看到了一个全球性的事件：地方是各种大的社会网络所汇集的末梢，世界体系、文明进程的变化都可以通过地方社会过程本身的变化来探究。因此，在现代旅游情景下，蒲城地方社会对于"抗倭历史文化名城"的打造，也是民族国家建构、全球化进程的组成事件。故而，"怀旧"不仅是现代社会个人的需求，也是一个民族国家不断追溯自身历史在其末梢上的体现。当全球化、现代化的进程对于地方社会产生影响的时候，地方社会也通过地方性特色的彰显来书写全球化的进程。

---

① 孙九霞：《文化遗产的旅游化与旅游的文化遗产化》，《民俗研究》2023 年第 4 期，第 117 页。

下 篇

第六章　城隍出巡：传统文化仪式的当代复兴

2008 年 1 月笔者初到蒲城做田野的时候，最初的报道人总是重点向笔者介绍"拔五更"以及蒲壮所城作为明代抗倭历史文化名城的事迹。可是人类学的田野自然不会满足官方和半官方的叙事。随着笔者经常在蒲城的几个重要的神庙出现，不断地和 J 阿公、H 叔接触，他们开始主动告诉笔者许多并不能从文保所获得的地方信息。一次，在热热闹闹的拔五更结束后，H 叔笑着对笔者说：农历三月，我们还要做一个城隍爷的出巡仪式，要不要看？笔者原以为这是和"拔五更"一样每年一次的常规性仪式活动，后来才得知，这次大型城隍出巡仪式是自 1927 年①之后恢复举行的第一次活动。笔者到现在都感到幸运，一次初步的踩点竟能躬逢蒲城中断近百年的仪式。

根据蒲城的老人推算，距离现在最近一次的大规模城隍出巡时间大概在 1927 年，彼时"城隍爷出巡矾山，轰动当地"②。这次的出巡虽然没有远涉矾山，但整个活动也是马站地区在"文化大革命"后规模最大的一次神明出巡活动。

仪式程序基本上延续了传统的形式，但增加了乐队、乐笙、腰鼓队以及仙女、追月和双童等现代形式的花灯。仪式的准备工作从农历二月初七（3 月 14 日）就开始了，整个活动一直到农历三月初一（4 月 6 日）才完全结束。城隍司主出巡分为三次，第一、第二次的时间在农历二月十六日（3 月 23 日）和农历二月十七日（3 月 24 日）晚上，是在蒲城乡范围内巡游。第三次出巡安排在了农历三月初一（4 月 6 日）一整天，是出乡巡游，也是这次出巡的高潮，从蒲城出发，经过甘溪一路到马站、凤山、沿浦，再回到城内。

---

① 田野访谈中，还有一种说法是 1907 年。
② 田野访谈资料。访谈对象：LPC，访谈时间：2008 年 3 月，访谈地点：蒲城文保所。

在城隍司下殿出巡活动期间，还请了永嘉越剧团在城隍庙前唱了七天七夜的戏。在很多青壮年都已经外出打工或经商的 3 月底到 4 月初，此次的城隍出巡仪式让蒲城经历了元宵拔五更之外另一种久违的热闹。

笔者在本书第四章中部分地论述了这次城隍出巡的地方机制，即展示地方中心"面子"、维护地方尊严。在本章中，笔者将对蒲壮所城此次城隍爷出巡仪式进行更为详细的民族志考察和描述，探讨该仪式在其原有历史情境中"以神道设教"的原真意义到在文化资源开发、文化遗产热背景下的意义变更。文化资源开发和文化遗产追溯是后工业社会中乡村自我认同和重构的手段和方式，尽管在新的社会情境下会再生产新的意义，但对仪式原有的"神道设教"的意义加以尊重和正面利用，仍有助于今天新农村和美丽乡村的建设、乡土社会的赓续以及乡村振兴战略的推进。

一　神道设教与地方文化生活

仪式生活一直是人类社会重要的文化表达，它既可以是国家的政治隐喻，也可以是社会认同的象征，还可以是个体归属的所在。在传统中国社会，"以神道设教"是国家利用宗教信仰和仪式进行政治统治、社会治理、道德教化的重要方式，比如明代城隍信仰体系的建立，就是"以神道设教"的重要表现。

我国城隍信仰由来已久。早在周代就有水庸（城隍土地）列入岁末蜡祭大典之中。经过三国时期的人格化转变，到了唐代，城隍信仰已在全国广泛地流传。宋初，城隍祭祀被正式纳入国家官方祭祀大典。[1] 元代，皇帝开始对都城隍神进行敕封。到了明代，随着国家监控的加强，朱元璋也加强了对神祇信仰的控制。他在立朝之初，就建立了上至天子，下至府州县乡村的鬼神祭祀制度，与此同时，还设立了厉祭和城隍，城隍祭祀被正式纳入国家官方祭祀大典。按照城隍所管辖的地域和范围的不同，每位城隍获得不同级别的地位，以帝、王、公、侯、伯称之，因而在全国形成了一个等级分明的城隍信仰系统。按照规定，凡县一级及其以上的城市，都建有城隍庙，设城隍神。因此，明代"……奉祀城隍神的城隍庙遍布全国各个县级以上的城市，有些

---

① 范军：《城隍信仰的形成与流变》，《华侨大学学报》（哲学社会科学版）2007 年第 4 期，第 86 页。

新成立的县，也在立县之初肇造城隍庙，甚至有些军事卫所无论有无城墙均建有城隍庙，城隍神不仅是区域内的保护神，更成为官方的象征"①。

相关的研究已经指出，明代在全国各地普遍地设立社稷、厉祭与城隍，实际上是国家在全国范围内建立了上下统属的祭祀等级关系，以祀神礼仪为纽带，把地方民众凝聚到王朝的旗帜下。同时，祭祀之时，必须宣读礼法，这种活动年复一年地举行，也就是把王朝的礼法和观念渗入民间社会。② 城隍信仰还吸收了佛教善恶报应、因果轮回、地狱受罚的观念，因此城隍不仅是城市的保护神，还成为地狱冥官和阴阳两界的司法神，记录、审判人间善恶并据此移送亡魂，由此"立城隍神，使人知畏，人有所畏，则不敢妄为"③，典型地反映出城隍信仰"以神道设教"的政治伦理意义。

至明中后期，城隍神信仰达到高峰。各地都热衷于出资修建城隍庙或重修本地城隍庙。修建城隍庙成为人们以文化方式追逐和实践权力的场域，是当时许多地方士绅趋而向之的事情，借此扩大自己的地方影响力。

民间对官方所设置的城隍祭祀的趋从，一来说明民间城隍信仰传统的延续；二来也说明了传统帝制国家通过祭祀等级制度对民间进行教化、管理和控制的成功，通过这种"以神道设教"的教化和管理方式，王朝在华夏之内建立了一套具有等级性的文明秩序。当然，就地方社会而言，城隍信仰的植入和生长是其自身趋向华夏中心的一种表现方式，一个设有城隍信仰的地方社会，可确定自身在华夏文明体系中的位置及其与文明中心远近的关系。

二　蒲壮所城的城隍文化

1. 传统的地方典范

蒲壮所城的城隍庙位于所城最北面，背靠龙山。蒲壮所城之所以建有城隍庙供奉城隍爷，与卫所自身特殊的身份有关。按照《大明会典》记载，各布政司府州县设"风云雷雨山川城隍之神"④。因此，严格说来，古平阳县内

---

① 宋永志：《城隍神信仰与城隍庙研究：1101-1644》，硕士学位论文，暨南大学，2006年，第23页。

② 范正义：《民间信仰与地域社会——以闽台保生大帝信仰为中心的个案研究》，博士学位论文，厦门大学，2004年，第126页。

③ （明）余继登：《典故纪闻》卷三，明万历王象幹刻本。

④ （明）李东阳编纂：《大明会典》卷九十四《群祀四》，四库全书本。

有资格建立城隍庙的应该限于平阳县县城。然而，出于海防的需要，在远离县城的、更为边远的地方建立了卫所，随卫所一起建立的、必不可少的庙宇就是城隍庙。因此，随着军事性建筑的设置，明朝一同推广了城隍信仰以及承载于其中的帝制国家文明。蒲城的城隍爷及其仪式吸引着蒲门远近信众，蒲城作为地方中心的地位也就借助城隍信仰及其仪式而得到认可。换言之，城隍庙的建立和城隍信仰的实践，为蒲城在帝制国家文明体系中确定了自己的位置：它使得蒲城被纳入整个文明等级体系之中，位于这个等级体系的底部；同时，它又使得蒲城成为它所在区域的一个文化中心。因此，城隍信仰是帝制国家文明和统治在边陲卫所的一个象征性和隐喻性的存在，城隍爷出巡之"巡"一字，也是帝制国家政治秩序和权力的一个隐喻。

在古平阳境内（包括现在的平阳县和苍南县）一共有三座城隍庙，一座在平阳县城，一座在金乡卫城，一座便是蒲城城内的这座城隍庙。也就是说，在整个蒲门地区，蒲壮所城的城隍庙是唯一的一座，庙中城隍爷也被称为蒲门三都的城隍司主。蒲门三都包括蒲门五十三都、五十四都、五十五都，地域面积范围是现在的蒲城乡的数十倍，这其中包括了现今的中心马站镇以及霞关、赤溪、中墩、凤阳、龙沙、大渔、岱岭、蒲城、沿浦等乡镇。因此，过去的城隍出巡的范围远涉矾山一带，他的信众范围包括了蒲门三都。如前所言，当地老人回忆，最晚近一次远涉矾山的大规模蒲门三都城隍出巡大约在80年前（1927年左右）。在当地老人的记忆中，那是蒲城最壮观、最令人自豪激动的场面。因此，蒲城的城隍爷作为蒲门地方中心的一个象征，是蒲城在传统时期成为一个成熟的典范社区的突出标志。

现在保存下来的蒲城城隍庙为清初建筑，二进三开，明间有七架梁，边缝穿斗式结构，正堂置有八边形藻井，明间前廊卷棚结构，基本保存完整。庙的枋额等处饰以龙纹、飞凤纹以及人物故事的浮雕。庙前有戏台，据说是蒲门一带最恢弘漂亮的一个戏台，先于"文化大革命"期间被拆毁，之后重建了一个新的戏台，在2006年的桑美台风中被毁坏，一直到笔者田野期间，尚未重新修建。

从空间坐落来看，蒲城城隍庙位于蒲城龙山南麓，坐北朝南，处于整个城的核心位置。南北走向的仓前街从城隍庙前一直南下，穿过东西走向的十字街，和南北走向的南门街相连接，把整个所城大体对称地分成东西两片。从中国文化空间的政治象征性来看，"北面"意味着国家政治权力的来向，坐北朝南的城隍庙本身就隐喻王朝的政治和文明中心对整个所城的统治。正如费孝通先生曾指出，在一个地方，城隍相当于这个地方的行政长官，是"在精神世界中统治着这块地区的守卫"。①

图 6 - 1　2008 年蒲城城隍庙外貌②

2. 文字和仪式的教化

诚如上述，城隍信仰发展的过程中吸收了佛教因果轮回、善恶报应、地狱受罚等观念，蒲壮所城城隍庙的内部设置和仪式内容都充分地展现了这种观念。③ 城隍爷居于正中心神龛中，他的左右两侧分别立着文判和武判，文武判左右侧的神龛中立的是土地公、海龙王、传信大使等副神。大殿的左右侧则分别竖立造型生动的城隍爷手下：钩人魂魄的大小无常、鉴人善恶的照心爷、评定功过的大小判官、残酷无情的刽子手以及跑路的功曹们。城隍作为地域冥官和阴阳两界司法神及配套人马全部在城隍庙中得到展现。

城隍信仰还表现在人们送来的各种牌匾和对联上。牌匾分别是："关节不到""此地难瞒""阴阳主宰""法鉴难逃""天理难容""到此方知"等有关

---

① 费孝通：《中国绅士》，惠海鸣译，中国社会科学出版社 2006 年版，第 62 页。

② 笔者拍摄于蒲城，拍摄时间为 2008 年 3 月。

③ 注：蒲壮所城在"文化大革命"期间神像、牌匾、廊柱等都曾被破坏，"文化大革命"结束后，当地的老人按照原来的布局对之进行复原。因此，笔者对庙中神像位置的描述，大致符合旧时城隍庙的情况。20 世纪 70 年代以后，信徒们陆续送来的各种牌匾的题词实际上也反映了明清时期城隍信仰观念的延续。

善恶因果报应的内容。蒲壮所城城隍庙现今还保留着清代光绪年间邑生潘汝澜的一副对联,[①] 曰:"为善者必昌,为善不昌,祖必有余殃,殃尽必昌;为恶者必灭,为恶不灭,祖必有余德,德尽必灭。"在城隍信仰上,当时的文人已经运用文字对其进行推广和完善。其他的对联也是强调因果报应的训诫,如"作事若昧天理,半夜三更须防我勾灵魂;为人果有良心,初一十五何用你点香灯","任凭你无法无天,到此孽镜照时还有胆否;须知我能宽能恕,且把屠刀放下回转头来","善恶不爽锱铢尔欲欺心神未许,吉凶岂饶分寸汝能昧己我难瞒"等。这些牌匾和对联都是由当地的信众和"本里众首事们"以叩酬和尊崇的心态出资打造。牌匾和对联的分布如图6-2所示。[②]

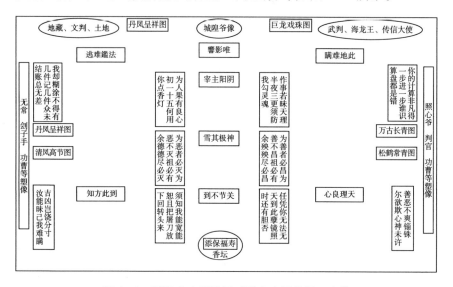

图6-2　城隍庙内部牌匾对联内容及位置示意[③]

除了运用文字这一工具之外,围绕城隍信仰的仪式活动的伦理政治意义更具形象生动。明清时期,国家对城隍信仰的相关仪式活动进行了规定,《明会典》有关城隍的记载达30多条,如定每岁仲秋中旬择吉行报祭礼祭城隍神于其庙等。[④]《大清会典》关于城隍的记载达40多条,如规定月朔望在城隍庙

---

① 2001年由HAR、CFN、LHR等12人谨立。

② 2022年由于新冠疫情无法出行,笔者在整理和写作本书的过程中,线上访谈了蒲城的JZR,得知近几年还增加了"天理良心""神光普照""有求必应""威灵显赫"等新牌匾。

③ 笔者根据实地考察制作。

④ （明）李东阳编纂:《明会典》卷八十六《祭祀》七,四库全书本。

等庙宇上香行礼属其民以读法等。①

不过，具体到每个地方的城隍活动，还是有差异的。比如，蒲壮所城上属一级金乡卫的城隍仪式活动一年中有六次：正月开印，拜玉隍经；清明出巡；五月十一城隍生日；七月半打蓝盆；九月半庙会；十月廿五城隍娘娘生日。其中清明节出巡的活动中还包括了追悼明代为抗击倭寇而牺牲的官兵的内容，② 这显然带有地方性色彩了。而蒲壮所城的城隍仪式活动，主要就是清明节三月三的卜殿（或出巡）、五月十一的城隍爷生诞以及十月二十的福诞福酒。

就蒲壮所城的城隍三月三的出巡活动而言，同金乡卫一样，也带上了地方性的创设，即地方上的人士利用城隍神所具有的惩恶扬善功能，设计出仪式性的惩恶扬善宣判活动，这使得仪式活动充满了政治伦理味道。

大规模的城隍下殿出巡活动并不是每年都进行的。一般在清明节前一段时间，地方上有意图者，偷偷把城隍爷神像从神龛中抬出来放在大殿中，等待大家的捐资乐助。③ 资金充裕的话，人们就会在三月三吃福酒之前组织进行一次大型的出乡巡游。

出巡仪式的筹备活动在精通或熟悉仪式的地方精英分子主持协调下进行，由城隍庙的主持头家来负责——落实出巡过程所需要的人和物。仪式中需要大批人员来扮演各种角色，因此确定好扮演者是整个仪式顺利举行的基础。这些角色包括：七星爷、刽子手、判官、小判官、曹隶、小无常、白无常、照心爷、值日功曹、武判、文判、牛头、马面、拿令者、拿印者、公婆、右符吏、左判官、秦桧、秦桧妻王氏、十殿王等。通常，扮演这些角色的人都是身体不好，或者自己觉得需要赎罪的，或者想要益寿延年的。他们希望通过扮演这些角色，尤其是秦桧夫妇，来消灾消业，以获得城隍爷的庇佑。

为了显示出城隍爷出巡的巍峨浩荡，仪式的队伍里面还要配上大号、长号、高照、高灯、虎头牌、旗子、十殿王的轿子、吹打班等。负责组织的头

---

① （清）允裪编撰：《钦定大清会典》卷三十六，四库全书本。

② 陈克勇：《金乡庙会》，载政协浙江省苍南县委员会文史资料委员会编《苍南风土》（《苍南文史资料》第二十二辑），2006年，第135—136页。

③ 地方上的老人解释说，抬神像下来的人或者是因为身体不好，有求于城隍的庇佑，或者是想使地方上热闹一些的人，他们之所以偷偷抬神像下来，不敢让别人知道，是因为抬神像下来的人要对整个仪式的开支负责。如果大家都不知道是谁抬下来的，那么活动开支则由大家以乐助的形式集体承担。

家们需要事无巨细地提前安排好。按照地方上的说法："城隍爷下殿可以办很多东西，什么东西都可以办，八班头啊，牛头马面啊，还有戏曲的东西，要有钱，办得越热闹越好。而做福酒，一方面是为城隍爷做福，另一方面对于群众来说，就是想保佑什么的都可以和城隍爷求。"①

笔者在田野期间，城隍庙的主事之一 JQX 老人提供了一份"2002 年城隍司主进殿程序单"以及祝文内容、城隍爷释罪仪式的程序安排，如下：

城隍司主进殿程序单（2002 年）

一、肃静暂停

二、敬请城隍司主出轿

三、东方发炮三声

四、西厢乐管奏娱

五、击鼓三冬：鼓初念、鼓再念、鼓三念

六、鸣锣

七、吹号

八、城隍司主升座（奏娱）

九、左判官进殿

十、右符史进殿

十一、无常爷进殿

十二、判官爷进殿

十三、小无常爷、小判官爷进殿

十四、左右皂隶进殿

十五、刽子手进殿

十六、照心爷进殿

十七、值日功曹进殿

十八、七星爷进殿

十九、牛头马面进殿

二十、第一排解差赵沛市押秦桧进殿

---

① 田野访谈资料。访谈对象：JQX，访谈日期：2008 年 7 月 29 日，访谈地点：JQX 家中。

二十一、第二排解差陆德冬押秦桧妻王氏进殿

二十二、左右班头严立

二十三、宣读祝文

二十四、释罪

二十五、城隍司主进殿

二十六、安奉香火

其中第二十三条"宣读祝文"的具体内容如下：

祝文内容

大中华人民共和国岁次壬午年二月廿八日，蒲门三督城隍司正式下殿，出巡蒲城乡各村，考察民情，赏罚讨恶，善恶分明。于大中华人民共和国岁次壬午年三月初五日上殿，祈保各村民家门清洁，人口平安，生意兴隆，财丁两旺。春保人丁旺，夏保六畜兴，秋保田园熟，冬保人太平。一年十二月，月月常清洁，一月三十日，日日保太平，一日十二时，时时保吉祥。春保夏，夏保秋，秋保冬，一年四季保平安。国安风定平安久，花为春深富贵长，回□□笑容团圆，荡面春风。

第二十四条"释罪"亦由仪式主持人象征性代城隍进行宣布，首先是对"罪犯秦桧""罪犯秦桧妻王氏"的罪行进行宣判和惩处：

第一排罪犯秦桧。罪魁恶首，害国害民，□□□□，为民除害，业属国法处置，将秦桧验明正身，赴往刑场执行开宰。

第二排罪犯秦桧妻王氏，你做女人，不守三从四德，邪谣习骨，□□恋己，缺德于人，弄虚作假，黑白不分，国法难容，□□□□，将秦桧妻王氏验明正身，赴往刑场执行斩首。

接着对秦桧、秦桧妻子的扮演者以及其他的扮演者进行释罪，仪式主持人会一一宣布：

1. 释放扮演秦桧者。本殿释你无罪。祝你身体健康，全家人口平安。释枷（锁），退出殿外。

2. 释放扮演秦桧妻王氏扮演者。本殿释你无罪。祝你身体健康，大小平安。释枷（锁），退出殿外。

3. 第一排解差（扮演者），ZPS，本殿释你扮演无罪。祝你身体健康。释（衣）服，退出殿外。

4. 第二排解差（扮演者），LDD，本殿释你扮演无罪，祝你全家平安顺利。释（衣）服。退出殿外。

5. 牛头马面。本殿释你扮演牛头马面无罪。祝你身体健康，平安无事。

6. 无常爷。本殿释你扮演无常无罪，并祝你皮肤病消，百骨病除，药治有效，调治有灵，百病脱体，万病离身，神清人爽，气好运，六脉调和，保太平。全家身体健康，外出求财，一本万利。释服。

7. 小无常。本殿释你无罪。并祝你读书聪明，全家平安。释服。

8. 判官爷。本殿释你无罪。祝你身体健康，全家平安。释服。

9. 小判官。本殿释你无罪。祝你读书聪明，成绩优秀，高考科科成绩好，前途光明步步升。祝你全家人口平安，消灾解厄，天灾天厄天消散，地官地府地消除，风飞电闪消灾厄。释服。退出殿外。

10. 左右文隶。本殿释你无罪。祝你全家健康，生意兴隆通四海，财源茂盛滚滚来。日招千里宝，夜进四方财。一钱万本，九秋万倍收成。女人在家安守夜，男人外出赚贵金。释服。退出。

11. 照心爷，刽子手。本殿释你无罪。祝你全家人口平安。释服。退出殿外。

12. 七星爷，值日功曹。本殿释你无罪。家小清洁，人口平安，工作顺利。

13. 左判官，右判官。本殿释你无罪。祝你家小清洁，人口平安，身体健康，万事如意。释服。退出殿外。

14. 右符史。本殿释你无罪。祝你恶血退散，神清人爽气运好，六腑调和保太平。释服。退出殿外。

15. 举令印童子。本殿释你演扮无罪。并祝你读书聪明，成绩优良，科科及格，重点录取。语文一看全知晓，数学一听全灵清，体育音乐成能手，物理化学尽知情，高考科科成绩好，前途光明步步升。十载寒窗苦读，一举成名天下。三十六关无隔阻，一十二厄尽消除。全家大小平平安安，身体健康，万事如意。

　　JQX 老人告诉笔者，这套程序是根据历来的经验记录保存的，由此是一套具有程式性的仪式化操作和实践。相比日常生活的"秘而不宣"，仪式是一种集体性的公开"言说"。通过这种公开的仪式性"言说"，对民众进行因果轮回和善恶报应的伦理教化和仪式威慑，也用仪式净化日常的"罪恶"，获得集体的谅解，重新恢复正常的社区生活。仪式权威是传统帝制国家统治和教化的组成部分，这种权威在地方社会的实践过程中带有威慑性和灵验性，并由此转化为日常意义和秩序。因此，蒲城的城隍下殿和出巡仪式，不仅包含了历史传统和政治伦理，也包含了地方社会关于生活和生命意义的想象与认同。

　　3. 城隍庙头家组织

　　中华人民共和国成立后，由于蒲城地处边远，交通不便，国家对地方行政区划等进行重新安排。马站建镇，蒲门地区的政治、经济、教育、文化等都逐渐转移到了马站，蒲城日益失去了昔日在蒲门地区的中心地位，辉煌一时的蒲壮所城成为农村中的"古城"，成为一种"逝去的繁荣"和"过去的历史"的象征。城隍庙和城隍信仰也被视为封建迷信加以批判，"破四旧"的时候，城隍爷塑像被放置到了东门晏公庙，城隍庙被用作牛栏，城隍爷相关仪式自然不复举行，城隍爷头家组织基本上也松散掉了。到 1977 年前后，有七八个人自发地把城隍爷塑像抬回到城隍庙，在他们带头下，城隍庙相关活动才慢慢恢复。头家和信众通过集资修复了城隍庙，小型的下殿仪式也每隔三五年开展一次，但大型的蒲城城隍司主出巡仪式活动从民国之后便一直没有再举行过。

　　根据负责城隍庙日常管理的 JQX 老人亲身经历，历史上蒲城的城隍也有70 多个头家、130 多个做客的。70 多个头家大致按照城东、城南、城西、城北的片区分为七组。每一组又会有一到两个主持头家，负责总的事务。每年三月三、十月二十，每一组头家要轮流来承办福酒。每个头家要派 80—100块钱不等。其他做客的人不用负责办福酒，每个人包 15 块钱红包，来吃一顿就好了。不过，即便是有头家的时候，城隍爷也并非每年都下殿。"建国之前城隍爷也不是每年都下来，一年有，一年没有，两三年一次，甚至三五年一次，都有的。"①

笔者好奇为何晏公爷每年元宵都会下殿，城隍爷这么一个"一城之主"反而不能每年都下殿。JQX 老人解释：

> 这是有困难的，晏公爷是有头家的，每年都有资金，头家出钱，还有地方上的信众出钱。这里什么都没有，没有头家，也没有资金。它那里是有规定的，每年正月初四一定是要下殿的。这里是没有规定的，有人来把城隍爷抬下来，才下殿，是很讨厌的（笔者按：意思是办起来很麻烦），一定是要有人发起的。资金又没有。没一个统一规定（公开的）的下殿。……太阴宫一定是在正月十八下午，吃饭福酒之后下殿的，正月十八不下殿，那么就不下殿了。……有些时候（太阴宫）二月份就下来了，那个时候天气不好，下雨什么的，一般是不会下来的。……（城隍爷）他下来都是临时的，他有钱就下来，没有钱就不下来。有个人拿下来，才有人帮助他，没有人拿下来，也就没有办法做了。②

另一位当地的医生谈及的一个案例也印证了 JQX 老人上述之言：蒲城好几年前有一个人喝了酒胆子大了，就把城隍爷像偷偷摸摸抬下来了。因为公开抬下来，抬下来的那个人要负责城隍下殿仪式的全部开销和责任。如果偷偷摸摸拿下来，大家就得一起出力来办了。所以基本上城隍爷都是三更半夜的时候被人偷偷摸摸地抬下来的。③

一旦城隍爷被人偷偷抬下殿后，下殿仪式一般也要举办三天，除了在城内巡游之外，西门外和甘溪两处近的地方也会巡游。当然，人力和财力都不够的情况下，也就不外出巡游，这种情况下三月三当天就把城隍爷送回到殿里面去。

概而言之，经历传统的"断裂"后，城隍头家组织相对较少且松散，这使得城隍庙自身没有足够丰厚的资金举办常规性的城隍出巡仪式。

---

① 田野访谈资料。访谈对象：JQX，访谈日期：2008 年 7 月 29 日，访谈地点：JQX 家中。
② 田野访谈资料。访谈对象：JQX，访谈日期：2008 年 7 月 29 日，访谈地点：JQX 家中。
③ 田野访谈资料。访谈对象：HYH，访谈日期：2008 年 7 月 29 日，访谈地点：JQX 家中。

三　2008 年的城隍出巡及意义

一直到了 2008 年，蒲城城隍才恢复了一次大型出巡活动。这次活动刚好发生在笔者在蒲城田野期间，笔者有幸见证了这次活动的全过程。整个仪式活动可以说是马站地区"文化大革命"后规模最大的一次神明出巡活动。而这次活动，内含了历史内在逻辑和社会深层结构，表明了传统文化仪式在当代的复兴、传承和发展。

1. 2008 蒲城城隍大型出巡起因和过程

正如本书第四章中所论述，这次出巡活动的起因是几个蒲城年轻人为了不在马站人面前丢掉蒲城的"地方面子"而引起的。① 对于蒲城人而言，一位马站人能拿出一万元来让蒲城组织一次城隍司主的出巡仪式，作为蒲城人如果不应承认下来，是非常失脸面的。无论如何，都要筹集余下六万元的仪式所需，把这件事情办成，给蒲城挣个面子。

在这几位年轻人的奔走游说下，乐助蒲城城隍大型出巡一事就展开了。乐助这次城隍司主出巡的单位、宫庙以及个人，总共筹集资金 69097 元。其中蒲城以及马站的几个主要的宫庙（包括西关晏公庙、东关晏公庙、太阴宫、甘溪宫；另外还有马站后岘宫、马站杨府庙、凤山宫、马站宫、白马庙、金山大宫、园山宫、下丰宫、圣王宫、沿浦晏公庙、沿浦三官宫、沿浦廿亩宫）出资了 6480 元；村以及一些单位（文保所、老人协会、蒲城医院、自来水厂、兴蒲基金会、兴蒲村、金城村、龙门村、西门外村、龙门村卫生室）共出资了 13200 元；剩下的 49737 元都由蒲城、马站、沿浦、下关等地的信众乐助捐赠。出资情况用毛笔一一书写，红榜张贴：

蒲城城隍司主落殿三月三乐助名单

（单位：元）

宫庙、单位和村集体：				
西关晏公庙 2000.00	东关晏公庙 1100.00	太阴宫 1500.00	马站后岘宫 300.00	甘溪宫 300.00
马站杨府庙 210.00	凤山宫 200.00	马站宫 100.00	白马庙 100.00	金山大宫 110.00
园山宫 100.00	下丰宫 100.00	圣王宫 100.00	沿浦晏公庙 100.00	沿浦三官宫 60.00
沿浦廿亩宫 100.00	文保所 1000.00	老人协会 1000.00	蒲城医院 2000.00	自来水厂 500.00

---

① 见本书第四章第三部分。

续表

蒲城城隍司主落殿三月三乐助名单

宫庙、单位和村集体：				
兴蒲基金会 500.00	兴蒲村 2000.00	金城村 2000.00	龙门村 2000.00	西门外村 2000.00
龙门村卫生室 200.00				

个人：				
金小安 稻谷 3 担	甘溪村群众 1000.00	范叔墩 10380.00	华祖还 500.00	朱加逢 500.00
郑德清 500.00	华业防 500.00	甘训新 500.00	金言 500.00	曹高幸 500.00
甘先锋 500.00	金孝天 500.00	郭进来 500.00	陈立将 500.00	林式明 700.00
华祖丰 500.00	金瑞敢 500.00	杨邦义 500.00	邓伦超 500.00	陈齐清 500.00
华绪国 500.00	张雄 500.00	金瑞明 300.00	朱松雪 300.00	甘崇人 300.00
陈明友（马站）300.00	蔡起成（汀海）300.00	华允钦 300.00	华允初 300.00	张传斌 210.00
华允旺 200.00	华怀义 200.00	周孝同 200.00	华其绪 200.00	王月琴 200.00
黄明文 200.00	华业勇（新宫）200.00	朱如金 200.00	陈青凤 200.00	朱爱莲 200.00
林松玲 200.00	张思胜 200.00	释华进绪 200.00	朱祖波 200.00	王祖香 200.00
陈尔仔 200.00	郑德法 200.00	华业真 200.00	朱丽娥 200.00	苏为朋（沿浦）200.00
徐松（马站）200.00	郑珠兰 200.00	甘友福 150.00	华重绪 100.00	华业迪 100.00
陈立煌 100.00	张美卿 100.00	华业国 100.00	范则勇 100.00	华碧玲（沿浦）100.00
郑德光 100.00	范叔金 100.00	陈家握 100.00	华安绪 100.00	甘友富 100.00
殷兴木 100.00	陈其吨 100.00	蔡邦强 100.00	华业都 100.00	郑可明 100.00
华业快 100.00	徐玉花 100.00	华香梅 100.00	金瑞斌 100.00	金莲 100.00
郑思盈 100.00	林德恩 100.00	黄成才 100.00	金瑞虾 100.00	金瑞方 100.00
吴细明（下关）100.00	陈云绸（沿浦）100.00	华铮 100.00	陈尔道 100.00	华允明 100.00
华孝峰 100.00	朱成敖 100.00	朱秀芳 100.00	章圣站 100.00	金庆双 100.00
华业其 100.00	金庆忠 100.00	徐怀淫 100.00	陈立辉 100.00	赖士松 100.00
吴昌延 100.00	李美玲 100.00	倪呈时 100.00	金小康 100.00	陈业一 100.00
华伦绪 100.00	金瑞教 100.00	陈显斗 100.00	华祖可 100.00	金瑞教 100.00
贾文清 100.00	陈松辉 100.00	甘先中 100.00	陈小中 100.00	游小希 100.00
林华斌 100.00	华业利 100.00	张良满 100.00	陈明位 100.00	郑德金 100.00
杨彩莲 100.00	易会兵 100.00	蔡庆祖 100.00	贾春青 100.00	华晋绪 100.00

蒲城城隍司主落殿三月三乐助名单			
个人：			

王细象妻 100.00	姚必想 100.00	华白桃 100.00	金于品 100.00	金华 100.00
王芬 100.00	陈华力 100.00	陈业东 100.00	华业标 100.00	林小平 100.00
华业地 50.00	华孝亮 100.00	陈立培 100.00	小女 100.00	王训坚 100.00
华松 100.00	华允好 100.00	陈礼兴 100.00	杜圣梅 100.00	乃真 100.00
郑存胜 100.00	林德水（沿浦）100.00	金箭 100.00	李国坚 100.00	周其万 100.00
曹启松 100.00	郑顺宁 50.00	华允法 50.00	陈彩辉 50.00	阮允该（沿浦）50.00
郭朝信 50.00	郭进信 50.00	贾青雪 50.00	林月娥 50.00	倪新凤 50.00
华小明 50.00	华林绪 50.00	陈生叶 50.00	金牡丹 55.00	玉花 50.00
丽珍 50.00	陈尔笋 50.00	陈维勇 50.00	华业付 50.00	华业本 50.00
华允坚 50.00	华楼绪 50.00	华允刘 50.00	华迪绪 50.00	章华 50.00
陈礼茂 50.00	王连登 50.00	蔡正飞 50.00	赖海燕 50.00	华业磅 50.00
玉梅 50.00	陈礼义 50.00	潘孝岳 50.00	周孝勇 50.00	陈礼国 50.00
陈立福 50.00	朱先望 50.00	陈礼爱 50.00	华荣 50.00	金瑞先 50.00
陈玉香 55.00	华青华 50.00	金瑞强 50.00		

还有 50 元以下的名单繁多，未列。
合计：69067.00 元

对于这些乐助的宫庙、单位以及个人而言，尽管各自有一些不同的出发点，比如宫庙的乐助是维系他们之间良好关系的一种方式，个人乐助很大程度上是希望得到城隍的庇佑，而单位乐助是出于地方义务甚至在一定程度上是受舆论压力；但是有一点是一致的，就是包括承办者在内的蒲城人，他们都把能成功举办这件事情看作蒲城在整个马站地区的面子问题，是"做好事"①。

接着，大家推选出 2008 年城隍爷落殿的主事人员，并用毛笔写在红纸上公布于城隍庙前。

这些主事人员商议农历二月初七（3 月 14 日）就开始进行仪式的准备工作。

---

① "做好事"：当地人通常把出资或出力参与修路、建庙、做地方仪式等具有地方公共性质的事情叫作"做好事"。

二〇〇八年城隍爷落殿主事人名单如下：

总负责人：华族还　潘孝鹏　金孝天

其他：华族超　华祖峰　陈洪水　甘先峰　陈立众　曹国兴
　　　李　荣　郭进来

公元二〇〇八年古历二月初七

图6-3　被抬下殿的城隍爷①

　　先是确立仪式活动的时间：整个活动从农历二月初七（3月14日）开始，一直到农历三月初一（4月6日）结束。城隍司主出巡分为三次：第一次和第二次的时间在农历二月十六日（3月23日）和农历二月十七日（3月24日）晚上，是在蒲城乡范围内巡游。第三次的时间安排在了农历三月初一（4月6日），即出乡巡游，从蒲城出发，经过甘溪一路到马站、凤山、沿浦，再回到城内。在活动期间，还请了永嘉越剧团在城隍庙前唱了七天七夜的戏。

──────────

　　①　笔者2008年3月19日摄于蒲城城隍庙。

图 6-4 城隍出巡前做十王殿①

接着，落实整个仪式过程所需要的人和物。仪式中需要大批人员来扮演各种角色，因此确定好扮演者是整个仪式顺利举行的基础。主事者对 2008 年城隍下殿出巡仪式中的七星爷、刽子手、判官、小判官、曹隶等的扮演者进行了落实，如表 6-1 所示。②

表 6-1

八班头人员派装	
华小串——七星爷	陈松茂——武判
华业林——刽子手	华叶勇——文判
林华迪——判官	甘徐福——牛头
华允松——曹隶	华允清——马面
甘仙航——小无常	

---

① 笔者 2008 年 3 月 29 日摄于蒲城。

② 笔者把这些名字一一写入，想基于地方历史的书写，给地方民众留下自己的历史记录。另外，也只有通过他们的名字，才能看到，一个东南一隅的小小所城，如何借由一场仪式而把社会联结在一起。这些日常分散在各自田间地头的人，或者外出经商者，或者在校的学生，借由这样一场仪式，激发和强化了地方认同和地方社会记忆。

续表

八班头人员派装	
陈新波——秦桧妻	华毅（小）——拿令者
倪连可——秦桧	周文——拿印者
陈尔果（原定为：郑学秀）——白无常	梁尚禹——公
徐老三——照心爷	张作春——婆
华允宣——曹利	
华怀转——值日功曹	陈松茂——左符史
华义——小判官	华叶勇——右判官

图 6-5　仪式中扮演者一①

图 6-6　仪式中扮演者二②

由于仪式形式具有稳定性，2008 年恢复的城隍爷出巡仪式，其仪式程序基本上延续了传统，依然是尽量按照传统的样式来开展，但增加了乐队、乐笙、腰鼓队以及仙女、追月荷双童等现代形式的花灯。

为了显示出城隍爷出巡的巍峨浩荡，仪式的队伍里面还要配上大号、长号、高照、高灯、虎头牌、旗子、十殿王的轿子、吹打班等。事无巨细，都需要事先安排头家来负责落实。

出巡的路线，头一两天安排在城内以及城附近，待到天气好的时候，便整装待发，浩浩荡荡地往更远的地方去。所经之处，信众纷纷站立路旁，举香合十拜祭，并向城隍神"乐捐"，从其香炉中请香回家，还会从神像身上取一段红布条带回家，以添福添寿保平安。也有家户会专门请城隍爷一

① 笔者 2008 年 3 月 23 日摄于蒲城。
② 笔者 2008 年 3 月 23 日摄于蒲城。

行到家中院子里，在院子里事先摆好了献给城隍爷的祭礼，送上丰厚的红包，来祈求城隍爷给予更多的福佑。除了普通百姓人家，城隍在出巡过程中，一定要到蒲门的其他宫庙里进行巡游。与其他地方的城隍出巡情况类似，蒲城的城隍队列所到之处，清道巡街，鸣锣开道，火铳震天，热闹非凡。

图6-7　蒲城城隍爷出巡队伍一①　　　图6-8　蒲城城隍爷出巡队伍二②

出巡完毕回来之后，最后一大要进行的"上殿"仪式更别具特色，显现出了强烈的政治伦理教化色彩。上殿的时间通常安排在"三月三"吃福酒这一天。当天来随礼吃福酒的人也纷纷到场，远近来观热闹的人更是把整个城隍庙挤得水泄不通。此时仪式的扮演人员都已打扮好，主持仪式的人员也已站在大殿正门的右前侧一个台子上，开始主持"上殿"的整个仪式过程。

首先是肃静场面，围观的群众渐次安静下来。然后请巡游回来的城隍司主出轿。接着，令东方发炮三声，西厢管乐吹奏，并击鼓三冬，鸣锣吹号，城隍爷就在这鸣锣吹号当中被升座殿中。接着，左判官、右符史、无常爷、判官爷、小无常爷、小判官爷、左右文隶、刽子手、照心爷、值日功曹、七星爷、牛头马面以及分别由两位解差押送的秦桧和妻王氏，在仪式主持人员的宣读下，一一进殿，按秩序分立在城隍爷两侧。

待所有人员入殿严立完毕，由HYC作为礼生开始代表城隍爷宣读祝词，并对扮演者进行"释罪"，仪式也就进入了高潮。祝文的内容是对本次城隍出

① 笔者2008年4月6日摄于蒲城。
② 笔者2008年4月6日摄于蒲城。

巡的时间、路线、出巡的目的进行宣读，并把这次出巡所观察的"民情"进行宣布，最后会根据"民情"，针对性地进行一番解释，并宣布经过本次城隍出巡，将使得蒲门境内人丁六畜兴旺、岁岁四时平安等好的祝意。[①]

图 6-9　释罪环节一[②]

图 6-10　释罪环节二[③]

祝词宣读完毕之后，就开始释罪了。仪式主持人代表城隍庄严地召仪式扮演的人员一一到殿前向城隍下跪，等待城隍爷的宣判。最先被押跪到城隍爷面前的是秦桧和他的妻子王氏。作为罪犯的秦桧将因为"罪魁恶首，害国害民，颠倒国法"而被仪式性地斩首示众，他的妻子王氏，也因为"不守三从四德，邪谣刁骨，缺德于人，弄虚作假，阳奉阴违，黑白不分"而斩首示众。扮演秦桧以及秦桧妻子王氏的人，将得到祝福，有病的消病，有罪的消罪，全家都平安健康。宣判完毕之后，就由其他人来把他们身上的妆服脱去，获得自由，从仪式"阈限"中回到正常的世界。接着，一一对其他仪式人员的扮演者进行"释罪"宣读，并给予其健康、才气、太平、好运等祝福。仪式主持者在代表城隍进行宣判的时候，神情庄严，声音洪亮。

释罪完毕后，城隍司主进神龛，最后告奉香火；请道公为其"做福"，信

---

① 笔者在田野期间，从现今主持仪式的老人手里得到 2002 年的祝词，其内容为："大中华人民共和国岁次壬午年二月廿八日，蒲门三督城隍司正式下殿，出巡蒲城乡各村，考察民情，赏罚讨恶，善恶分明。于大中华人民共和国岁次壬午年三月初五日上殿，祈保各村民家门清洁，人口平安，生意兴隆，财丁两旺。春保人丁旺，夏保六畜兴，秋保田园熟，冬保人太平。一年十二月，月月常清洁，一月三十日，日日保太平，一日十二时，时时保吉祥。春保夏，夏保秋，秋保冬，一年四季保平安。国安风定平安久，花为春深富贵长，回家笑容团圆，荡面春风。"

② 笔者 2008 年 4 月 6 日摄于蒲城城隍庙。

③ 笔者 2008 年 4 月 6 日摄于蒲城城隍庙。

众们一起随道公对城隍进行祭拜，并在心中默默地祈求城隍爷对自己以及家人的保佑。接着，大家欢聚而坐，开始吃福酒。

图6-11　道公为城隍爷"做福"①

尽管最后程式性的"审判"仪式具体开始于何时现在不得而知——和许多田野作业一样，老人们只是说历史以来一直就是这样子的，但是从仪式中的罪犯是秦桧及其妻子这个信息中，大体可以推断出这是在宋代以后才发展出来的。仪式活动从出巡到上殿，其主干结构和基本内容没有变化，尤其是城隍爷的上殿仪式，最典型地反映了传统社会的政治伦理意识形态。正如彭兆荣所言："仪式不独容纳了复杂的历史事实和想象，又具备许多可供观察和量化的数据。"② 这个仪式一方面承载了历史上明王朝按照行政级别设立城隍信仰体系的"帝国的隐喻"③，另一方面也承载了内化到地方社会生活中的关于因果轮回善恶报应的社会事实。

2. 2008 蒲城城隍大型出巡意义

承载了传统政治伦理、历史记忆、想象和现实情感的城隍大型出巡仪式在蒲城再一次出现，虽然表面上看源于一次偶然的事件，却蕴含着历史内在

---

① 笔者摄于2008年4月6日摄于蒲城城隍庙。
② 彭兆荣：《人类学仪式的理论与实践》，民族出版社2007年版，"序"第2页。
③ ［英］王斯福：《帝国的隐喻：中国民间宗教》，赵旭东译，江苏人民出版社2008年版。

逻辑和社会深层结构。在此逻辑和结构下，此次城隍出巡仪式对于蒲城而言，在笔者看来有着新的意义：

其一，地方感的再次获得或强化。同样的仪式，放在当前的社会时代背景下，有着不同的象征意义。尽管在民族国家的过程中，现代性的行政空间对地方进行"整合、计算、分类、解码并进行信息标准化处理"①，使得蒲城从一个地方文化中心退变为一个小乡，但是作为地方的蒲城却通过城隍司主出巡仪式对现代性的空间"殖民"进行了一种反抗，象征性地再造了自身的地域中心的地位，同时也显示了自己与周边地区在宗教礼仪上的等级关系。蒲城利用了这个仪式来展现自己的"面子"，再现一种地方中心的"地方感"②。对于民众而言，他们是在无意间利用了民间宗教仪式来展现自己的"面子"和地方感，却折射出了代表国家力量的现代性空间扩展与地方社会之间的内在矛盾张力。同时地方知识分子借助这次活动，宣传城隍出巡是地方特色的民俗活动，认为城隍爷和晏公爷拔五更活动一样，也是一种非物质文化遗产，应该加以保护和宣传。

换而言之，放在历史长时段的背景中来看待蒲城此次的城隍司主出巡活动，可以更加清楚地看到国家与地方之间的关系。传统时期城隍祭祀亦是地方社会正统和典范的一种象征，是为国家所鼓励和允许的。并且蒲城的城隍爷是代表国家统管整个蒲门三都，相对于晏公而言，城隍更具超社区性。这个仪式本身就是国家权威在地方社会的一种展示，而蒲城则是这种权威在地方上展示的代表，举行一次规模盛大的城隍出巡仪式本身就象征了蒲城在整个蒲门地区的中心地位。因此，当国家行政区划在空间上把蒲城变成一个边缘化的乡村时，一次复兴式的城隍司主大型出巡活动就成为仪式性地展现地方中心感的一次机会和方式。正如田野中，一位当地医生的观点：

　　当然，迷信这方面的人都会愿意来乐助的，信基督教的人一个都不

---

① 杨念群：《再造"病人"：中西医冲突下的空间政治（1832—1985）》，中国人民大学出版社2006年版，第420页。

② 西方学者较早对"地方感"进行了学术性的界定和研究，如 Steele F. 认为"地方感"是人与地方相互作用的产物，是生于地方但由人来赋予的一种情绪体验，在某种程度上说，是人创造了地方，地方依存于人。Steele F. , *The Sense of Place*, Boston：CBI Publishing Company Inc. , 1981。

会来的。我自己倒不一定就是相信这些，我就是觉得这是公益的事情，地方上的事情我都愿意帮忙。我把这些事情看成是地方上的群众的事情。他们后来要拿100块工资给我们，我说不要了。我自己不是首事，不过我妻子是。①

即便以"迷信"称之，但他依然认为这是地方上的公益，自己应该来参加和帮忙，以确认和强化地方感、地方认同。对于地方而言，在交通和资讯都十分发达便利的现代社会，通过具有在地性的仪式实践，以增添地方的荣耀感。

其二，促成了城隍爷头家的重新组织和安排，使得城隍下殿出巡和做福酒有了更为扎实的人力和财力基础。② 在2008年之前，从断裂中恢复的城隍信仰活动头家有7组，包括城东一组、城南一组、城西一组、城北一组、甘溪一组、水路山一组、牛乾岭一组，每一组的头家人数都相对较少。远一点的马站、沿浦的人只是有代表来吃福酒，并不参与轮流主事。由于每组头家人数少，马站、沿浦少有人参与，因此承办福酒的时候，轮到的主事分摊的钱比较多，压力也比较大。③

借助2008年这次大型城隍出巡仪式，蒲城对城隍庙的头家组织进行重新合并和扩充。原来的城东城南就合并成金城村组，城西城北的合成龙门组，甘溪和水路山牛乾岭就合成一组，新增马站和沿浦各一组。④

表6－2　2008年新订城隍司主福酒轮流表

二零零八年三月三	马站组	颜维永	颜维希	吴正快	候传世	黄容	黄贤琛	李孔铮	郑源伟	蔡叔金	杨建新	陈雪香	曾美丽	范则勇	范叔珠	陈爱梅	许宜生	雷青神

续表

时间	组别																	
二零零八年十月二十	龙门组	甘友福 金庆俄	郭朝珠 华细英	郑美英 周孝同	敢友富 王细象	华怀某 潘安辉	甘崇杯 华进绪	陈赋振 郑珠兰	陈银浪 华怀迎	易会兵 陈能龙	华业林	郭朝香	金华	陈庆益	金庆元	甘崇清	甘先中	章圣真
二零零九年三月三	金城组	华允双 金瑞喷	金善守 张美卿	华重绪 张良满	华业迪 张仲春	华业威 张文清	金孝德 金瑞林	金瑞明 华安绪	金美林 华业都	陈家握 朱祖波	赖大叶 贾文清	林德恩 陈思红	郭雄友 金于龙	潘孝岳 金于信	朱秀杏 潘孝茶	陈正辉 华怀星	阮志取 张思凤	赖新君
二零零九年十月二十	甘溪、西门外组	陈初游 许一勤	陈初基 许一勇	陈初想 金庆丹	梁文滔 进庆飞	梁上禹 华小本	陈起后 华三绪	陈宗利 华业地	黄大我 张诗桃	黄和山 缪存求	梁世德 缪新聪	林观恳						
二零一零年三月	沿浦组（名单未定）																	

图 6-12　2008 年与 2022 年城隍庙内景的对比①

其三，成为多元地方文化资源的组成。在 2008 年之前，地方政府和精英

---

① 左侧图为笔者于 2008 年 3 月拍摄于蒲城城隍庙，右侧图为蒲城正一教师公简诗景于 2022 年 8 月拍摄。

分子对于地方仪式的认同和宣传更多的是放在"拔五更"。本次城隍出巡仪式是民众自行组织的，彰显了地方的城隍文化。于是在非物质文化遗产热和旅游热的社会环境下，引起当前地方政府和精英分子的注意：他们试图把已经沦为民间小传统的、属于封建迷信活动的城隍爷信仰操作成展示地方社会历史的文化资源。在工业社会和大众旅游时代的今天，城隍仪式成了地方强化自我认同，同时对外展演的旅游文化资源。① 城隍庙也得到了进一步的保护，包括外在建筑的修复、内部神像、墙壁彩绘的增设、更多信众牌匾等。

四　结语

蒲城城隍信仰和中国其他地区绝大多数的城隍信仰一样，经历了从中华统传帝制国家时期的"以神道设教"到现代化过程中的衰落。20 世纪 80 年代以来，乡村社会纷纷开始恢复和重建自己的信仰和仪式。在新的时期，所恢复的仪式更多的是一种对外展演，以获得工业化、城市化下的乡村社会的自我认同和地方感。人们重新恢复这个仪式是一种在国家行政区划和市场经济下被边缘化的地方的仪式性"抗争"，以此标榜自我，获得"面子"（"蒲城也能办这样子的仪式"），来强化自我认同和地方感。与此同时，"遗产工业"时期，仪式也成为一种潜在的可资利用的旅游文化资源以获取经济利益。正如王斯福所言："人们所坚守的地方崇拜，仍然是一种让人浮现出一种历史地方感的资源。"② 当地的政府和地方知识精英想方设法地把当地的城隍信仰操作和申请成为地方的非物质文化遗产，希望能获得同已经是省级非遗"拔五更"一样的国家层面加注的符号资本，如此便可以在蒲城的旅游开发中增加当地历史文化资源的砝码。在这一"旧仪式"的"新意义"追求过程中，仪式原有"以神道设教"的善恶道德教化的功能弱化了。

在历史原真意义上，城隍信仰及其出巡仪式一方面是城隍爷护佑一方平安；另一方面是国家以神道设教，对地方社会进行象征性政治统治和道德教化的重要方式。城隍庙内的各种装饰吸收了儒释道惩恶扬善的相关内容，包

---

① 2022 年笔者在撰写本书的过程中，通过与地方上的报道人的访谈及其所拍摄的城隍庙照片，看到城隍庙不仅增加了新的牌匾，两侧的墙壁都增加了绘图。这也显示出，2008 年大型出巡仪式之后，城隍爷作为地方文化得到了进一步的保护和复兴。

② ［英］王斯福：《帝国的隐喻：中国民间宗教》，赵旭东译，江苏人民出版社 2008 年版，"中文版序言"第 6 页。

括十殿阎王图、判官、黑白无常、算盘、儒生的题匾，都在教诫人们要行善断恶。善恶伦理的教育对地方社会的维系起着非常重要的作用。在以工业化和城市化为主导的现代化进程中，乡村社会和文化面临着不断萎缩的危机，因此，乡村振兴所要恢复的不仅是一种对外的文化展演以获得游客的目光和金钱，更要恢复一种能在自身社会实践、获得所有成员都认同的"家园感"①文化。在这个意义上，城隍仪式原有的"道德教化"意义值得被很好地保留下来，不仅用于对外展演，还用于自身社会的实践——这是新乡村建设、美丽家园建设的精神内容之一，亦是实现乡村振兴的内核所在。

由此引发的关于乡村文化资源保护与开发上需要注意的地方，有以下几点值得探讨。乡村文化资源保护与开发应该基于文献和田野资料，从整体性、系统性、地方性、文化脉络性、历史性等角度综合分析和看待：既要发现与挖掘被"遗漏"的民间文化资源，也应该解救和澄清被"误读"的民间文化资源；既要恢复和再现被"碎化"的民间文化资源，也要深化与升华被"表化"的民间文化资源；既要谨慎对待"移植"和"仿造"，也要明晰民间文化资源的"历史之根"，架通历史和现实之桥。由此，乡村的文化资源开发，不至于沦为单纯的"观光产业"或者"遗产工业"，而与它历史原真意义上的内涵和功能过度断裂。

① 林敏霞：《"家园遗产"：情境、主体、实践——基于台湾原住民及"社区营造"经验的探讨》，《徐州工程学院学报》2013年第5期，第85页。

第七章 "拔五更"：非遗视角下的迎神赛会

虽然城隍信仰体系对应了传统帝国政治文明的等级性，并极具正统性，但它不是蒲城最富地方特色和名气的民间信仰。对于蒲城而言，最具地方认同度和标出性的神灵信仰是晏公信仰及其相关仪式，晏公爷被认为是蒲城最重要、和地方社会距离最近的一位神灵。

"拔五更"是蒲城东西两座晏公爷庙在正月里进行迎神赛会仪式活动的指称。20世纪90年代，地方知识分子为了给这一地方民俗活动起一个简洁而有特色的名称，根据晏公爷迎神赛会最具特色的部分，提炼出"拔五更"三个字来命名。① 在蒲城众多的民间信仰中，晏公信仰是最具民众基础的，基于晏公信仰的"拔五更"也是最具蒲城地方特色的民俗活动。全国各地祭祀晏公爷的神庙有许多处，唯独在蒲壮所城有东西两座晏公爷庙，并在每年正月由两庙的晏公爷组成东西两支队伍开展竞跑形式的迎神赛会。1997年，蒲城乡民俗"拔五更"入选"浙江省第二批非物质文化遗产名录"。从很大意义上，拔五更是蒲壮所城的文化标出项，是其"标志性"文化。② 同时，在为何会形成这种特殊形制的迎神赛会原因的追溯上，也体现了历史叙述如何去突出自己文化标出项的过程：从原来的模糊到逐渐确认其和蒲壮所城的军事性设置相关的推测和论证。

在笔者2008年去到蒲城开展田野调查之前，就有相当多颇为详细的关于

---

① 注：之所以把晏公爷正月十五元宵节竞跑活动更名为"拔五更"，有以下几点原因：1."拔"字有双重含义。一是表现了仪式中竞跑的意思。仪式高潮部分就是两队竞跑，"拔"与"跑"在蒲城方言是同音字。二是体现仪式中最重要的"抢杠"环节，即众人要挣着把杠从老爷硬桥的扶手上拔出来，抢回到自己家里或渔船上。2."五更"是指仪式竞跑和抢杠通常一直要持续到天亮五更。因此合起来叫"拔五更"。

② 刘铁梁：《标志性文化统领式民俗志》，载王铭铭主编《中国人类学评论》（第4辑），世界图书出版公司2007年版，第115页。

拔五更的记述和探讨。蒲城退休教师林培初先生撰写的《蒲城元宵迎神民俗纪实》一文，收录于 2004 年潘一钢、金文平编的《温州文艺大观：民间文艺理论》① 一书，此文尚未启用"拔五更"这个名字。2006 年刊印的第二十二辑苍南文史资料《苍南风土》收录了林培初《蒲城元宵迎神民俗纪实》一文，也没有使用"拔五更"一词。曾经担任过蒲城文保所所长的金亮希先生先后两次撰写过"拔五更"，对其进行极为详尽的民族志式的文字记录和描述。金亮希撰写的《苍南县蒲城"拔五更"习俗——2002 年正月迎神赛会活动纪实》，收录于 2005 年徐宏图、康豹（Paul R. Katz）主编的《平阳县苍南县传统民俗文化研究》。② 2008 年，民俗学家叶大兵编著的《温州民俗大观》一书亦收录和介绍了"拔五更"③。张琴等在《乡土温州》④ 一书中也把蒲城"拔五更"作为一章内容进行了详细的记述，彩色图文并茂。到了 2018 年，拔五更的非遗传承人蔡国强的儿子蔡榆也出版了《蒲城拔五更》⑤ 一书，对拔五更的过程和历史缘起进行了更为详细的探讨。此外，各种博客 Vlog 短视频关于拔五更的书写和拍摄也颇多。

有关拔五更仪式的基本程序，上述研究已经给予了翔实而充分的描述，笔者在田野期间所考察的大致相同。因此，在这本关于蒲壮所城的"历史、文化与仪式的人类学札记"中，笔者把重点放在非遗叙事和地方认同的探讨上，力图探究蒲城地方社会如何在非遗符号的加注下，通过探索和完善拔五更的非遗叙事来强化地方认同的过程。

一 晏公信仰的一般情况

和中国许多民间神祇一样，晏公信仰也较为广泛地存在于多数省市。根据宋希芝先生的调查："全国 2/3 的省市区建有晏公庙、'晏公祠'、'晏侯庙'，或是祭祀晏公的'水府祠'、'小圣庙'。主要分布在江西、江苏、安徽、福建、浙江、湖北、湖南、上海、四川、云南、贵州、广东、广西、海南、山东、山

---

① 林培初：《蒲城元宵迎神民俗纪实》，载潘一钢、金文平编《温州文艺大观：民间文艺理论》，西泠印社出版社 2005 年版，第 214—220 页。
② 徐宏图、康豹主编：《平阳县苍南县传统民俗文化研究》，民族出版社 2005 年版，第 434—499 页。
③ 叶大兵编著：《温州民俗大观》，文化艺术出版社 2008 年版，第 201 页。
④ 张琴撰文、萧云集等摄影：《乡土温州》，浙江古籍出版社 2003 年版，第 72—103 页。
⑤ 蔡榆：《蒲城拔五更》，团结出版社 2018 年版。

西、河北、宁夏、甘肃、陕西 20 个地区，共 97 所。唯东北地区未见有记载，明显呈现出南多北少的分布格局。主要集中分布在江苏（23 处）、江西（10 处）、安徽（8 处）、福建（7 处）等省。"① 在小说、戏文里头，晏公也常出现，《金瓶梅词话》第九三回："此去离城不远，临清马头上，有座晏公庙。那里鱼米之乡，舟船辐辏之地，钱粮极广，清幽潇洒。"清代李渔《连城璧》子集："晏公所执掌的，是江海波涛之事，当初曾封为平浪侯，威灵极其显赫。"《比目鱼》第四回："那平浪侯晏公，是本境的香老，这位神道，极有灵验的。每年十月初三，是他的圣诞，一定要演戏上寿。"②

关于晏公信仰的起源，宋希芝和胡梦飞先生概括为五种："晏戍仔死而为神说""孝子为神说""朱元璋敕封为神说""妈祖收伏为神说""许天师点化为神说"。③ 笔者认为，五种起源说都有一定道理，其中"朱元璋敕封为神说"最能解释晏公信仰从地方性神灵变为全国性神祇这一现象。

一般而言，能被全国广大地区民众信仰的神祇，除了其自身灵验性之外，更重要的一个因素在于它的灵验性能得到"正统"的认可，在于神祇能进入王朝的祭祀体系。王朝在进行统治的过程中，对于祭祀体系的管理和控制是必然的。譬如明王朝就下令对于民间原有神祇进行了访求审查，除了春祈秋报、二次祭祀、社稷山川风云雷雨城隍诸祠之外，"境内旧有功德于民、应在祀典之神"④ 也都要祭祀。一旦被认为"应祀神祇"，除了祀典有记录，被记录到史书以及志书的可能性就大大提高。晏公就是一位被列入官方祀典的"应祀神祇"，同时《三教源流搜神大全》《陔余丛考》《宋史》《铸鼎余闻》《新搜神记》《通雅·姓名》《搞曝杂记》《七修类稿》《光绪嘉兴府志》以及民国《平阳县志》等史书或杂记中都有对晏公爷的记载。

根据学者吴远飞的考证，迄今最早关于晏公的书面记载见于宋代蒋叔兴编纂的《无上黄篆大斋立成仪》，其中提到"都督晏元帅平浪侯"⑤。因此，晏公信仰可能在宋代就已经存在。此外，宋代不著撰人《三教源流搜神大全》

---

① 宋希芝：《水神晏公崇信考论》，《江西社会科学》2014 年第 11 期，第 120 页。
② 曲文军：《〈汉语大词典〉词目补订》，山东人民出版社 2015 年版，第 480 页。
③ 宋希芝：《水神晏公崇信考论》，《江西社会科学》2014 年第 11 期，第 118—119 页；胡梦飞：《中国运河水神》，山东大学出版社 2018 年版，第 93—96 页。
④ （明）李东阳编纂：《明会典》卷九《行移勘合》，四库全书本。
⑤ （宋）蒋叔兴：《无上黄篆大斋立成仪》卷五十三，明正统道藏本。

第七卷中有题为"晏公爷爷"一节的记载：

> 公姓晏，名戍仔，江西临江府清江镇人，浓眉虬髯，面如黑漆。平生疾恶如探汤，人少有不善必曰："晏公得无知乎？"其为人敬惮如此。大元初，以人材应选入官，为文锦局堂长。因病归，登舟即奄然而逝。从人敛具一如礼。未抵家，里人先见其扬骉导于旷野之间，衣冠如故，咸重称之。月余以死至，且骇且愕，语见之日则即其死之日也。启棺视之，一无所有，盖尸解云。父老知其为神，立庙祀之。有显灵于江河湖海，凡遇风波汹涛，商贾叩投，即见水途安妥，舟航稳载，绳缆坚牢，风恬浪静，所谋顺遂也。皇明洪武初诏封显应平浪侯。①

这是"死而为神说"的一个代表性记述。晏公是元代江西官员，死后显灵于江湖，是基于其灵验性而得到地方民众祭祀的神灵。上述刊本的《三教源流搜神大全》关于晏公记述中最后提到了"皇明洪武初诏封显应平浪侯"一句，由此大致可以推断，至少在元代就在民间显灵的晏公，到了明代得到朱元璋的敕封，使其从江西的地方水神上升为全国性的水神。晏公爷之所以能得到朱元璋的敕封，与朱元璋本人的经历有直接的关系。明代郎瑛所撰《七修类稿》第十二卷中比较详细地记述了晏公爷和朱元璋及汤和事迹：

渡江取闽

> 至正十七年，天兵既取建业，命将四出，攻取京口、毗陵、浙西等处。时毗陵乃张士诚之将张德为守，徐达屡战不利。太祖闻而亲率冯胜等十人往援，皆扮为商贾，暗藏军器，顺流直下。时江风大作，舟为颠覆，太祖惶惧乞神，忽见红袍者拖舟转仰沙上，太祖曰："救我者何神？"默闻曰："晏公也。"又曰："有船可济。"视之，江下果有一舟来，太祖呼之，即过以渡，开至半江，舟人执利刃示太祖曰："汝等何处客人，知吾名否？"太祖微笑而邓愈应声曰："稍工，毋送死耶？我等图大事者，汝欲富贵，当降以去。"舟人曰："汝非朱官人乎？"愈曰："然。"舟人

---

① （宋）不著撰人：《三教源流搜神大全》七卷《晏公爷爷》，长沙中国古书刊印社印本，1935年。

遂拜曰："吾辈江中剽掠，昨夜闻人呼我'兄弟，明晚有朱官人来，授汝一生富贵。'今日可知其豪杰也！"……又，吴四年二月，汤和既定方氏，欲由海道胜兵取福建，遇蓝面渔翁曰："子勿杀吾，指子攻之之路。"一宿倏抵福城，降至崇安，陈友定遣宁武战，和大败，参军胡琛为乱军所杀。和正无计间而渔翁又至，曰："明日子与沐英揲次出战。"明日，汤诈败，继之沐英夹攻，宁武死，友定闭门，为和云梯攻陷，平闽不过一月也。呜呼！前之渡江，神之救护圣君如彼；后之取闽，神之助引名臣如此，平治一统，岂非皆天之所为耶！

封晏公

国初江岸常崩，盖猪婆龙于下搜抉故也，以其与国同音，嫁祸于鼋，朝廷又以与元同音，下旨令捕尽，而岸崩如故。有老渔（过），曰："当以炙猪为饵以钓之。"钓之而力不能起，老渔（他日）又曰："四足爬土石为力，尔当以瓮通其底，贯钓緍而下之，瓮罩其项必用前二足推拒，从而并力掣之，则足浮而起矣。"已而果然，众曰："此鼍也。"老渔曰："鼍之大者能食人，即世之所谓猪婆龙。汝等可告天子，江岸可成也。"众问姓名，曰晏姓，倏尔不见。后岸成，太祖悟曰："昔救我于覆舟，云为晏公。"遂封其为神霄玉府晏公都督大元帅，命有司祀之。予以《尔雅翼》曰："鼍状如守宫，长一二丈，背尾有鳞如铠，力最遒健，善攻碕岸。"正符此也，又知晏公之封自本朝。①（着重号为笔者加）

上述有关晏公的事迹，即救护朱元璋渡江、助引汤和平闽、制服扬子鳄筑牢江岸，被郎瑛编撰在"国事类"中，亦可见其是民间神灵信仰得到正统认可的一个佐证。

清代赵翼的《陔余丛考》三十五卷"晏公庙"重点参考了《七修类稿》，记录了晏公救朱元璋渡江以及治猪龙婆而免江岸崩的事迹，云："常州城中白云渡口，有晏公庙，莫知所始。及阅七修类稿，乃知明太祖所封也。"②清光绪年间的《铸鼎余闻》当中也有类似的记载："入明，太祖渡江取张士诚，舟

① （明）郎瑛撰：《七修类稿》卷十二，上海书店出版社 2009 年版，第 127—128 页。
② （清）赵翼撰，曹充甫校点：《陔余丛考》卷三五，上海古籍出版社 2011 年版，第 701 页。

将覆，红袍救上，且指示以彼舟，问何人，曰晏姓也。太祖感之，遂封神霄玉府都督大元帅，仍命有司祀之。"并"洪武初以其阴翊海运封平浪侯"①。

由此可见，晏公爷从江西地方性水神演变成全国性的水神，是通过皇帝敕封而获得正统化的过程，也是明王朝通过民间信仰神祇祭祀管理，把地方纳入国家统治当中的例子之一。得到王朝敕封的神明，具备了象征正统的"魅力"，在地方上对具有正统性地位的神灵进行祭祀，成为地方标志自身正统地位的一个文化手段。

二　蒲城晏公信仰及其仪式

1. 蒲城晏公信仰

早在蒲壮所城建立之前，蒲门沿海一带已经存有晏公信仰。蒲壮所城是明代设立的沿海卫所，祭祀被明太祖朱元璋敕封为"平浪侯""神霄玉府晏公都督大元帅"的水神晏公更是在情理之中。晏公不仅是地方上最受民众喜欢和爱戴的神灵，有关晏公的迎神赛会也是当地最有特色的一种仪式。

晏公神庙在蒲城有两座，一为西晏公庙，位于所城的西门；二为东晏公庙，位于所城的东门附近。因此，西晏公庙中的晏公爷也被称为西门晏公，东晏公庙中的晏公爷则被称为东门晏公。西门晏公及其神庙的历史要稍长于东门晏公，地方学者金亮希先生根据流传下来的历史故事对西门晏公和晏公庙最初的来源进行了整理：

> 南宋时，蒲城称"上材"，溪边有一小神宫，神像只有30厘米高，小宫低小，人进出不方便。元末，蒲城至李家井原是海湾对岸，沿山麓一带百姓靠农业和渔业为生。当时，李家井的一位讨海人（渔民）出海到蒲城不远的一个岙口捉鱼，从天亮一直到中午，每次撒网总是捉不到一条鱼。一天，回家之前又撒下网，待拉网时，感觉有点重，他很高兴，拼命收网。等网拉上船时，就愣了，网上没有半条鱼，只见一根木头在里面。于是，他把木头扔到海里，再次下网，还不见有什么鱼虾，又是这根木头。一连数次都是这样，纳闷了，并自言自语道："木头，木头，今天我一条鱼都捉不到，你要是想跟我走归（回去），也要给我捉一些鱼，好称头，让我挑担

---

① （清）姚福均：《铸鼎余闻》卷二，巴蜀书社1899年版，第213－214页。

走啊!"说完接着撒了一网,一会儿真的拉上一网的鱼,他高兴极了。在下材园山尾(今沿浦镇)靠了岸,挑着鱼和木头去上材(今蒲城)菜市场卖。路过今蒲城西门街头的一座小神殿前,木头变得沉重起来,那讨海人无法挑着行走,只好放下担子歇一会儿。当再次挑担时,就再也挑不起来了,便对木头说:"你不想走,先在这儿休一会儿,等我把鱼卖了再带你回家。"等讨海人卖完鱼后,回到木头放置处,又搬不动那木头,于是他又对木头说:"你真不愿走,只好把你放在这儿了。"便把木头放在那里,顾自回家了。这时,周围的人提出好多的不同建议。木头到底作何用处? 有一位木匠出来说:"这截木头想留在小神殿里,当今晏戌子显灵于江湖、海滨,为何不塑尊晏公神像来供奉?"顿时,在场的人异口同声地应答:"好啊! 好!"接着便由木匠动斧,慢慢做成1米高点的晏公坐像,想安置在小神殿内。因小殿太小,于是又将小神殿扩大重建,供奉晏公为该殿主神,把原来的小神移到晏公的旁边,明初建城时便特意围在城内,这便是晏公与西晏公殿的由来。[①]

由此推测,民间的神灵信仰之所以得到传播,最原始的动力还在于神灵自身的灵验或灵威。西门晏公在元末被地方上的人塑像立庙加以祭祀,是因为当时他已经屡屡显灵。蒲城西晏公庙和晏公神像的这段传说,也刚好证明前面所说的,在得到明太祖朱元璋敕封之前,他已经在地方显灵,当地民众为其塑像和建庙早于卫所的建立,祭祀晏公是一个纯民间性的行为。被纳入国家祀典之后,他的神格提高了,明初建所城时特意将西晏公庙围在城内,这也是在空间形态上表现出来的神祇认可。和城隍信仰一样,得到国家认可的民间信仰已不纯粹是民间性的行为了,而是国家推行文明、教化地方的一种方式,也是民间在国家文明秩序中确定和提高自身地位、保持对文明中心认同的一种方式。

蒲城的晏公信仰伴随着晏公得到明王朝的敕封变得更加兴盛。和其他地方的晏公信仰相比,蒲城晏公信仰有着自己的地方特色:第一,它是和卫所相联系的。建造所城时,特地把最初的晏公庙纳入城中,位于西城门边上,成为卫所祭祀的神祇之一。

第二,除了西晏公庙之外,在卫所的东边还建有一座东晏公庙。一座小

[①] 金亮希:《苍南县蒲城"拔五更"习俗——2002年正月迎神赛会活动纪实》,载徐宏图、康豹主编《平阳县苍南县传统民俗文化研究》,民族出版社2005年版,第445—446页。

所城同时建有东西两座晏公神庙，是全国少有的，也从侧面反映出了晏公信仰的兴盛。地方上认为东西晏公庙在司职上还有所分工，西门晏公主要保佑平安和渔事，东门晏公主要管农事。关于蒲壮所城为何有东西两座晏公爷庙，亦为当下构建地方历史记忆和想象提供了巨大发挥空间。

第三，每座晏公庙里面晏公爷的神像多达四尊，地方上亲切地称他们为大老爷、二老爷、三老爷、四老爷。[①] 据说，原本每个神庙里面只有一尊神像，那就是老老爷，他平时坐在大老爷左边，不参与拔五更活动，也没有自己的头家。他最初是大老爷，后来因年迈而"退休"，成为老老爷。"在职"的四位老爷，大老爷的体积最大，坐像约 1 米高，二老爷、三老爷、四老爷体积渐次而小，最小的四老爷坐像约 0.5 米高。一座神庙中摆放这么多同一个神祇的雕像，一种说法认为那是民众们觉得庙里的晏公多了，保佑的能力就更强大了，从侧面反映晏公信仰在当地的兴盛。

第四，东西晏公庙的各位老爷都有自己的"头家"和"头家组织"，也叫"首事"和"首事会"。首事们的分组单位被当地称为"扇"，具体有东关大扇、东关二扇、东关三扇、东关四扇，西关大扇、[②] 西关二扇、西关三扇、西关四扇。一种普遍的看法是，因为信众多，大家都想成为晏公爷的头家，于是头家们就分了组，相应地就出资塑造了对应的老爷坐像，这也形成了蒲城晏公庙的一种独特的创设：东西晏公庙中会有大小不同的四座晏公神像。历史上每位晏公爷都有自己的田地和房产，其所出作为老爷活动的主要经济来源。根据金亮希先生的调查，东关大扇有五亩田，二扇有三亩，四扇有二亩半。[③] 每一位老爷都有自己的头家组织，参加头家组织的头家们有责任和义务负责与老爷相关的各类事务，尤其是每年的重点活动"拔五更"。首事们要在 12 月中旬便从东西两庙头家中推举出 11 名首事，组成拔五更活动的首事会，负责总体的指挥、协调和调度。11 名首事的组成，一般情况下是两宫大扇各五人，二、三、四扇各2 人，并从中选出 3 人为总负责人牵头领导拔五更的筹备、活动程序和范围制定、元宵灯彩等各类制作、秩序维护、各方的协调统筹和接待、赠品和红包账

---

① 另外的叫法是西门四座晏公叫西门大扇、西门二扇、西门三扇、西门四扇，东门的就叫东门大扇、东门二扇、东门三扇、东门四扇。

② 笔者调查期间，西关大扇还分为西关大扇西门街组、西关大扇城北组、西关大扇西门外组。

③ 金亮希：《苍南县蒲城"拔五更"习俗——2002 年正月迎神赛会活动纪实》，载徐宏图、康豹主编《平阳县苍南县传统民俗文化研究》，民族出版社 2005 年版，第 445 页。

务收支及公布等工作。这是神祇信仰得以长久维系的组织基础和物质基础。

表 7-1 2008 年公布东西晏公庙首事组织和人数①

（单位：人）

东晏公庙各扇首事				西晏公庙各扇首事					
东关大扇组	东关二扇组	东关三扇组	东关四扇组	西关大扇西门街组	西关大扇城北组	西关大扇西门外组	西关二扇组	西关三扇组	西关四扇组
60	40	21	32	17	27	21	55	46	50

上述晏公爷的首事组织和人数亦体现晏公信仰在蒲城广泛的群众基础，这与其自身灵验性有直接关系。其中有一件涉及整个地方"求雨"仪式，蒲城宗谱中有相关记载，笔者在田野中也获得了相关的口述资料。根据《倪氏宗谱》中记载：清嘉庆二十年五月初一开始干旱，城内聚集首事，先是设坛于城隍庙求雨。六月十六日到双涧请龙王，但是到了七月十五依然干旱不沛。于是当时年逾古稀的倪一水，诚心到坛，对众首事宣说，要求下午移坛到晏公庙，自己次日戒斋作疏文，诣潭投告。如此求雨，无不应验。后来城中民众遵照此法，移坛到晏公庙，一水先生作疏文，于次日"五更投文，忽油然作云，立刻倾注，田已优渥矣"②。设坛城隍庙求雨未成，而把坛转设到晏公

---

① 首事人数不是固定的，2007 年的普查表记录，共约 580 人（不定），东西宫各 290 人，各宫又分大扇 120 人、二扇 60 人、三扇 50 人、四扇 60 人。

② 　　　　　　　　　　　　《一水先生求雨文》

嘉庆二十年（1815）五月初一起旱，城内聚集首事设坛城隍庙祈雨。六月十六日到双涧请龙至，七月十五未，沛公年七十，诚心到坛谓首事曰，众位，若下午移坛入晏公庙，弟明日斋戒进城，自作疏文诣潭投告，无不应验。即午全振辅公冒日上潭，五更投文，忽油然作云，立刻倾注，田已优渥矣。

其疏曰：

伏以

赞天地之化生，其德斯大，应下民之呼吁，其灵乃昭。然，应呼吁无如早救稿苗而赞化生，惟在亟行时雨。

本年旱魃肆灾，非瓯一郡，官民祈祷，非蒲一村。如昊天不佣耗斁下土，何四地均蒙恩赦而独靳此尾都，抑民实不谷，罗致鞠讻，而一都口计万余。宁乏二三良善，降罚同时开恩？异日，此中情节，简在圣心。如不可求驾不宜轻出，倘容感格恩，更望其早施。未经苦告固置不闻，既切哀号当生怜悯，胡为驾临弥月大沛未沾？仰望万家，密云徒叹，非敢冒干实所不解，呜呼。

山川涤涤，蕴隆虫虫，蒙灌溉而望，今岁之西，成田不漏，百姓炎赫而待来年之东作户计，几千稿者无望，其苏生者尚虞其死。念罄室之空悬，惨民生之无赖，某等因势迫时穷计无复，出缘为三叩灵官，再敢渎听，伏冀恩赐，周观垂怜，涸辙及时降泽，油然渤兴之苗，过此施恩已属芊绵之草，替天行道，速显灵通，下民托生，亟为俯膺。谨投

庙并求雨成功，从一定程度上反映了晏公爷的灵威性以及他在蒲城备受推崇的地位。

除了嘉庆年间的求雨文字记录，还有一则笔者田野期间获得的，有关1953年左右的晏公求雨的口述资料：

> 1953年部队全部住在东西（晏公）庙里，有很多部队。天干旱，没有下雨，火都烧起来。就求雨。一开始到五顶山，东门老二、西门老二、太阴宫娘、城隍爷，四尊都是穿白衣，四尊抬到城隍庙立面，明天要求雨。还有一个龙头。要走路的，求雨那天太阳晒得很厉害，都没有戴帽子上山。打三个杯，做求雨……
>
> 第二天太阳还是很大的，龙抬在前面走，雨就跟在后面。……到了城隍庙的时候雨就下得很大了。到了第三天，雨有半桶水那么多。
>
> 部队里的人也觉得晏公爷好灵。他们都写信回家问家里有没有下雨，其实就我们这里下雨了。……把这个求雨的告示贴到哪里，雨就下到哪里。①

关于晏公灵验性的记述还有很多。② 每年捐赠服装给参加拔五更活动的华彬彬夫妇，认为自己的公司之所以近二十年来都非常顺利和平安，业绩每年都递增，是因为有自己家乡晏公爷的庇护。虽然远在福州经营内衣厂，但他们没有一年中断过参与晏公拔五更仪式和对仪式的捐赠。

2. 独特的正月迎神赛会

上述之外，最能体现蒲城当地晏公信仰的兴盛之处，还在于极具地方特色的晏公爷迎神赛会。

蒲城晏公的正月迎神赛会别具特色，独一无二，历经几百年，至今依然长盛不衰。迎神赛会的形式具体起源于何年何月，目前无从考证。一说是源于明初建城后，为了锻炼士兵身体，每年举办赛跑活动，逐渐变形成了两队竞跑的迎神赛会形式，并延续了下来。③ 一说是明末清初沿海地区

---

① 田野访谈资料。访谈对象：ZAG，访谈日期：2008年3月24日，访谈地点：ZAG家附近。

② 见本书第四章中的相关记述。

③ 金亮希：《苍南县蒲城"拔五更"习俗——2002年正月迎神赛会活动纪实》，载徐宏图、康豹主编《平阳县苍南县传统民俗文化研究》，民族出版社2005年版，第436页。

"展界"之后，进入雍正、乾隆年间，人们的生活日益安定，为了完善晏公爷的迎神赛会的活动，当时地方上一批知识分子精心设计，后成了东西二队相互竞跑，相互促进，年复一年，日久成为定例。① 无论出于何种原因，有着东西两座晏公庙，并形成东西两队晏公竞跑的迎神赛会，成为蒲城最为热闹也最具特色的民间信俗活动。

整个迎神赛会（即现在所称的"拔五更"）是从正月初四开始一直持续到正月十九才结束，前后长达十六天时间，大体分为以下几个程序：

初四上午东西晏公殿还杠还红、② 晏公下殿及坐硬轿、做下殿福道场，下午晏公与民同乐，晚上游街串巷（找巷）、拔天申（试跑）；

初五、初六的白天晏公与民同乐，晚上继续游街串巷、拔天申；

初七上午晏公换坐软轿，下午受拜受礼，晚上进行游街串巷、落人家；③

初八至十二的白天出乡讨红（收红包），晚上游街串巷、落人家，这当中在初十、十一或者十二中选择一天晏公回娘家探亲；④

十三、十四，白天受邀出巡、讨红、化香烛钱，晚上闹花灯、抬阁、游四门、看戏；

十五白天依然（在城内）讨喜彩、化香钱，晚上六点到七点半开始闹花灯、抬阁，七点半到九点半的时候晏公爷换坐硬轿、坐落公馆，九点半到十一点，吃五更饭，十一点到十一点半左右做五更福道场，十一点半到十二点光景开始东西殿两队晏公神的赛跑，即"拔五更"，抢杠（抢杠是头家首事之外的人家，包括外地的人来抢的），完毕，大概凌晨以后半个小时内游四门。

十六上午晏公受礼、东庙做斛，午后晏公洗澡，接着便送甲香，晚上七点到七点半游四门、放鞭炮，八点半到九点抢红，九点半到十点，

---

① 林培初：《蒲城元宵迎神民俗纪实》，载潘一钢、金文平编《温州文艺大观：民间文艺理论》，西泠印社出版社2005年版，第215页。

② 所谓"还杠还红"，即去年抢到木杠和红布的人家把木杠和红布还到东西晏公庙中。

③ 所谓"落人家"，即有家户要求晚上把晏公爷的神像请到家中，一来可以保佑家庭人丁，二来当晚晏公爷也无须回到庙中。

④ 晏公爷娘家即李家井，最早用来塑晏公爷像的木头是在李家井拾到的，因此李家井被认为是晏公爷的娘家。

上殿福道场、安香火（西殿到此结束），十点到十二点东庙打爻杯、问卦、安香火；

十七日上午整理物品、准备午宴，中午吃福酒，下午结账和张贴公布表；十七到十九的晚上，东庙西殿各派代表到对方庙殿相互进行礼拜。①

由此可见，晏公神显灵于蒲城并成为当地最主要的地方神灵，一方面是神灵自身的灵验性所致；另一方面它经由朝廷敕封所获得的正统性，也使得实践晏公信仰成为地方获得华夏正统的一种文化标志。历史上的拔五更除了是根据地方历史创设、具有自身特点的仪式之外，也是通过仪式创设把自己纳入传统帝制国家文明体系的文化实践。"换而言之，晏公信仰在蒲城的发展以及有关他的仪式活动，是地方精英借助神灵的灵威性和正统性，对其进行的一种文化创设活动，它既是地方自主性的一种信仰活动，也是地方华夏化的一个组成部分。"②

事实上，在任何一个文明体系中，文化经常是被作为区分和认同的方式。因此，具有正统性象征的仪式活动，不仅是地方本身获得正统性的方式，同时也是进行自我认同、建立地方中心、区分中心与边缘的方式。在蒲门，蒲壮所城正是在实践这种被朝廷所鼓励的仪式活动，并且力图在规模、形式、气氛上都能接近华夏或者说正统。于是，在传统帝制国家的一个边陲地区，蒲壮所城通过对华夏文明中心进行认同，把自己整合为华夏的一个组成部分，并以此来成为地方的中心。这个地方中心，既在华夏体系之内，又有其自身的自主性。③

三　作为非遗的拔五更叙事与实践

蒲城拔五更如此独特的迎神赛会仪式，使其在 2007 年成功申请入选"浙

---

① 转引自林敏霞《文明的进程：一座所城的文化与仪式》，博士学位论文，中央民族大学，2009年，第46页。另外，整个仪式的详细过程还可参见金亮希《苍南县蒲城"拔五更"习俗——2002年正月迎神赛会活动纪实》，载徐宏图、康豹主编《平阳县苍南县传统民俗文化研究》，民族出版社2005年版，第434—499页；张琴：《乡土温州》，浙江古籍出版社版2003版，第72—103页；林培初：《蒲城元宵迎神民俗纪实》，载潘一钢、金文平编《温州文艺大观：民间文艺理论》，西泠印社出版社2005年版，第214—220页。

② 林敏霞：《文明的进程：一座所城的文化与仪式》，博士学位论文，中央民族大学，2009年，第46页。

③ 林敏霞：《文明的进程：一座所城的文化与仪式》，博士学位论文，中央民族大学，2009年，第46页。

江省第二批非物质文化遗产名录"。作为"非遗"的拨五更,一方面需要在叙事上与国家军事文保单位的蒲壮所城及其抗倭历史文化达成一致或者建立强关联;另一方面也面临如何进行"非遗"保护和传承的实践问题。

1. 拨五更与抗倭叙事构建

如前所述,关于蒲城为何以及何时建有东西两座晏公庙,并形成东西两队晏公正月迎神赛会,历史上并没有留下明确的文字记录,也没有明晰的传闻或故事。在拨五更只是单纯作为地方信俗加以实践的时候,这段历史叙事的缺失并不构成问题。然而,一旦蒲城确立为国家"文保单位",是历史抗倭文化名城,地方就需要对东西两座晏公庙以及拨五更起源的这段历史加以描绘、推测,以论证其与抗倭历史文化之间的相关性。这种叙事的建构在拨五更从"前非遗"到"非遗后"的过程中有着较为明晰的轨迹。

笔者在田野期间,蒲城退休老教师林培初老先生,也是文保会发起人之一,曾经提供给笔者他自己书写的关于蒲城拨五更起源的文字,这段文字具有一定的推测性,同时还不那么具有"军事性",更多体现的是地方老人对于具有农耕时代经济文化中心的蒲城的"历史想象"。这段文字被收录于2005年出版的《温州民间文艺理论》一书中,并且依然以"蒲城元宵迎神民俗纪实"为题目,而非以"拨五更"为题目。与此同时,其表述的观点具有"前非遗时代"的社会记忆:

> 明代由于沿海一带经常受到倭寇骚扰,人民得不到安居乐业,全部精神投入抗倭。入清以来,清王朝又因控制郑成功北上,对当地实行"迁界",于是美满家园成为废墟。康熙二十三年复界,回乡重整家园,经过20余年的努力整顿,人民生活开始从动乱转向安定,并逐渐走向富裕,祈神保太平的愿望更加强烈。当时又加上地方上一些人士的精心设计,为了完善活动体系,与此同时又出现了东晏公主管农事,于是形成了东西二队相互竞赛,相互促进,年复一年,日久成为定例。这一套民俗活动,约在清雍正、乾隆年间形成,二百余年来一直照例延续到今天。[1](文内着重号为笔者加,下同)

---

[1] 林培初:《蒲城元宵迎神民俗纪实》,载潘一钢、金文平编《温州文艺大观:民间文艺理论》,西泠印社出版社2005年版,第215页。

另外，笔者在田野中随机访谈了蒲城当地的老人，其口述内容也没有涉及抗倭历史或与军事相关的描述：

> 大概是到乾隆的时候，逢盛世，农业丰收，人口增加，家家户户都富裕起来了。这个时候，想当首事（头家）的人增加了，只有一个老爷还是不够，于是逐渐增加到了四个。后来，又建立了东晏公庙，两边的正月十五赛跑就开始了。①

同样具有"前非遗时代"社会记忆的描述，体现在原温州非遗中心主任杨思好先生在早年对蒲城的田野调查报告中，其报告上的记录与前述内容基本一致：

> 至于为什么盖上两座庙，一座庙为何供养4尊晏公爷？蒲城人尚不能明确作答，亦无文字资料可查证，只知道西庙修建时间早于东庙。据当地乡绅考证并卷写纸上悬挂在西庙的修庙时间表，西庙建于南宋（1127—1279），最早是个小神庙，元末明初（1279—1368）重建，明万历年间（1573）再次重建庙宇。至于"拔五更"源于何时、何事，何时与"庙公"发生联系？亦已失。蒲城人说，郑成功二入蒲城筹饷，为了断绝蒲城与郑成功的关系，清廷于顺治十八年颁下"迁海令"，强迫蒲城人内迁十里以外，并且一把火烧尽城内房舍、书籍等等，直至康熙二十三年才准予回迁，这就使蒲城的历史出现断代，回迁前的文字记载尽失。蒲城人只知道自回迁始，蒲城便有两座晏公庙，每座庙里供奉4尊晏公爷，每年正月十五"拔五更"。在寺庙林立的蒲城，"晏公爷"的地位最为尊贵，始终是"拔五更"活动的主角。②

同样，在2006年开展的浙江省民族民间艺术资源普查登记表中，对于拔五更之起源、起因亦表示无法确认：

---

① 田野访谈资料。访谈对象：蒲城老人（佚名）；访谈日期：2008年3月；访谈地点：蒲城城内。
② 杨思好：《蒲城的"拔五更"调查报告》，内部文件，未刊稿。

明洪武二十年（1387年）信国公汤和奉明太祖之令修建蒲城。拔五更，是蒲城独有的大型民俗活动。起源于何时，已无法确认。根据城内传说、实物佐证和活动形式推定，应源于明抗倭时期，演绎至今数百年，除"十年文革"外，年年举行，从不间断。[①]

2007年，在"第二批浙江省非物质文化遗产名录"申报书中，依然记录着拔五更起源是"谜团"：

拔五更活动世代相传，年年举办，除了"文化大革命"期间，从未间歇。由于历史悠久，起源于何时，现已无法确认，根据民间传说、实物佐证和活动形式推定，应源于明抗倭时期。……对于晏公的信仰相关的民风民俗均较为独特，拔五更活动本身与周边地区的民俗活动也大不一样，没有任何相似相近的地方，拔五更的形成、发展也仍然是一个谜团，揭开拔五更活动形成与发展的秘密……

但是，这份"非遗"申报书在拔五更的价值论述部分，已然明确肯定了拔五更与抗倭历史文化之间的关联，认为："其中含有的抗倭精神和抗倭文化，更是先进文化建设的良好积淀。拔五更活动活动周期长、内容丰富、形式独特，其基本内容表现了明代抗倭民兵练兵和庆祝胜利的情境……""拔五更活动又是一项与抗倭战争有密切联系的民间活动，其中所蕴含的抗倭文化与抗倭精神，富有丰富的爱国主义内容"。[②]

在正式的"非遗"申报书之外，较早把蒲城东西两个晏公庙迎神赛会与军事性因素相关联的叙事见金亮希先生所述：

一说是源于明初建城后，为了锻炼士兵身体，每年举办赛跑活动，逐渐形成了迎神赛会两队竞跑的形式，并延续了下来。[③]

---

① 参见《浙江省民族民间艺术资源普查登记表》，2006年。
② 参见《第二批浙江省非物质文化遗产名录申报书·蒲城拔五更》。
③ 金亮希：《苍南县蒲城"拔五更"习俗——2002年正月迎神赛会活动纪实》，载徐宏图、康豹主编《平阳县苍南县传统民俗文化研究》，民族出版社2005年版，第436页。

随后，伴随蒲壮所城国家文物保护单位保护工作的不断开展，作为国宝单位内部的非物质文化遗产"拔五更"，在缘起叙事上就越来越明确地和抗倭历史文化联系在一起。

录制于 2017 年、获评"2019 年全国非遗影像展十佳推荐影片"的纪录片《拔五更》则更加明确地把这一仪式与抗倭军事历史文化联系在一起，其中一位文旅局的领导，也是该纪录片的总监制之一如此口述：

> 民间晏公信俗我们沿海地方都有，唯独我们蒲城有拔五更的民俗活动。一方面，蒲城这里是灾难多发的地带，它是祈求神灵的护佑。另一方面是倭寇海盗经常会骚扰蒲城，所以，拔五更有现在军训的这种元素在里面。①

该纪录片中的另外一位口述人，也是该纪录片的民俗顾问蔡瑜先生，则更为详细地推测了仪式的历史成因：

> 拔五更的历史，我觉得应该是先有晏公信俗，晏公信俗在明代，属于受到朝廷政权推广的。从目前的这些史料来看，明代，特别是卫所这一条线，对晏公信俗的记载还是相当丰富的。蒲壮所，或者说最初叫作蒲门所，作为这个卫所系里的一个环节，自然也不可缺少晏公信俗。后来因为壮士所的并入，就导致了蒲壮所至少出现了两支部队，两支部队就极有可能出现两方的晏公。所以我觉得蒲城之所以有西关和东关两处晏公庙，和当年壮士所并入蒲门所有很大的关系。若这个关系可以成立的话，两支队伍进行拔五更的活动，应该是壮士所并入蒲门所后才形成的。②

蔡瑜先生的这种推测并非没有根据。笔者在查阅当地族谱时，发现马站城门《沛国郡朱氏宗谱》记载有"正统八年（1443 年）奉旨划蒲门所池东给壮士所官兵栖止"。如此，蒲城东边的东晏公庙极有可能是壮士所官兵移入蒲

---

① 参见华松国（苍南县风景旅游局副局长）在 2017 年录制的《拔五更》纪录片中的口述。
② 参见专栏作家蔡瑜在 2017 年录制的《拔五更》纪录片中的口述。

城东边时所建立的。

按照这种逻辑,蒲城东西晏公庙中之所以各有四扇晏公,也可能和所城队伍的编制有关系,也就更能说明蒲城晏公信仰及其迎神赛会仪式的独特性与历史上抗倭军事的相关性了。

笔者详细呈现了有关蒲城拔五更的各个叙事文本,展现其与蒲壮所城抗倭历史文化建立关联的过程,并非意在批判所谓建构的"虚假"问题;恰恰相反,笔者甚至认同这种推测和建构。学界已经承认没有所谓绝对真实或者本真,真实自身也是一个社会建构的概念,具有情境性。在建构主义的旅游情境中,学者们认为真实分为传统真实、替代真实和再生真实。① 其中"传统真实"被界定为文化和仪式相关要素和符号是能被识别和标志该民族或族群相对客观的真实。蒲城的地方学者在对拔五更的起源叙事中,指涉的要素也是基于明代抗倭卫所的客观真实,即便是一种建构,也是一种偏向于传统真实的建构,历史是在这种建构中层层积淀的。蒲城正是在"文保单位"和"非遗"保护的特定条件下,借助地方的传统真实来建构和强化自己的历史叙事,夯实地方认同的基础。

2. 非遗视角下"拔五更"的保护和发展

笔者 2008 年在蒲城做田野调查的时候,关于晏公爷拔五更仪式,有这么一则田野笔记:

> 显然,这次出巡规模远不如金亮希记载的 2002 年出巡情况。至少在队伍规模上,少了东庙的大旗、四个虎头牌、二十多个扮戏的,只有香亭而没有香斗,也没有彩车。最糟糕的是,东门四扇的老爷一开始居然还组织不到人抬,另一种说法是没有时间上来(按:就是南下做生意的人回蒲城的意思),或者没有通知到位,来晚了。我心里感到难过。
>
> 不过,除了到各地的庙点拜访外,那些结婚、生子、上大学的人家前面还是很热闹的,不仅老人家迎拜,也不乏年轻人点香叩拜老爷,倒是有点令我感到温馨和感动(联结在一起的地方感)。

---

① 韩璐、明庆忠:《少数民族节庆仪式展演的文化象征与建构主义旅游真实性研究》,《旅游论坛》2018 年第 4 期,第 12—20 页。

我看到抬老爷软轿的人，大多是50岁以上的老人，只有少数几个是年轻人，其中一个是从三亚回来的西门大扇的头家华煌。我有点心疼这些老人。而且由于人数少，也不像过去每扇老爷严格都有两班替换人员来换班。

　　我很担心，在若干年之后，为老爷挑担的人是不是还能叫齐。有些老人解释，年轻人都不想抬，太辛苦了。华煌也说，自己现在都不干体力活，这个担子挑起来实在很辛苦。

　　另外，太阴宫的金阿公也和我谈道：“我们以前天天干活，身体很好，有力气。现在年轻人出门坐车，重体力活干不了，怕吃苦，懒了。所以拔五更的年轻人就少了。”

　　老爷是不能放在地上的，整个出乡的过程，我没有看到老爷被放到地上过，实在抬不动的时候，就让现有有限的人顶换解决。①

　　这是笔者作为田野者的一次直观观察和部分访谈的记录。当时非物质文化遗产的概念还不像现在这么普及，因此，这份记录更加直观地反映了在市场化、城市化、现代化进程中，拔五更仪式实践和传承上出现的参与主体老龄化、年轻参与主体身体实践能力下降等在“非遗”传承中为共通性的问题。这种直观的观察也在拔五更的省级“非遗”申报书上得到了印证。申报书在“濒危状况”一栏中写道：

　　　　拔五更活动老一辈组织年龄老化，年轻人大多出外工作，活动组织后继无人。拔五更活动中的“公婆跳”“大头福娃”等具有特色的民间性文化活动项目无后继者，拔五更活动濒临消失。②

　　不过和实践主体的身体参与程度和水平下降相反，“出钱的人还是有的，就是没有人出力了。出钱是无所谓的，香火还是很旺盛的”③。

　　随后几年间，笔者依然继续关注着蒲城拔五更后续传承和发展的情况。

---

①　笔者蒲城田野笔记资料，2008年2月16日。
②　参见“第二批浙江省非物质文化遗产名录”申报书之“蒲城拔五更”。
③　田野访谈资料。访谈对象：JQY，访谈日期：2008年2月19日，访谈地点：蒲城太阴宫。

在全国"非遗"保护热和文旅发展战略的推动下，整个苍南县也在积极开展文旅产业和"非遗"保护工作。蒲壮所城及其拔五更一直是苍南县文旅产业和"非遗"保护工作的重要组成部分。

图7-1 非遗保护下的"拔五更"①

2012年位于蒲壮所城内的龙门村被列为"浙江省非物质文化遗产旅游景区"（民俗文化旅游村），其所依托的最主要非物质文化遗产项目便是拔五更。同年，村人集资重修晏公古戏台。接着又利用原来的古建筑修建以"一馆两堂五室六堂"为基本格局的龙门村义化礼堂，礼堂中专门设立了省级非物质文化遗产"拔五更"民俗展示馆，以时间为脉络，向村人、游客展示拔五更的历史和文化。2016年，龙门－金城村入选第五批浙江省历史文化名镇名村名录。龙门村的总体环境得到了很大的改善，在这一改善的过程中，结合拔五更，提炼出了"龙门精神"村落文化核心。2017拍摄录制的纪录片《拔五更》在"人文中国——家园奖"获全国纪录片二等奖，又获评"2019年全国非遗影像展十佳推荐影片"。2018年又出版了《蒲城乡土建筑》《蒲城历史任务》《蒲城拔五更》等文化遗产丛书。

2016—2021年每年的苍南县政府报告以及旅游业发展报告中，都提及如何把蒲城的拔五更更好融入整体的文旅开发、品牌节庆活动中。苍南县政府和文广新局明确地把打造文旅体节庆活动品牌作为政府工作计划，着重培育一批具有苍南特色的旅游节庆品牌，包括马站采摘节、蒲城拔五更、畲族三月三、矾都明矾节、金乡卫城抗倭文化节等，蒲城拔五更是一直被提及的重点"非遗"项目之一。

---

① 图片来源：金子友《"蒲城元宵"拔五更"迎神赛会，你看过吗?》，载"温州古道"微信公众号，2022年2月17日。

截至目前，苍南县的文旅事业已经得到了相当的发展。在 2020 年新冠疫情爆发之前，全县上下紧紧围绕打造"浙江山海生态旅游目的地"全域旅游目标已经呈现较为强势的发展势头。2017 年年初，苍南被列入"浙江省首批全域旅游示范县创建名单"。前三季度全县接待游客 820 万人次，旅游总收入 66 亿元，同比分别增长 41%、29%，创历史新高。① 在苍南县的总体规划中，希望到 2025 年，游客总人数达到 2500 万人次，旅游总收入达到 250 亿元，旅游业增加值占全县 GDP 比重达到 12%。②

蒲城拔五更作为民俗类的"非遗"具有强时空性。在非物质文化遗产保护和全县全域旅游发展的推动下，近年来也吸引了越来越多的游客、记者、摄影师来到蒲城，尤其是在春节拔五更期间来感受蒲城特有的年味。整个蒲城在旅游凝视下，对于拔五更的保护和延续也从原来的自发重新变得自觉。③

四 结语

一个地方社会有其自身的历史、文化和仪式，但它的历史、文化和仪式又和更大的社会结构、文明联系在一起。晏公巡城是蒲城最具标志性的一项民俗实践活动，一方面来自历史以来民众对于晏公灵验性的直观感受和尊崇；另一方面也因为传统正统王朝的正式敕封，使得实践晏公信仰具有正统性，是地方社会在传统时期把自己和华夏文明中心相互联系的一种文化方式。进入现代社会以后，历经传统的"断裂和复兴"，在"非遗"的语境中，蒲城的晏公信仰以"非物质文化遗产"的身份，再一次获得了"正统"的身份。借着"非遗"的符号正统性，蒲城的地方学者也积极地建构着拔五更和蒲壮所城抗倭历史文化关联的传统真实叙事，强化地方社会的历史感和认同感。地方传统的仪式和信仰成为文化资源，它以地方性的怀旧形式来展演地方的荣耀，在坚守地方仪式中延续地方的历史感。

---

① 《苍南（马站）全域旅游暨蒲壮所城保护与利用高峰论坛举办 各路专家共商苍南旅游发展大计》，2017 年 11 月 28 日，苍南新闻网，https://www.cnxw.com.cn/system/2017/11/28/013189047.shtml，2022 年 2 月 23 日。

② 苍南县发改局：《苍南县产业发展"十四五"规划》，2021 年 9 月 11 日，苍南新闻网，http://www.cncn.gov.cn/art/2022/1/11/art_1229566222_4013371.html，2022 年 2 月 23 日。

③ 不过，2020 年新冠疫情以来，晏公爷已经有三年没有下殿，拔五更活动也停了三年。

　　诸如拔五更这样的地方传统仪式或者说非物质文化遗产, 具有强地方时空性, 因而形塑了人们的地方感, 是赋予人们家园感的重要途径。通过积极的"非遗"叙述建构地方感、强化地方感, 成为对抗现代性所内含的碾平世界趋势的一种力量和方法。

第八章　桃花仙姑：一个地方草根信仰
实践的故事

在蒲城众多的神庙中，神庙所供神灵的灵验性常常是通过"童子"（即巫觋，下文不再注释）来体现的；反过来，童子的"灵验性"也能为新生的一个民间草根信仰对象建立起一座地方的神庙。笔者在蒲城田野中访谈和观察过三位曾经或现在是童子的当地人，也在更大的温州范围内了解巫觋的传统和实践。在笔者看来，对于地方社会巫觋传统和现象的民族志考察，可以为灵验性作为民间信仰发生发展的原生动力提供一种解释。与此同时，在蒲城这个国家级的"文保单位"，一个地方草根信仰的生成和实践又与具有"国家"性质的文化遗产形成了相互交织和日渐同构的经验过程。

"桃花仙姑"是蒲城一个新生的地方草根性信仰"童子"，或者说"童子"是桃花仙姑灵验性得以传达的媒介，通过童子的活动，桃花仙姑的灵验性不断被累积和扩大，从而由一个在个人家庭神龛里被供奉的神灵提升为在社区公共祭祀庙宇中被供奉的神灵。在这个过程中，又因为蒲城特殊的地理环境及国家"文保单位"的性质，这位新生草根神灵被供奉入了在传统社会中具有正统性的太阴宫中。

此外，灵验性之所以能作为一种持续的动力机制在温州地方社会产生作用，还与被笔者称为"泛伦理主义的地方性文化观念"相关。"泛伦理主义"是一种超越人类中心主义的伦理感情，这种情感方式不仅使民众满含敬意和喜悦地接纳神明的到来，并纳入自己的崇拜体系中，使之成为地方社会的组成部分，同时，祭祀神明还被视作社会伦理和德性构建的组成部分和促进机制。于是，神明的灵验性与泛伦理主义文化观念的包容性两者的结合，使得社区呈现出宗教灵性和社会德性相互促进的景象。

一　草根信仰的传统

自古以来，浙江温州苍南一带巫风甚盛，学者概括为"好巫敬鬼之特色"①。在蒲城，巫觋活动被称为"跳童"。当地很多人在描述跳童的时候，把它看成一件颇为自然的事情，认为这就是生活中会出现的，是人们生活的一个部分。人们对于跳童有着一句本土的说法："佛上人的身了。"在笔者短短数月的田野期间，就曾亲眼见到数个跳童的人。根据已有的调查，在苍南地区，对于男巫和女巫的称谓有所区别，一些地方称女巫为"灵姑""神婆"，称男巫为"灵哥""童子""童身"等。②在蒲城，男巫一般被称为"童子"，女巫则被称为"仙姑"，但当地人有时候不分男女，统称他们为"童子"。"童子"活动的时候就称为"跳童"。

根据当地人叙述，一座神庙或者说该神庙中的神灵有名气的时候，神庙的头家会特意组织"观童"的活动，为其寻觅"童子"。具体的做法是，头家请来法师③做法，让神灵从在座的人当中找一个"有缘人"上身。如果第一天没有"观"成功，那么第二天再换一批人来"观"，顺利的话一两天内便会找到"有缘人"，不顺利的话则要持续十几天。如果一直不能找到"有缘人"，那么不论是法师还是头家都会失去信心，暂时停止"观童"的活动，等过一些时日再重新组织进行。一旦"观童"成功，童子便开始"坐堂"，相当于开业，或为人看病，或为人算命、测事情等。

童子坐堂一般是在神庙当中进行，坐堂的收入一般为童子以及法师④所得。来"问童"的人会分别包红包给童子和法师⑤。神庙本身并不能从"问童"事情上得到收入，而神庙头家更无经济利益可言。头家之所以会组织法

---

①　王春红：《明清时期温州宗族社会与地域文化研究》，中国社会科学出版社 2016 年版，第 300 页。

②　林子周、郑筱筠、陈剑秋：《苍南县江南垟"灵姑"信仰调研报告》，2008 年，未刊稿。

③　这个时候请的法师，地方上的人认为他们比较有"手底"，即比较有功力、有功夫。与一般正一教做道场的师公不一样，他们除了供奉三清之外，还要供一位名为"玄天真武（母）大帝"的神灵，该神的形象通常是手持宝剑于头顶，脚踩龟蛇，是专职抓妖驱邪的；也有的神像没有这么面目狰狞，是普通的坐像，只是在其香炉上写有该神的名号。通常，在五显庙里面会供奉此神。

④　这里的"法师"与那种有"手底"的法师并不一样，只是童子身边的协助者，为问童的人解释童子所说的话，另外还做书写、记账等工作。民众称之为"法师"，更多的是一种尊称。

⑤　红包当中的钱数多少和不同时期的经济情况相关。1949 年，大概只给 2—3 毛，到了 20 世纪七八十年代，童子的红包一般是 3—5 块，现在则是 5—10 块，有的会给 20 块，甚至更多。

师来为庙神"观童"，通常出于神庙的香火和名气考虑，把这个事情作为地方上的公益来对待，神庙活动所需要的资金通常是由头家集资或者由头家发动社会共同集资所得。因此头家所获得的更多是名声而非实利。

民国《平阳县志》里也记载有巫觋或神汉的活动。地方上的口述资料亦表明，从中华人民共和国成立以来一直到现在，蒲城的童子没有中断过，当地一些大的宫庙，如晏公庙和太阴宫等都有自己的童子。现今地方上的人普遍知道的最具名气的童子有三个。最早的一个是太阴宫陈十四娘娘的童子，男性，现今已经是77岁高龄了；其次是牧牛大王的童子，也是男性，35岁左右；还有一个是当前最有名气的桃花仙姑的童子，女性，40岁左右。[①] 前两名童子现在已不从事坐堂活动了，最后一位女性童子的活动是近几年的事。田野期间，笔者得以参与观察这位桃花仙姑地方性活动的整体情况，因此，笔者将重点以这位桃花仙姑为例，来叙述蒲城地方上这一"原生性文化"的情况。

根据当地人的估算，在蒲城乡所在的马站地区"神灵附体"的人数不少，大概有50人左右，不过其中能专职帮人问事或看病的人却比较少。于是，当专职为人看病的"桃花仙姑"到来之后，很快就成为当地乃至整个苍南县名气很大的仙姑。

二 地方草根信仰的实践过程

1. 初遇仙姑

2007年寒假初到蒲城时，笔者就已经听闻本地有一位桃花仙姑，没多久便机缘巧合地开始参与到对这位仙姑及其童子的考察。

第一次遇到桃花仙姑童子是在农历十二月初一。这一天是蒲城当地烧香拜佛的日子，一大早本地以及附近的妇女都会到蒲城城里各个庙点来烧香。因此，今天也是酬谢桃花仙姑的好日子。我是尾随一位来酬谢桃花仙姑的妇女到达仙姑童子的家中的。

桃花仙姑童子家位于城西，问童、看病的人都在二层的小阁楼中。小阁楼只有五六平方米，由于正逢初一十五烧香拜佛的日子，来看病以及乐助建宫庙的人[②]特别多，十几人济济一室，几乎没有空位。小阁楼向西有一个小

---

① 其岁数以笔者田野调查的年份2008年为记。

② 关于乐助建庙的详情，后文会提及。

窗，窗的对面方位摆放的是供台，供台的中间竖立着"敕封护国佑民桃花仙姑之圣位"神牌，前面是桃花仙姑的香炉。除了供奉桃花仙姑，神台上还供有观音童子、修财（善财童子）童子、水母娘娘，福德正神（土地公）等神灵，它们各自有自己的香炉。香炉前面的供桌上摆放着两对香烛、五盘素果、六杯茶水。身穿红色睡袍睡裤的桃花仙姑童子，盘着头发，坐在供桌前，正在给人看病。

由于人多，我几乎没有站立的位置，当天只看了大概，除了部分来看病的人，很多人是趁着今天是农历的最后一个初一来酬谢桃花仙姑的，并为其乐助建宫庙的钱：伍佰、捌佰、上仟不等，法师①在给乐助捐钱建庙的人开收据。当天我没能获得和他们交谈的机会。

图 8-1 桃花仙姑在家户内的供台②

第二天下午三点半左右，我又抽空去了桃花仙姑童子家的楼上。这次人比较少，除了仙姑、法师以及仙姑的丈夫外，另有两个像是仙姑的熟人，剩下的便是三三两两来看病、问事情的人。我就在窗边的一把椅子上坐着等待。仙姑童子给陆续而来的人看病，她身边的法师协助她"开药""包药"，另外还登记乐助建宫庙人的名字和钱数，给他们开收据。

---

① 这里的法师是协助仙姑看病的人，一般是男性，要有一定的文化基础及关于生辰八字和风水方面的知识，其任务是记录来看病的人的生辰八字，将仙姑说唱的内容解释给来看病、问事的人听，并将药开给病人等。

② 笔者 2008 年 2 月拍摄于蒲城。

到下午四点半光景，人渐少了。我才有机会和他们交谈。我诚恳地用普通话和他们介绍我的身份，并告诉他们我的来意。他们渐渐放松了一开始的戒备，慢慢地和我聊开了。法师、仙姑童子的丈夫等人一一问我的年龄和家庭情况。桃花仙姑童子由于不会说普通话，基本上没有怎么说话，但态度和蔼、略显腼腆。[1]

笔者第三次来到仙姑家的时候，已经是 2008 年正月十五迎神赛会之后了。由于在田野已经有一段时间，当地人对我都已经见怪不怪了，仙姑童子一家人对我亦随和热情，还一定要让仙姑给我看看身体、算算命。那位法师说："你想知道什么，就自己问仙姑吧。"

按照法师的指示，我先是给神案上的各位神灵上香，然后坐在仙姑童子的边上。这次桃花仙姑的童子依然穿着她那套红色的棉睡衣，头发扎起盘在脑后。我坐在她身边之后，她就慢慢摇动她的头，从慢到快，快到极致，最后便双手一拍大腿坐正，开始念唱起来。念唱前后是一致的旋律和节奏，每句七字。大致的意思是：

> 故事是三千多年前发生的。桃花仙姑原来是福建古田人，父亲当官得罪奸臣，导致全家都被残害，桃花仙姑六岁就孤苦伶仃，举目无亲。后来得到元天大帝指点，学得武艺和医术，在天上做"喊天门"的工作。如今，蒲城一带民众多有疾病，当地的陈十四娘娘上天求仙姑下界来救治众生，她就下来了。[2]

不管外人如何看待桃花仙姑的这段生平自述，对于信奉桃花仙姑的当地人而言，它解释了何以桃花仙姑拥有治病救人的能力，也解释了为什么桃花仙姑会选择到蒲城来治病救人的原因。因此，从主位的观点来看，这是在意义上自足的一段叙述。正如历史人类学所认为的，每个社会都有自己建构其历史的方式，在近现代科学线性的历史建构方式之外，人类在更长的时段和

---

① 值得一提的是，当天在座的另外一个女性，在法师和仙姑丈夫等人要求下，居然也展演了"跳童"的本领。2008 年 8 月桃花仙姑的诞日上，又有另一位女性也"跳童"。由此更是证明了"巫风甚重"确实是当地的一个状况。

② 田野访谈资料。访谈对象：HAJ，访谈时间：2008 年 3 月 15 日，访谈地点：桃花仙姑童子家中。

更广的范围内，是以"自传、先例、神话和历史"来构建过去①。地方社会有"本身制作历史的模式以及本身思考历史的方式"②，历史不唯独科学线性叙事的单一模式，桃花仙姑对于自己历史的叙述或者说民众接受桃花仙姑的历史叙事正是神话式的、传说式的。

2. 神灵的降临

这位童子是一位很普通的汉族妇女，没有上过学，不识字，非常腼腆温和，不会说普通话，也不怎么说话。因此，笔者的资料主要来自仙姑童了的丈夫和法师的口述以及自己的参与观察。

"童子"原为福建沙埕人氏，18 岁时经人介绍嫁给了蒲城一位男子。婚后生有一儿一女，平日在家做家务。其丈夫先后养猪、种紫菜、养蛏子、做糕饼生意、承包农田种粮以维持生计。用他们自己的话来说，一家四口生活"稀松平常，并没有什么特别的地方"。

数年前，女子的身体没缘由地开始不舒服，到当地新街上的医院、福鼎以及温州的医院看了数次，医生们都说没有病，只是神经衰弱，只要好好养着就会好。但是，几年下来，身体非但不见好，反而病情越来越严重，体重从 126 斤降到了 98 斤。

无奈，其丈夫只好带她去到福鼎的另一位仙姑那里看病，此仙姑说有"佛"③ 在该女子身上，说该女子回家后三天就会"浮"④ 起来，并交代女子的丈夫，当她"浮"起来的时候，要烧一炷香，可以让她平静下来。这位福鼎的仙姑还告诉他们夫妇两人不要害怕，因为到这个女子身上的"佛"是来给人看病的，是来做好事的，一定要把她留下来。同时，福鼎的仙姑还告诉他们如何把"佛"留住，即请法师来为她"安炉"。

果然，此女子回家之后三天，便开始"浮"起来。其丈夫形容说："她那

---

① 约翰·戴维斯：《历史与欧洲以外的民族》，载［丹麦］克斯汀·海斯翠普编《他者的历史：社会人类学与历史制作》，中国人民大学出版社 2010 年版，第 17 页。

② ［丹麦］克斯汀·海斯翠普编：《他者的历史：社会人类学与历史制作》，中国人民大学出版社 2010 年版，第 9 页。

③ 地方上的人在与我的交谈过程中，通常是神佛不分的。在他们的概念中，似乎神就是佛，佛就是神。但是，当具体问到庵堂中的佛和神庙中的神有什么区别的时候，他们又会说，佛堂中的那个佛是西天佛，是人死后向往的西方极乐世界当中的佛，管的是人死后的事情；地方神庙当中的神，像晏公爷是管现世的、管活着的人的事情，保佑人平安、健康、升官、发财。因此，笔者用加双引号的"佛"来指称被当地人表述为佛的神祇。

④ "浮"起来，也被称为"跳"起来，都是用来形容神灵附体时候的状态。

个浮起来，说得不好听一点，就像疯子一样，整个人跳起来，什么话都说，自己头脑控制不住自己。"丈夫当时马上就去点了一炷香，女子慢慢地平静了下来。"佛刚上她身体的时候，就自己开口说要给人家看病，还说会看风水，能给人家算命。"

仙姑的丈夫是当地晏公庙的头家之一，按照他本人的话说："这个头家是祖传下来的，所以我们相信神。也知道所谓'跳童'的一些事情。"但是，当自己直接面对妻子成为一个童子或者说巫婆，而且开口说要给人治病时，他的心里还是有些害怕，觉得自己的妻子是一个大字不识的人，怎么会给人看病呢？尽管有这种心理上的担心，他还是为降临在妻子身上的"佛"去买了香炉，但一开始并没有正式举行安炉仪式，只是放在家里的楼上，慢慢开始有人来看病了。第一天来看病的人有三四个，第二天有四五个人，第三天就有七八个人，来看病的人日渐多了起来。①

为了能让仙姑正式坐堂看病，仙姑丈夫意欲到福建福鼎去请一位法师来为仙姑身上的这个"佛"安炉，先后去了三次，才最终把这位法师请到了家里。

安炉仪式安排在农历五月初十日早上八点到九点。仙姑家人在炉前安排几样素果②等祭品。法师在一张红色的纸上面写一个特殊的字符，把它贴在仙姑身上，并开始按照一定的程序做法。前后一共花了一个多小时，费用在1000元左右。

安炉之日，仙姑"跳"得厉害，她坐在长板凳上，双目紧闭，头剧烈地摇晃，身体不断地离开板凳上下跳跃，双手在桌面上大力拍打，有时候又拍打在自己的大腿上，口中一直用与闽南话类似的话有节奏地大声念唱。此时，围观看热闹的人不少，当中就有人问她："你什么时候开始给人看病呢？"她回答说："我这几天不给人家看病，我只看一个病人，要把他看好了，给你们看看。"

当时仙姑的丈夫心里奇怪，就问仙姑："你要看谁啊？"

仙姑就把这个人住哪里、姓什么、名什么都说了出来，同时还说他得了

---

① 注：这种未正式开堂便有人主动来看病的情况，从一个侧面说明找童子看病在当地是一件稀松平常的事情。

② 这些素果包括梨子、香蕉、苹果、桂圆、葡萄等，根据口述，桃子不能被用来做福礼。

癌症，医生看不好了，说自己要把这个人治好了给大家看。

仙姑丈夫听了，心里十分担心。仙姑想要看的那个人是一个老人家，姓黄，七十多岁，住在蒲城西门街，医院检查说得了肠癌，当时已经躺在床上不能起来了，基本上已经是等死的人了。"这么一个医院都看不好的人，自己这里如何能看得好呢？万一看不好，就倒霉了。"

然而，在当时的情境之下，已经由不得他担心了，因为仙姑说完之后立刻就有人前往那位病人家中把病人抬了过来。仙姑当场给他开了三张符纸，一天一张，烧符冲水喝下，连喝三天；三天后再来，再给他开三天的符纸，前后六天。六天之后，这位身患绝症卧床不起的老人，居然奇迹般地可以下床行走了。

桃花仙姑此举一下子使她声名鹊起，地方上的人就更是相信真有"佛"降临来看病了。此后，这位桃花仙姑童子就开始正式在家坐堂看病了。渐渐地，童子自己身体的病也就好了，体重也稍稍恢复了一些。至于她"浮"起来跳童时候的感受，和多数民族志里面描述的神灵附体的情况类似，感觉是好像一下子有东西从上面下来，头顶一热，人就像喝醉酒一样，有点麻痹，然后就开口说话。只不过，"浮"起来的时候所说的话，女子自己一概记不得，不知道自己说过什么。她的丈夫说："要是自己知道自己说什么，很多话就不敢说出来了。"

3. 坐堂治病的盛况

安炉之后五月十五，女子便正式开始在家里坐堂看病了，人们也以"仙姑"称之。天气越来越热，看病的人也一天比一天多起来，到了八月，每日从远近赶来看病的人竟然多达数百人。

仙姑家中甚小，根本无法容纳这么多来看病的人。于是，丈夫便在房子外搭篷，让来看病的人在篷下阴凉处等候。当时房子里外都挤满了等候看病的人，自行车、摩托车、小轿车把环城跑马道塞得满满的。仙姑丈夫对这段时期的情况记忆犹新：

> 前两年来看病的人太多了，要排队，很多人还通过乡政府来开后门呢。你想，我们这个小房子，一天里面有300多人来看病，你说怎么看病呢？我们每天从早上5点开始，一直不停地看到晚上12点，最多也只能看50个人。现在一天来300多人，后面的人就没有办法看了。那个时

候忙得连吃饭的时间都没有。那些来看病的人，到晚上12点都不走，还要躺在我家里的床上。来的人太多，几百人都来了，看不了的，人家还骂你没有给他们看呢。

因为人太多了，这条巷子里面满满的都是人，比拍电影还多，那没有办法，我们就开始开票排队看病了。让人进到西竺寺的里面，人出来一个，分一张票给他，出来一个，分一张票给他。最多的一天从四点多开始分，一共分了1050张票，一天看35个人。上面是有日子的，从今天到后天，运气好的，明天就可以看，运气差的，要半个月后才能看。①

上述场面反映了桃花仙姑名气之大，看病之灵验。除了本地以及附近常住的人来看病，有些在深圳、山东等地做生意或者在北京读书的人，回到家后，也会来她这里求治。

4. 治病的一般过程

笔者随后的田野调查便有相当一部分时间参与观察或者访谈和这位桃花仙姑相关的一些事情。

来桃花仙姑这里求医的病人，需要给桃花仙姑以及神案上其他副神各点一炷香，以表虔诚，然后坐在仙姑童子左侧的椅子上。这个时候，童子开始请桃花仙姑神灵上身。每次神灵上身"浮"起来的时候，都是由缓到急地摇头，到了最快的时候，双手一拍桌面或者大腿，便开始说唱。童子也不问什么，只要求给病人把脉，边把脉，边把病人的一些情况说出来，法师在一旁把仙姑童子的话用本地话通俗地转述给病人。通常病人哪里不舒服、是什么原因引起的，百分之七八十能说得准。这些原因中很多是因为一些"阴事"，诸如家里头死去的人未得到妥善的安排，一直在家里捣乱等。

把病因说完之后，仙姑童子就开始用双手按照一定的程序从头到脚、从前胸到后背，把病人的身体摸一遍。接着，便转身面向供桌，手持朱色毛笔，在黄色的符纸上不断地上下涂抹，口中说着各种草药的名称，我们或许可以把它看作一种意念形态上的开方配药。法师则根据仙姑童子开"药方"的数量（即符纸的张数），从桃花仙姑的香炉中取出香灰，按照相应符纸数量，包成小包。最后，法师把符纸和香灰装在一个小塑料袋里，交给病人，并嘱咐

---

① 录音访谈资料。访谈对象：CSF，访谈时间：2008年3月3日，访谈地点：CSF家中。

病人在吃药之前点香，默喊三声"桃花仙姑"名号，然后在一杯放有数粒米和茶叶的水中冲入香灰，接着把符纸烧在水杯中，喝下去。此为桃花仙姑童子看病的一般程序。

桃花仙姑童子也给人算命。通常只要告诉她要算的人的生辰八字，她便知道底细，能把此人身上发生的事情缘由讲清楚，同时也会提供解决的办法。

5. 治病的典型个案

桃花仙姑能有这么人的名声，自然与其医治病人、解决问题的灵验性分不开。诸多来看病的人，所得之病都是一些疑难杂症。这些疑难杂症多数是地方上所指的"邪病""阴病"，在医院里根本无法诊断、说不出原因的病，或者是医院里给出诊断但往往被诊断为绝症的病。通常，来桃花仙姑童子这里看病的人，之前都是到过正规医院求治过，由于医治无效，才转而向她求治的。当然也会有纯生理性的毛病来求治的病人，如胃病，但是对于这种生理性疾病的治疗，包括法师和桃花仙姑童子的丈夫都认为，应该找医院去开药吃。

这也说明在乡民的观念中有一种关于疾病的分类问题，一种是阴病、邪病，是"灵魂生病了"；另一种是实体的病，是身体生病了。像桃花仙姑这样的童子擅长看的病属于前者。而在我的访谈中，他们所提供的病历个案中，基本上都是归于这种"邪病""阴病"的范畴，我在诸多个案中列举二三。①需要指出的是，在这些口述当中，会掺杂口述者自己对于事件的看法，这从侧面体现了巫觋活动所具有的意义和功能。

个案一：被"煞"的产妇
口述人：童子丈夫

那年是 2005 年，仙姑刚来给人看病不久……那天已经是晚上 12 点了，我们刚要睡，有个电话打过来，边哭边说自己的媳妇生了双胞胎，生的时候，就不省人事了。两个双胞胎女孩子也不会哭，可是在生之前都是好好的。

医院里面也搞不清楚，就赶忙送福鼎市人民医院，是我们这里最好的医院了。送过去的时候，那个产妇已经快没有气了，脸都黑了。这个

---

① 由于仙姑本人不会说普通话，性格也比较腼腆，我访谈的对象主要是仙姑的丈夫和法师。

人才二十多岁。那个时候要拉到太平间里，医生说没有办法看。

家里人哪里愿意就这样子放弃了？……当时来（我家）的人是三个，一个是产妇的婆婆，一个是产妇娘家的妈妈，还有一个男的，产妇本人当时还是在福鼎的医院。

仙姑"浮"起来说，她这个病就是给"煞"住了，所以医院是看不好的。还有一个小时，我写一个符给你，压到病人的胸前。如果一个小时里送得到，还有救；如果送不到，断了气，那就没有救了。

那个时候十二点，一个小时里赶回去是蛮紧张的。我想救命要紧，就帮他问一个驾驶员，他们自己谈定价钱，直接送到福鼎医院，把符贴在产妇的胸口。后来大概过了一个小时，产妇就慢慢好起来了。医生也看不懂了。这是怎么回事啊，是神仙下凡吗？两个孩子也好了，第二天，那个产妇就会自己吃稀饭了。

所以，这个是真事，不信你可以自己去问这个人家。如果不相信，那么就没有命了。现在他们的孩子大概三岁了，每年都会来酬谢桃花仙姑。还没有出去做生意的时候，每个月初一十五他们都会来烧一把香。①

个案二："白血病"女患者
口述人：童子丈夫

下关有一个女的，四十多岁，到杭州的医院都看过了，说是白血病。她跑到这里来，眼泪都掉下来了。我们仙姑一看，手指是青黑的。仙姑说你这个不是白血病，说她家里有一个死去的老姑婆，没有嫁人，家里的谱上没有放，所以一直来家里面闹事。具体办法是在族谱上把她造上去，把这个死去的老姑婆的香炉送到庵堂去吃素。这样一来，那个被医院诊断为白血病的女人就慢慢好起来了。去年来这里的时候，人胖了，脸色红红的。她的妈妈是基督徒，但是也不敢说什么。

你说这个是封建迷信，还是事实如此呢？科学说她是癌症，给仙姑看却不是癌症，而且还把病看好了。你能说这个就是迷信吗？②

---

① 田野访谈资料。访谈对象：CSF，访谈时间：2008 年 3 月 15 日，访谈地点：桃花仙姑童子家中。
② 田野访谈资料。访谈对象：CSF，访谈时间：2008 年 3 月 15 日，访谈地点：桃花仙姑童子家中。

个案三：惊魂的小孩
口述人：童子丈夫

2005 年一个傍晚，大概 4 点多，我正在吃饭。有个老奶奶抱着三岁左右的孙子来（小孩的父母都在外地开皮鞋店），当时天快黑了，小孩子也什么都不知道了。

他的奶奶是一直哭，楼都爬不上去了，说这个小孩从椅子上摔倒了之后，就不省人事了，让仙姑救救他。我当时也害怕，说："你摔倒了之后为什么不抱到医院去看呢？"她说："又没有出血、没有受伤，医院里怎么能看出问题？"

把小孩抱到楼上后，仙姑就"浮"起来说："这个小孩是摔倒时受惊了，灵魂吓跑了。"就叫一个人站在楼下的路上，一个人站在楼上的窗口，下面的人叫小孩子的名字，上面的人应，连续叫，连续应。同时烧三炷香。大概叫了三声左右，这个小孩就活起来了。三四分钟后就好了。我拿香蕉给他吃，也能吃了。这是我亲眼见到的。我当时很怕的，这么一个小孩子到我这里，断了气怎么办？但人家哭着求，只好试一试看了。

很多医院里面诊断是癌症的病人，到我们这里给仙姑看了几下就好了。医院里面经常是把看不好的病就说成是癌症，但是我们这里说不是癌症。

人是有灵魂的，仙姑把那离开的灵魂抓回来，人一下子就好起来了。现在我们农村里面叫先生来看风水，你说这个是不是科学？如果这不是科学，那现在城市里建房子的时候，都讲风水，说是结合地理的、是科学的。农村就是迷信，城市就是科学。……可是，人家的病在我们这里就是看好了。①

这些在科学主义者眼中看来十分奇异的病例，在地方上被当作很平常的事情。当现实社会无法提供解决问题的办法的时候，向巫觋求助是普遍选择。

笔者曾经问过仙姑的丈夫，有没有回天无力的病例？看好的病人大概占多大比例？仙姑童子的丈夫承认说有看不好的，通常病人没有亲自过来看，而是由家人过来看，这种情况的医治容易失效。总的来说，来这里看病的人，

---

① 田野访谈资料。访谈对象：CSF，访谈日期：2008 年 3 月 15 日，访谈地点：蒲城城内。

百分之六七十是会好的。关键是，来这里看病的人一般都是医院里面看不好的。

6. 遭压制及流动看病

尽管桃花仙姑治愈的病人很多，在民众当中也拥有很多的信众，但是终归是被认为与科学主义不相符合的巫觋活动。2005年8月到10月间，每天都有上百名来找桃花仙姑看病的人，天天聚集在蒲城城西一片，已经超越了个别小规模的"问童"活动，成为地方治安上的"隐患"。

在一次很多人看病的时候，有人打电话告诉他们说，派出所的人正往他们家来，叫他们赶快跑。仙姑童子、法师还有仙姑童子的丈夫都跑掉了。有意思的是，那些来看病的人一个也不走。那些派出所的人就对这些病人说："你们应该到医院去看病啊。"他们回答说："（医院去过了）医院看不好啊，才来这里看的。"派出所的人也回答不出话来了。

最严重的一次打击活动是相关部门人员来到桃花仙姑童子家里，直接把桃花仙姑的炉案摔掉，并禁止他们再给人看病。仙姑童子的丈夫说，那时他们就停下来不看了。但是，来求医治的人还是很多，有些人还躺着不走。

由于民众的呼声极高，在被管制后没法在自己家里坐堂看病的情况下，桃花仙姑就被其他地方的人请去看病。福建福鼎、霞关、甘溪、流江、沙埕、马站、龙港、灵溪等地都有人请她去看病，足迹几乎遍布了整个苍南县。仙姑童子、法师和童子丈夫一行三人带着自己的小香炉以及看病用的符纸等，一天去一个地方看。所到地方等待看病的人都很多，通常要从一大早看到晚上九点多，有时候到凌晨，病人还是看不完。但第二天必须到另外一个地方去，每一个地方都是提前好几天约好的。

桃花仙姑这样流动看病大概只持续了1个月时间。因为群众包括相关部门负责人的家属以及亲戚都纷纷到他们那里反映，说："这是好事，仙姑从上面下来就是给人看病，他们又没有讹诈别人的钱财，就是给个一二十块的饭钱。现在不让他们给人看病，很多人的病都没有办法医治，这不等于要人家命嘛。"

经过群众的争取，再加上过了一个月的时间，原来紧张的风声也过去了，相关的管制就松懈了。桃花仙姑童子又回到家中开始给人看病。此后，为了能更顺利地给人看病，仙姑童子也想了一些办法。比如，他们要求那些来求治的人，把医院的病例带过来，证明他们是到医院医治过但没有医治好，而在桃花仙姑这里治好了。他们试图用这个方法来证明桃花仙姑医治的有效性，并以此来争取自身的"合法性"，或者说以此来证明把他们的巫觋活动定为迷信活动、一棍子打死的做法是不应该的。然而，由于来看病的人多半没有带病例，又无法进行硬性的规定或者强制实行，这个计划后来并没有能够持续实行下去。

对于民众来讲，愿意到仙姑这里看病，可能还有一个经济上的考虑。如今到医院看病，动辄几百上千的，但是到桃花仙姑这里看病，只要烧个香，给五块、十块或者二十块的红包，医治两三次之后，病就好了，省钱也省时间。正如前面有些个案中所显示的，有些病在医院里面看了两年，花了上万元，没有看好，到桃花仙姑这里看了两次，花了几十块钱就好了。

总而言之，即便是遭到压制和打击，巫觋活动还是保持了下来。这当中不仅是地方性观念问题，还混杂着便利性、经济性等综合因素。

7. 建庙的夭折及入驻太阴宫

被治愈的病人越来越多，就有越来越多的人送来牌匾、旌旗、花篮表示感谢。仙姑童子家的小阁楼当中，堆满了这些物品。到了2006年，开始有民众提议，要给桃花仙姑塑神像、盖宫庙①。他们认为桃花仙姑这么灵验，医治了这么多人，在这么小的阁楼里住太委屈，应该专门给她盖一座宫庙才好。

这个提议一出，就开始陆续有人送钱过来了。仙姑童子的丈夫专门到银行开了一个账户，把这些乐助建庙的钱存到账户中。

到了2006年年底，童子丈夫就在蒲城西门墙外附近买了一块地，打了地基，建有1层高的墙，总共已经投入的资金有2万元。但是，由于蒲壮所城是国家一级"文保单位"，这个建筑距离城体太近，违反"文保"规定，当地文保所对其进行文物执法，制止了宫庙的建造。

也正是在这一年，超强热带风暴"桑美"袭击蒲城，造成了蒲壮所城许多文物建筑以及民居的破坏。历史悠久的太阴宫在"桑美"台风中，也遭到严重破坏。太阴宫的头家们就组织重新修缮，同时想把太阴宫的前殿也重新建好。不料，到了2007年，正在修缮中的太阴宫又遭遇了台风"曼莎"，再

---

① 民众口中"给桃花仙姑塑神像、建宫庙"，实质的意思就是给降临在童子身上的神灵塑神像、建宫庙。

一次把正在修缮中的太阴宫前殿全部摧毁掉。

此时，太阴宫的重新修缮遇到了资金上的困难。踌躇中的太阴宫头家就找到桃花仙姑童子的丈夫，与其商议合修太阴宫的事情。当时，太阴宫的乐助建庙资金有 10 多万元，而桃花仙姑这里的乐助资金有 20 多万元。太阴宫的头家们希望把这两笔钱合在一起重建太阴宫，让桃花仙姑入驻太阴宫里面，在太阴宫里面专门留一个神龛来供奉桃花仙姑。

仙姑童子一家人思忖商量，既然自己不能独立建宫庙，协助修建太阴宫是地方上的善事，也解决了桃花仙姑建宫庙的问题，便答应了下来。于是，从 2007 年开始，桃花仙姑这边一行人与太阴宫的头家就联合一起重修太阴宫。

8. 太阴宫桃花仙姑开光仪式

到了 2008 年正月，太阴宫的正殿和前厅基本上重建好了。新塑的桃花仙姑以及水母娘娘①的神像，安置在太阴宫正殿左侧的神龛上，用红布盖头，等待开光。

正月初八太阴宫正式举办了上梁仪式，太阴宫头家和信众们以及桃花仙姑的信众都来太阴宫吃福酒，男女老少把新修缮的太阴宫簇拥得一派热闹。

紧接着要进行桃花仙姑的移炉和开光活动。这次活动是地方上的一件大事，整个活动的时间安排都需要经过问童商议之后才能确定。正月里经过几次桃花仙姑问童之后，确定好活动的时间为："2008 年二月初二日辰时移炉，二月初三日子时开鼓，二月初五日子时开光，二月初五日午时出贡，二月初五午时安位。"

太阴宫负责日常事务的阿公早在正月初八就把上述时间安排用红纸贴正殿廊柱上，告知来太阴宫烧香的客人。

到了正月十三日，头家们又以太阴宫的名义在太阴宫以及城内显眼的地方正式贴了几张公告。告曰："太阴宫桃花仙姑、水母娘娘定于古历二〇〇八年二月初三至初五日在太阴宫设坛做开光醮三天。如有搭醮者，每名 50 元；搭贡，每贡 20 元。希广大善男信女互转告知。"

①　明代，华家姑婆把陈十四香炉从福建带回蒲城的时候，放置在了水母娘娘宫，后来陈十四显灵，香火旺盛，就把水母娘娘宫拆建为太阴宫的位置，水母娘娘就失去了自己的宫庙。桃花仙姑童子的家中也供奉了水母娘娘，这次开光活动，也为水母娘娘塑了神像。

公告张贴出去之后，善男信女们就陆续到太阴宫来搭醮或者搭贡。民众的搭醮搭贡是社区参与的一种形式，它既是神人交流的一种方式，也是活动开展的物质基础。搭醮是指民众为开光仪式所需费用的乐助，一般一个人搭醮一份；搭贡是指民众为烧给诸神灵的贡金乐助，民众在乐助捐钱的时候需报上自己出几贡，所祭献神灵的名称，对于自己特别爱戴喜欢的神灵可以多献几贡。贡数和祭献的神灵都是自愿选择。搭醮的人同时可以搭贡，全凭自己的能力和意愿。搭醮搭贡的民众很多，粗略估算有400多人。社区中信神的中老年妇女们从初二开始便做供金装袋，另外专门有人负责按照搭贡者的名单在贡金的袋子上写明贡金供奉的神灵以及供奉者的名字。来参与帮忙活动的人，都认为"这是地方上的事情，能来帮忙的就来帮忙"，没有酬劳的概念。

二月初二移炉那天，太阴宫主事头家们、桃花仙姑这边的人员以及信众已经早早来到桃花仙姑家中，等待移炉仪式。待时辰到，由太阴宫主事头家手提净水，用枝叶一路"晒水"前行。数位妇女手持一炷香，肩扛陈皇君、林皇君、李皇君神灵的大旗尾随其后；接着便是几位男子手捧桃花仙姑、水母娘娘等神灵的香炉、神牌等；另外还有几十名信众跟随。一行人穿过城内十字街，出东门，绕南城门外，一路向太阴宫行去。一路上，鞭炮不断。到达太阴宫后，按照顺序安放香炉。

到了二月初三，开光仪式正式开始。参与这次开光醮活动的是7位正一派的道公。仪式安排了三天三夜。二月初三七点开始一整天的仪式活动，包括：请水，破水城，分水，十奉献，盖印，分灯，启师，六幕灯，启东厨，启香官，启炮手，赦坛，安方，请经，念三官经，灵宝遣，安监，造殿，建塔，卷帘，拜塔迎神，三界灯，太岁醮，济孤魂，安神，定更等活动仪式和程序。从早上七点一直到晚上十点多结束。

二月初四六点便开始了仪式，包括：清晨礼师，早朝，灶君醮，进表三个，东岳醮，进表三个，百神灯，进表三个，开光日月宝忏，大解连，进表三个，大耀灯，三官忏（上、中），北斗灯，三官忏（下），晚朝开鼓楼开钟楼，采茶，采果，玉皇忏（朝天忏），玉皇赦罪。

二月初五的仪式活动包括：甘汤会，进正表，庆杨醮，上山取火，午供，上大醮，谢三界，送上圣，烧供金，谢神明地主，祭元帅，普施，送神，安本宫神位。

经过这场仪式活动，桃花仙姑便正式成为太阴宫里被供奉和祭拜的神灵，完成了仙姑信仰从家庭神龛进入公共神庙空间的整个转化过程。

图 8-2　桃花仙姑在太阴宫的开光仪式①

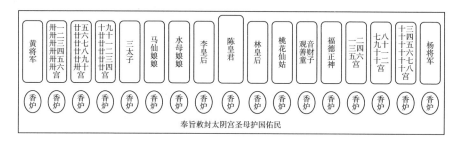

图 8-3　2008 年桃花仙姑开光后太阴宫神像和香炉的位置示意图

三　灵验性与泛伦理主义的互构

经过一系列的过程，桃花仙姑从自发产生的童子家庭神龛上祭祀的神明变成社区公共神灵庙宇中祭祀的神灵。在观念上与"帝国隐喻"②类似，如桃花仙姑被地方上的人解释为玉皇大帝派驻人间的神灵，强调其作为传统帝

----

① 笔者拍摄于蒲城太阴宫，拍摄时间为 2008 年农历二月初三。

② 王斯福：《帝国的隐喻：中国民间宗教》，赵旭东译，江苏人民出版社 2008 年版。

制国家隐喻之内的象征；人们对于桃花仙姑的祈求等行为，亦类似于社会上下等级关系的政治交流模式①，在实践上也有着"正统化"②的趋势，桃花仙姑入驻太阴宫，可以看作对其信仰实践标准化的一个象征。太阴宫的陈十四信仰经过数百年的传播和流行，基本上已经是一个标准化和正统化的神灵信仰。因此，太阴宫对桃花仙姑的接纳也寓意着桃花仙姑由巫而神的一种标准化过程。但更为重要的是，在当前一个并不鼓励这种"迷信"实践的环境中，桃花仙姑何以能获得蒲城几十年来最为盛大的开光仪式？除了泛泛地将之归结为当前民间传统复兴的范畴之外，我们或许可以借助桃花仙姑的个案，进一步从地方社会自己的"生活经验"和"情感体会"③来说明民间信仰活动所具有的原生性和地方性的文化动力机制。如果没有这样的动力机制，就没有办法解释缘何被打击为"迷信"的巫觋活动能发展成为整个社区乃至超越社区的集体行为，几个村子会动用几十万元的资金修缮庙宇和举办仪式，同时因为当地特殊情况，最终被接纳到"正统"的太阴宫作为正式的地方神灵供奉。

巫觋活动和信仰源远流长，是一种原生形态的宗教信仰，具有自发、朴实、神秘的特点。从部落社会人人通神，到大巫觋作为部落首领，再到专业化的祭司或萨满，巫觋在人类社会发展中起着重要的作用。然而，随着社会的"去魅化"与"理性化"发展，巫觋逐渐从社会主导地位退却，成为一种"草根"文化，并在科学意识形态占主导地位的当今社会，被当作一种"迷信"加以排除和打击。只是，当我们深入"草根"社会，去仔细地观察他们的生活，才会发现那退缩为"草根"文化的巫觋活动和信仰，以其固有的逻辑和内涵，与地方社会的生活经验和情感相结合，渗透到社会文化生活中，甚至影响到其经济运作模式。

研究中国民间宗教的中外学者基本上认同，汉人民间宗教的一个特征是"惟灵是信""惟灵是从"④，无论是前朝的帝王、亡故的将军、民间的英雄、

---

① Emily Martin Ahern, *Chinese Ritual and Politics*, New York：Cambridge University, 1981.

② 陈春声：《正统性、地方化与文化的创制——潮州民间神信仰的象征与历史意义》，《史学月刊》2001年第1期；詹姆斯·沃森：《神的标准化：在中国南方沿海地区对崇拜天后的鼓励（860－1960）》，载韦思谛编《中国大众宗教》，陈仲丹译，江苏人民出版社2006年版，第58—83页。

③ 杨念群：《北京地区"四大门"信仰与"地方感觉"——兼论京郊"巫"与"医"的近代角色之争》，载孙江主编《事件·记忆·叙述》，浙江人民出版社2004年版，第219页。

④ ［美］韩森：《变迁之神：南宋时期的民间信仰》，包伟民译，浙江人民出版社1999年版，第27—45页。

抑或诸如林默娘这样拥有法术的传奇女子，之所以得到民间的祭祀或者朝廷的敕封，其先在的一个前提便是它们的"灵验性"。其中，神灵在其创设过程中，由巫而神，或者借助巫觋活动来呈现和推广自身灵验，而逐步由家庭神龛祭祀转变为社区神灵甚至成为全国性的神灵也不在少数。作为全国性的神灵妈祖，就有一个由巫而神的一个嬗变过程①，她由巫而神，又从福建沿海的小神到被国家"标准化"的过程中成为中国南方的重要女神②，其最初的动力机制都要归结于"灵验性"；另一位在中国南方被广泛信仰的重要女神陈靖姑，亦历经了从"世巫之女"的女巫到"胎产神"的过程。③ 无论是作为巫，还是作为神，由巫而神的背后都是"灵验性"的原生动力机制。桃花仙姑的影响力范围虽然远不及陈靖姑和林默娘这些在传统社会产生和发展的由巫而神的神灵，但仪式成功举行的原生动力也首先在于其灵验性。这种灵验性解决了科学和理性所无法解决的身体的病痛和莫名的疾苦，给困顿中的人们带来希望和慰藉。

此外，蒲城当地多元并存的信俗也表明了巫觋活动和原生神明信仰生产过程的顽强性及其自身固有的运行逻辑，即灵验性的累积和扩张始终与地方社会民众的情感和生活相联系。从宗教进化论者的角度来看，乡民社会的巫觋活动及其相应创设的神明信仰是宗教的低级形态，而天主教、基督教、佛教等世界性的制度性宗教是宗教的高级形态，后者相对于前者具有更大的传播性、扩张性，伴随社会的发展，巫觋活动和信仰终究会被高级形态的制度性宗教所取代。然而，从19世纪末20世纪初便传入蒲城的天主教和基督教，虽然拥有了数百人的信徒（其中天主教徒约100人左右，基督教徒约500人左右），但并没有取代地方性的巫觋活动及其信仰；拥有1000多年佛教及土生土长的道教也未能完全取代之。相比之下，蒲城在不同的时期，都有宫庙的神灵附体童子并进行巫觋活动（如前述的陈十四娘娘的童子、牧牛大王的童子），并且伴随这些巫觋活动有着各种地方性的仪式，甚至还产生像桃花仙姑这样子的集体盛大开光仪式，都充分说明了巫觋活动作为原生性的信仰所

---

① 李小红：《妈祖由巫到神的嬗变及其成因探析》，《宁波大学学报》（人文科学版）2009年第4期，第56—60页。

② 詹姆斯·沃森：《神的标准化：在中国南方沿海地区对崇拜天后的鼓励（960－1960）》，载韦思谛主编《中国大众宗教》，陈仲丹译，江苏人民出版社2006年，第57—83页。

③ 叶明生：《陈靖姑信仰略论》，《闽都文化研究》2006年第2期，第499页。

固有的生命力。

其次，巫觋活动固有的生命力是与地方社会的生活经验和情感相结合的，表现出了一种"泛伦理主义色彩"的宇宙观和生命观。正是因为在地方民众文化心理中存在超越人类中心主义的伦理观，才使得当地的宗教信仰呈现多元并存的局面，同时还能不断地在地方神灵体系中增加新的神灵。诸如巫觋活动以及相关神灵是地方社会的一种重要的组成部分，甚至是具有伦理情感的一个组成部分。田野中一位老人的说法朴素地反映了上述观点：

> 他们说我们建庙宇、拜祭神明，是迷信活动，会危害社会。其实，我和你说，我们懂得拜祭神明的人，才不会做坏事，我们才不会偷不会抢，因为这样子神明会不开心；那些不相信神的人，他们才会做坏事。①

不仅如此，他们还尽可能地把各种宗教信仰在他们的"信仰体系"中进行逻辑归纳：佛是管人死后以后的事情，神是管人活着时候的事情；信佛的人是要修行的，信神的人是要求拜的；信神和信佛并不冲突，但是总的来讲，佛是比较远的，在"神灵体系"中是高一层次的。于是乎，他们对于地方上的每一神灵都如同自己家族成员一般存有爱戴的情感，如对晏公爷，人们十分亲切地称之为"老爷"，对于其他没有这么显赫的地方神灵，总还是有人当他们的头家，总还是有人会定期乐助，帮他们修缮宫庙。

20 世纪 80 年代还有一位牧牛大王童子的故事，也显示了这样的特征。当时有个生产队里的人天天闻到旧的大王庙里头有香味，认定是牧牛大王回来了，于是生产队里的三四个人就商量给他建庙，动员大家捐钱捐物，很快就把新的大王庙建立起来。又自发地组织观童活动，为牧牛大王找到了一名男性童子。整个活动严肃热烈，像是迎接自己一位重要的亲人回来一样。

桃花仙姑开光之后，立刻也拥有自己的头家，这些头家负责组织有关桃花仙姑生辰以及一些日常事务等。在桃花仙姑生辰的一次宴席上，一位被称为"将军"的"佛"上了另外一位妇女的身上，那位妇女浑身哆嗦，躺在地上一直哭泣，述说着自己的不幸。旁边的妇女一直在和"他"对话，宽慰着

---

① 田野访谈资料。访谈对象：蒲城老人（佚名），访谈时间：2008 年 3 月；访谈地点：蒲城锯木厂边。

"他"，还不停地和"他"一起掉眼泪。整个过程没有神秘、恐惧和慌乱，一种真切的"如在"感构筑着人们与另一个时空之间的交流。

最后，借助巫觋活动的神灵创设（实际上也包括其他民间信仰）的灵验性还渗透到了地方社会经济发展中，在温州这片土地上形成了非常独特的"礼仪经济"[①]。回看一下桃花仙姑建庙以及开光仪式的乐助场面，所消耗掉的几十万元的财富，多数来自并不富裕的农民或者渔民家庭，部分在外开店挣钱的人，挣得越多，捐助得也越多。贫穷也好，富有也好，愿意或者不愿意，在捐助到来的时候，都纷纷卷入其中，其中不仅包括曾经被桃花仙姑治愈过的病人及其家庭，也包括当地其他民众及其家庭。基于前述"灵验性"之上的原因，人们相信将巫觋活动进展为更具规模的社区神灵祭祀，能获得更多的"灵力"的庇佑。在桃花仙姑由巫而神的开光仪式中，民众出钱搭醮和搭贡的背后是一套神人之间的交流模式，民众希望通过对神灵的供奉来获得神灵对他们的庇佑，因此，在货币经济中所获得的财富，要慷慨地捐赠到神灵身上，这样不仅使得个人得到神灵的护佑而得以逃脱某些灾难、不祥和厄运，同时还能获得来自社区的荣誉。包括本次开光仪式中所花费的这种贡献给神灵、祭祖、道场、礼仪场所修建等花费的财富是一种"不可获得偿还"的财富消耗，这些财富消耗就是杨美惠所称的"礼仪经济"，它是促进地方社会经济发展的一个内在的动力。因为"货币经济中产生的财富散落到礼仪经济中，并推动后者的发展。与此同时，出自社区荣誉和个人拯救的需要去建立和扩展超自然经济的愿望也促进了物质经济的增长"[②]。从某种意义而言，温州的乡土社会包容了上古社会遗留下来的巫觋传统，没有轻易地否定其存在的合理性，并把它镶嵌到自己的社会经济生活中，进而形成的"礼仪经济"与货币经济之间的相互嵌入和作用，如此才促使在温州这块土地上，经济的发展和"信仰"的昌盛呈现齐头并进的局面。

四　结语

综上所述，民间权力的政治表达方式并不足以解释民间信仰产生和实践

---

① 杨美惠、何宏光：《"温州模式"中的礼仪经济》，《学海》2009 年第 3 期，第 21—31 页。

② 杨美惠：《"温州模式"少了什么？——礼仪经济及巴塔耶"自主存在"概念之辨析》，载王铭铭主编《中国人类学评论》（第十三辑），世界图书出版公司 2009 年版，第 184—185 页。

上的原生性动力机制，外在诸如政治氛围和经济发展等因素虽然会影响到民间信仰实践的一些方面，但是，民间信仰因其承载民众的生活经验和感情，其运行的基本逻辑却没有发生改变。这种逻辑可以说是"一种基于'德性'和'灵性'之双轨动力的灵格'位育化'的生产过程"①。如果灵验性产生归于某种神秘主义的力量，那么灵验性的持续则无法离开社会德性或者泛伦理主义对于神明的灵验性的接纳和强化；反过来，一个社会对神明灵验性的接纳和强化也有助于社会德性的构建，从而促进社会的良性运转。蒲城当下这位新生巫觋信仰而发展为社区神明的过程，或许可以解释地方社会长期以来一直存续的草根信仰的灵性、德性和社会性机制的互构作用。

---

① 陈进国：《宗教生活世界的"灵性反观"》，载金泽、陈进国主编《宗教人类学》（第二辑），民族出版社 2010 年版，第 8 页。

第九章　寺院遗产：地方崇拜体系的空间表达

正如本书开篇所说，蒲壮所城的历史过程中有着"去军事性"特点，整个蒲城在清代"展界"以后越来越成为蒲门地区的社会经济人文中心，是拥有"一亭二阁三牌坊，三门四巷七底堂，东南西北十字街，廿四古井八戏台"的文化地理空间。在这个空间中，除了前述祠堂、晏公爷、城隍庙、太阴宫等大大小小的民间信俗空间，还有来自儒释道的传统信仰空间。如果说晏公爷、陈十四娘娘等信仰属于民间小传统范畴，儒释道三家属于大传统的范畴，那么在一个地方社会过程中，大小传统之间的流动性，不仅表现为小传统得到皇权的"敕封"而获得正统性，也表现为大传统在地方社会的存续和发展中自身所经历的一系列衍生和变化，及其与地方小传统之间的杂糅。这种带有地方性的多元衍生和变化可以在蒲城四座各具不同儒释道特征的寺院遗产空间中得到体现。

本章的讨论一方面涉及人类学中大传统的文化扩散性问题，即"一是属于汉人社会内部的从高到低的大传统到小传统的扩散；二是从中心向周边的扩散，周边社会如何来接受这套体系"[1]；另一方面再次突出了文化不仅是从上而下或者从中心向边缘扩散的单向接受，还是底边或者边缘社会的一种再创造。蒲壮所城四座各具不同儒释道文化传统的寺庙，其文化空间象征性地包含地方崇拜体系，也反映出了地方社会在应对自上而下或者由外而内的文明推进过程中所具有的能动性。

本章所讨论的四座寺院遗产，最初都是佛寺，分别位于蒲城的东南西北四个方位。一座面积只有 0.33 平方公里的所城，其城墙内外就有四座历史悠久的佛寺，也从一个侧面说明了佛教以及佛寺在平阳一带的兴盛程度

---

① 麻国庆：《中国人类学的学术自觉与全球意识》，《思想战线》2010 年第 5 期，第 4 页。

了。根据史书记载，隋唐五代，平阳县内便已经有佛寺兴盛。民国《平阳县志》记述："邑中寺宇始自隋唐间，其时佛法盖已盛行……十国春秋谓俶崇信象教，前后建寺数百所。"[1] 到了唐代宣宗大中年间（847—859 年），今苍南县内各地陆续建有景福禅院（在厦材，今沿浦乡）、延寿寺（在今马站铁场）、护法院（在望里乡）等。咸通年间（860—874 年）佛教寺院的建设达到鼎盛，苍南境内新建 9 所，其中有金乡灵峰教院、凌云寺、盛陶荐恩院、泥山鹿鸣院、孙店涌泉观音院（蒲门延福院）等。五代末，钱俶在南雁荡山为建普照道场，分建 18 所寺庵。宋代时的土地赋税制度也刺激了寺院的兴建；至咸淳年间（1265—1274 年），有三段祖师在玉苍山开基，先后建万行、法云、东隐诸寺。[2]

总之，唐以后佛教在平阳、苍南一带不论是规模还是数量上一直呈现发展的局面，以至于到了明清时期，为了防止滥建，政府不得不通过行政命令对一些私自建立的庵堂寺院加以管制和销毁。正如民国《平阳县志》中记述："明洪武六年，令府州县止存大寺观一所，僧道有创立，庵堂寺观非旧额者，悉毁之。清康熙间，通计直省敕建、私建诸寺庙，亦有创建，增修，永行禁止之令，所以防滥也。今寺观庵堂遍邑内大都，私建者多，而敕建者仅百之一二。"[3]

政府下此禁令，一方面是避免过多过滥；另一方面是明清以来，作为"原生态"讲经弘法的佛教呈衰退之趋势。《平阳县志》记载："明清以远，佛法渐替，虽县设僧会为之纲纪而教微宗乱已非，一朝大众比丘都为衣食计求，其能明宗派深通教典者，盖千百而十一矣。间考邑中僧尼多出于贫家子女，横江以南贫民多子或失业者往往为僧，江北则多送女为尼。以故江北多尼院而江南多僧徒。至于优婆斋舍则望村，而是大抵村氓妇女类多崇信佛法……"[4] 由此可见，明清以后，正统的佛法衰退，佛寺成为生活贫穷的人求衣觅食的地方，民间的佛教发展也染上"拜经礼忏"的陋习。这大体可以看作佛教地方

---

① （民国）符璋、（民国）刘绍宽编纂：民国《平阳县志》卷四十六《神教志二》，民国十四年铅印本。

② 苍南县地方志编纂委员会编：《苍南县志》，浙江人民出版社 1997 年版，第 683—684 页。

③ （民国）符璋、（民国）刘绍宽修纂：民国《平阳县志》卷四十六《神教志二》，民国十四年铅印本。

④ （民国）符璋、（民国）刘绍宽修纂：民国《平阳县志》卷四十六《神教志二》，民国十四年铅印本。

化的极端表现，也与本章所论述的地方崇拜体系有一定的关联。

目前苍南境内的佛教寺庙庵堂主要是净土宗，有早晚课诵，念《佛说阿弥陀经》《地藏王菩萨本愿经》《无量寿经》等。二月十九观音圣诞，四月初八释迦牟尼圣诞，七月二十九（或三十号）地藏王圣诞，十一月十七阿弥陀佛圣诞是所有的寺庙和庵堂都要进行佛祭的日子，在这些佛祭的日子中，香客会来庵堂进香吃斋饭。

多数寺庙和庵堂也会做佛事。根据《苍南县志》记载，苍南境内寺庙和庵堂的佛事包括"梁皇忏、三千佛忏、万佛忏、地藏忏、大悲忏、药师忏、水忏、净土忏、放焰口、打水陆等"①。

上述对苍南境内的寺庙和庵堂描述和记载大体是在佛教系统内进行的。但在笔者田野经验中，苍南境内很多寺庙和庵堂其实都相当"本土化"，和道教、儒家乃至地方神灵信仰杂糅在一起。这些特点反映了佛教作为外来的一种宗教信仰，伴随国家权力和上层社会推动等复杂因素，被地方社会接纳的同时又被地方社会复合化，成为地方社会崇拜体系的重要组成部分。

蒲壮所城的四座与佛教相关的庵堂或寺庙，分别是城内东西对称的东林寺（东庵）和西竺寺（西庵），城外南北呼应的景福寺（金福寺、景福观）和延福院（南庵）。这四座寺院遗产在历史上都是佛寺，却在地方历史的进程中历经了不同形式的变异，形成了不同程度的儒释道及地方神灵信仰杂糅的文化空间。从它们的特点和变异中可以阐明佛教的神圣空间如何象征性地包含地方崇拜体系。这种地方崇拜体系的形成恰好能论证地方社会在应对自上而下或者由外而内的文明推进过程中所具有的能动性。

一 城东东林寺

东林寺，又名光灵堂，也叫东庵，位于蒲城城内东北隅龙山之麓，建于唐宣宗大中年间（847—859 年）②。东庵坐西朝东，依山而建，前后四进。依山而上，分别是山门、弥勒殿、大雄宝殿和观音阁，正殿后砌筑放生池。③ 根据《东庵大殿重修碑记》的记载，东林寺自唐代建立之后，兴废

---

① 苍南县地方志编纂委员会编：《苍南县志》，浙江人民出版社1997年版，第684页。
② 一说建于唐会昌年间（841—846 年）。
③ 其中山门于清同治十一年（1872 年）重修，近年再修，弥勒殿于清同治九年重建（1870 年），大雄殿于清同治七年（1868 年）重修，观音阁近年拆建，正在筹备重修。

不一，现在这个规模是经过后世的善男信女陆续重修新建日渐形成的。清同治七年，在小曹陈鸣瞻主持下重修，李家山坑边住持信女李门王氏同小姑张、王、董等解囊相助，同治九年建韦驮殿，同治十三年建立山门。光绪年间又相继建立左右配殿及观音阁，逐渐形成了包括亭台楼阁、水池等在内的布局，整个寺院建筑群玲珑别致，参差错落，独具一格。①

图9-1 东林寺（东庵）全景②

从山门往里，有着各种题刻和对联，显示了佛教的思想和人生态度。山门外侧石柱刻诗云："山上宣经龙侧耳，岩前说法龙低头"，石柱的小石梁上刻云："观自在菩萨"；山门内侧石倚柱诗云："石洞何人开秘窍，金门有轮透玄关"，小石梁上云："南无阿弥陀佛"，另外写有"慈悲"二字。显然，这都是佛教的

---

① 寺中的《大殿重修碑记》和《光灵堂》两块碑文，大致记载和介绍了东林寺的历史情况。一、《大殿重修碑记》："东庵又名光灵堂，旧名东林寺。地处蒲城东北，为本城东西对称二寺之一，始建自唐会昌年间，厥后兴废不一。清同治七年，小曹陈鸣瞻先生征得当地士人同意予以重建李家山坑边，住持信女李门王氏同小姑张发扬王董振冠等解囊相助。九年建韦驮殿，十三年建山门。光绪间又相继建左右配殿及观音阁共四进，依山而建，逐级上升，其建筑形式包括有亭台楼阁水池、参差错落，曲径通幽，富有诗情画意，龛内供儒释道三教，是上于至善场所和旅游胜地。建国后，一度冷落。五八年（1958年），佛像遭毁，观音阁被拆，殿堂成为大杂院，原先建筑百孔千疮，游人至此无不深抱惋惜。八二年（1982年），自党的十一届三中全会以来，落实了宗教信仰政策，于是佛日重辉，法轮常转，先后有员山尾徐、张氏等有鉴于此，发心主持修建，工程于九六年（1996年）初夏鸠工庀材进行大殿落架重修，升高二米。不数月，一座巍峨宝殿屹立于龙山之侧，为古城增辉，为缅怀该庵兴废史迹及不忘善男信女襄助之功，持立此碑以资纪念，乐助姓名于下：……公元一九九六年岁次丙子月吉旦重修，住持张诗月立，林染撰并书。"二、《光灵堂》："大清宣统元年二月吉旦敬立 本城甘孙超舍坪田叁亩坐雷前，李家山李王游氏舍田叁亩坐城下，又施铜钱壹百六十千正，车岭脚林勤治堂□□□□□，小姑贡生董青扬施银伍两正。本堂众等助田，坐城下二亩，官塘二亩。松柏林林明钫助田壹亩，坐落城下。坝头陈方锯为女子仪修行助田，坐落旌坊四亩兼城下壹亩。桥仔头钊肇行助田亩半坐落。诸施主喜助香舍田，祈保子孙兴隆昌盛者。"

② 图片为蒲城文保所扫描照片，2008年。

思想和教益。弥勒殿为第二进，供奉弥勒佛，亦为佛教寺庙中常见的。

图 9 - 2　东林寺（东庵）外景①

两侧边门牌匾上又题"臻于至善""充其本然"的大字，则显示出了儒家的伦理思想。

山门两侧分别竖立的是哼哈二将，前殿是四大天王殿，重修后竖立韦驮菩萨和弥勒世尊。正殿为光灵堂，堂内左中右三个神龛里面大大小小竖立着二十多个神像。中间的神龛上一共有三排神像，最里面一排从左到右分别是太上老君、释迦牟尼、孔子，中间一排从左到右是天官大帝、大势至菩萨、阿弥陀佛、观音菩萨、达摩祖师，最前面一排是水官大帝、地官大帝、侦察爷、地藏王、五显大帝、福德正神；左边的神龛上一共有两排神像，后面一排是朱仙姑娘娘，前面一排是北斗星君和南斗星君；右边的神龛也有两排神像，后面一排是天王元帅，前面一排是飞天菩萨和飞龙菩萨。最后的观音阁里面供奉的是千手观音像。可谓众神璀璨。

上述不同宗教的神像居于同一个神殿在汉地的民间社会并不少见。从神像位置分布图来看，在正殿中央神龛的十四位神像中，佛教的神像占据了六位，释迦牟尼佛位于正殿正中的位置，佛教中的几位大菩萨分列在释迦牟尼佛前，亦位于正殿的中央位置；道教相关的神像一共四位，包括太上老君以及天官、地官和水官，位于正殿中央神龛的左侧；代表儒教的神像只有孔子

---

① 图片为蒲城文保所扫描照片，2008 年。

一尊，位于右侧；地方神灵的神像在正殿中央神龛的神像中占据了三位。

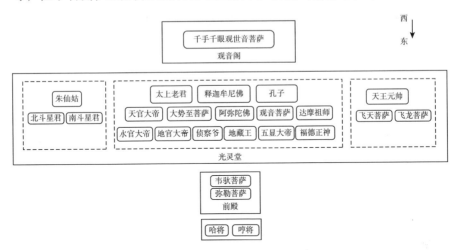

图9-3　东林寺（东庵）神像位置示意

由此可见，无论是从东林寺的总体神像数量还是布局、各种题刻和对联来看，东林寺主要是佛教性质的，但是它在地方化的过程中，把道教和儒教的崇拜对象吸收到自己的崇拜体系中来，并且还强调自己"儒教"的特色。

笔者田野期间访谈了东林寺里面一位念经的人（他并不称自己是居士，只是说在这里念经）很明晰地定位了自己念经的东林寺是儒教①寺院：

> 我们蒲城有东庵、西庵、南庵、金福寺，甘溪有一个玉泉堂。西庵是释教的，南庵也是释教，我这个东庵是儒教，金福寺是道教，玉泉堂也是儒教。

因为供有孔子的神像，他很肯定地把东林寺定位为儒教，而不管在东林寺众多的神像中，代表儒家的只有孔子神像一个，并位于释迦牟尼佛的左侧。不管他的解释是不是代表了普遍的看法，有一点可以肯定的是，在佛教的中国化过程中，东林寺已经成为混合了儒、释、道、地方神信仰的复合型的地方性庙宇。

在蒲门一带，唐朝建立的佛教寺庙在历史的发展过程中，逐渐吸纳道教

---

① 笔者在田野期间，有的地方学者试图证明东林寺是"三一教"寺院，但是尚没有充分的论证。

三清、儒教的圣人以及各种地方神灵而发展成一种综合性信仰场所的寺庙不在少数。笔者在田野期间，还考察了蒲门马站铁厂的延寿寺，它初建于唐大中年间（847—859年），为佛教寺院。但现在的延寿寺当中所供奉的神灵几乎包揽了地方民众心目中所知晓的所有的佛神，包括释迦牟尼、观音菩萨、地藏王菩萨、迦兰菩萨、散财童子、四大天王、十八罗汉、道教三清、孔子、朱仙姑娘娘、土地公等，它们分为三层排列在正殿当中，高达十几米，是十足气势恢宏的"万神殿"。延寿寺的住持说：

> 原来的时候，我们供奉的是释迦牟尼，后来到了宋代的时候就有孔子了，宋代是以儒教为主的，后来道教也添进去了，北港的朱仙姑兴起之后也加进去了。儒教、道教、释教就三教一体了。因为民间有的是信道教的，有的是信儒教的，有的是信释教的，也有信地方神灵的，我们根据民间的需要，就把所有的神灵放在一起。①

这段话不仅解释了延寿寺的地方崇拜体系的形成过程，也印证了同是产生于唐大中年间蒲城东林寺神圣空间的地方崇拜体系的形成过程。这个同时供奉释迦牟尼、道教三清、孔子以及地方神灵的"佛教"寺庙的神圣空间，展现了汉人地方社会在宗教信仰实践上的复合能力，它不是单纯地被某一个神灵崇拜所取代，而是不断地吸收各种宗教中的神灵，形成自己的地方崇拜体系。

东林寺一年当中有四个"佛祭"，即二月十九观音圣诞，七月二十九地藏王圣诞，四月初八释迦牟尼圣诞，十一月十七阿弥陀佛圣诞。这是四个最为主要和普遍的佛祭，也是一般的寺院庵堂都要过的四个"佛祭"。在佛祭期间，来自蒲城、马站、沿浦、霞关乃至灵溪等地的香客都会来进香吃斋饭。

另外，琉璃灯是三年一次的大佛事，要在庵堂里挂满新的琉璃灯，然后做一次琉璃灯醮。通常安排在一年的十一月、十二月里，连做三天。这是由佛门弟子以及居士自己做的醮。

但与纯粹的佛堂不一样的地方在于，只要有条件，东林寺每年都要在腊

---

① 访谈录音资料。访谈对象：YSS，访谈日期：2008年3月5日，访谈地点：蒲门马站铁厂附近延寿寺。

月期间举办一次平安醮，为地方上祈求平安。整个平安醮的道场仪式是由道教的师公主导进行的；与此同时，东林寺的佛门弟子也会在这个期间诵经，以祈求平安。在一个供奉着儒释道的宗教场所进行着道教以及佛教的仪式来祈求地方的太平，足见地方社会中佛、道两家融合程度。

孔子虽然作为神像供奉在神殿中央，但是关于祭拜孔子的仪式活动却并不突出，在田野的过程中，访谈的对象并没有特别地提到与之相关的任何仪式性活动。而一般的信众来到东林寺主要是拜佛教中的菩萨，甚至地方性的神灵，顺便一并拜孔子，鲜有信众专门冲着孔子去进行仪式性祭拜的。那位在东林寺念经的人，之所以突出东林寺是"儒教"，或许因为在民间文化复兴以及儒家传统文化复兴的背景下，对于"儒教"的强调能突出东林寺的文化特色，并相应地获得与其他的佛教寺庙不一样的、具有自身特色的文化声誉。然而，根据笔者的考察，这种强调并不能改变东林寺所彰显的复合性的地方崇拜体系的特性。

另外值得讨论的是，蒲城在人口和文化上受到福建的影响比较大，因此东林寺供奉儒释道三家，极有可能和明代福建林兆恩所创设的"三一教"有关①。虽然田野中地方上的报道人没有谈及"三一教"，但笔者认为并不排除存有这种可能性。

二　城西西竺寺

西竺寺又称西庵，坐落于所城内西北角龙山西麓，始建于明代，正殿于清光绪三十年（1904年）重建。"文化大革命"期间遭受破坏，"文化大革命"过后逐步得到恢复修建。近年又做了大的拆除和重建，整个寺院由山门、天井、大殿组成。

正殿正面的神龛里面现在供奉的是释迦牟尼的三生佛像，两侧是十八罗汉，正殿背面供奉观音，除此之外，并没有其他道教、儒教或者地方神灵的神像。单单从寺内的神像来看，这是一个纯粹的佛教寺院。

西竺寺现在由一个从其他大的佛教寺院回来的出家人当住持，另外还有三个年轻的和尚，居士有十多个，以老年妇女为主，半数以上是蒲城人。出家和尚的日常生活很有规律：冬天早上4点30分起（夏天早上3点30分

---

① 林国平：《林兆恩与三一教》，福建人民出版社1992年版，第102页。

起），做早功，念《楞严咒》《大悲咒》《心经》；6点左右吃早餐；然后看经或者种菜、挑粪，或者洗衣服、打扫卫生；中午午饭后休息一两个钟头，下午看经或者种菜；晚饭大概4点半到5点左右进行；6点打坐，念"八十八佛""阿弥陀经"等。

图9-4　西竺寺外景①

逢佛祭，他们也无一例外要进行集体性的诵经、吃斋饭的活动。② 和东林寺不一样的是，西竺寺还会按照施主的要求，为他们做佛事，包括超度、放焰口、打水忏等，这些佛事可以为他们赢得不少的收入。比如，西竺寺的和尚可以到死者家中给人家做超度仪式，念三天三夜的《地藏菩萨本愿经》，或者在西竺寺里给别人做超度仪式。做佛教超度仪式在苍南境内是非常普遍的事情，佛教寺庙的和尚从事超度仪式以获得额外的收入也是十分平常的。然而，和东林寺不一样的是，西竺寺仪式活动是在"佛事"系统下的，参与的人一应是西竺寺的佛教和尚，他们不像东林寺一样，每年会请道公来为地方做平安醮。可以说，相对东林寺而言，西竺寺是一个更为纯粹化的佛教寺院。正因为这样的原因，前述东林寺的住持才会认为，和东林寺相比较，西竺寺是释教性质的。

---

① 图片为蒲城文保所提供，2008年。
② 和其他几个佛教寺庙庵堂不一样，西竺寺每年的正月初一到初九做"万佛节"，出家人和居士一起念经，连续9天。

在问到西竺寺和地方神庙之间的关系的时候，西竺寺住持解释：

> 从历史上说，人们不是很懂。人们对地方的神主要是问病，地方的菩萨是神。我们这是天上的菩萨，天上的神是大的，地方的神是小的。我们求大界、皈依，是释迦牟尼佛的弟子。我们到地方去，是不用拜也不需要拜地方的菩萨的。不过，民众信地方神或者信佛，我们一样看待，不会说你信了地方的神，就不能来信我们这里的佛。人生主要就是做净、做好，就没有事情了。

> 我们的神是人来修道变成菩萨的，释迦牟尼佛是太子来修，观音是皇帝的女儿来修行成道的。下面的地方神很难讲的，你说不出来他是如何修道的，我们也不知道。地方的风调雨顺这些事情我们这里是不管的，这些事情是东西门的老爷（即晏公）来管的。

> 民众很多是两边都信，上面的和下面的，他们都是有烧香拜佛的。①

显然，在身份上，西竺寺的人是非常清楚地意识到自己的佛教信仰与一般地方神灵信仰的区别。同时，佛教信仰也包容地方神灵的信仰，尽管它们有区分，职责不一，但是并不相互排斥和冲突，信仰地方神灵的人也可以信仰西天佛。这种看法不独西竺寺住持存有，地方上的百姓也有同样的看法：

> 太阴宫这里的就是神，晏公爷也是神，佛就是庵堂里面的西天佛。佛就是那些老人家没有地方去、吃素的人才去那里。他们保佑我（笔者按：指信佛的人们）死的时候要到西天去的。我（笔者按：讲话者本人）觉得这个是不一定的事情。

> 信神的是这样子，我现在肚子痛，我就求这个佛（笔者按：就是地方神）保佑我一定好，保佑我家里平平安安，以后死了以后就不管了。我觉得人活着的时候，身体健康，平平安安就好了。我就是这样子想的。所以，我很少去佛堂拜，人家叫我去玩一下，我才去看看。我哪里有做佛的份儿呢？观音佛是皇帝的女儿才做的。

> 鬼就是七月最后一天放出来，像乞丐一样的，人要生病的话，也不

---

① 田野访谈资料。访谈对象：JJ，访谈日期：2008 年 2 月 28 日，访谈地点：蒲城西竺寺。

会去求鬼的。①

由此可见，地方上一般的民众对于地方神与佛教寺院里头的佛之间的区分还是很清楚的。与此同时，信仰地方神并不意味着不能信仰佛，只不过，佛教中的佛是比较"远"的，和现实生活的关系不近。西竺寺的住持以及民众对于佛和神之间的区分大致相同：佛是管人死以后的事情，神是管人活着时候的事情；信佛的人是要修行的，信神的人是要求拜的；信神和信佛并不冲突，但是总的来讲，佛是比较远的，在"神灵体系"中是高一层次的。

这种认识大致能反映出来源于不同的两套文明体系中的信仰系统，到了地方社会中之后，已经被统合在一个地方崇拜体系当中。在这个地方崇拜体系中，地方神位于比较近的位置，与人们的日常生活紧密相关；而佛教的佛则位于比较远的位置，与人们的日常世俗生活相关性弱一点，只有考虑生命结束以后去向的时候，才显示出其功能与意义。

此外，不论是作为西竺寺的主持还是地方民众，笔者在和他们谈宗教、信仰之类的话题时，他们在表述上都是"神""佛"不分，如西竺寺的住持会把地方神灵叫作"地方菩萨"；而地方上的民众在谈到晏公爷、陈十四的时候也总是称它们为"佛"，在讲述童乩的时候，会说是"佛"上身了。

由此可见，在地方社会中，关于佛、菩萨或者神灵有些时候并非那么泾渭分明。尽管佛教是另一套信仰体系，但是到了地方社会中，佛教所涉及的佛与地方上的神灵都被归入一个系统中，即本书所谓的"地方崇拜体系"。

三　城北景福观

景福寺可能是四座佛教寺庙或庵堂中最有意思的一座了，它的变化如此之大，以至于笔者行文时犹豫如何称呼它。

景福寺，有一段时间叫作"金福寺"，现在则正式改名为"景福观"。根据《夏氏族谱》之"梵宇纪绩"当中的记载，景福寺建于唐大中年间（847—859年）。从景福寺名称来看，当时取名为寺，可以推断是一个佛教寺院。《梵宇纪绩》中还记载了明永乐以及嘉靖年间的两件事情，亦可以证明景福寺在建成之初是一座佛教寺院：

---

① 田野访谈资料。被访对象：CSF，访谈日期：2008年7月21日，访谈地点：CSF家中。

　　明永乐岁次丙戌年（1406 年），僧崇修济者，自虎邱来，与昭信公为方外交，募公倡首，公悯于废坠，捐资重建，舍田十亩，谷千斤，以作修理。嘉靖年间，宁德矿徒作乱，数十人入寺索金，僧不许，寺毁于火。至崇祯十年，十世祖镇江公捐金重建，复舍田十二亩，招僧住持，至今寺僧设神位奉香火一根。①

　　从上述记载中可以看出来，明代的时候，这里依然是一个佛寺，其中还有富有气节的僧人。明代以后的景福寺如何发展没有详细的文字记载。民国《平阳县志》神教志部分在"废寺凡旧志所有今无可考者"部分记载有"景福禅院旧志误分为二一院一禅院在厦材唐大中间建旧志"②，说明景福寺一度废弃不可考。一首当前名为"忆金福院"的诗这样子写道："一钟二师称学堂，一年二季寺当仓。一寺二厂惊堂院，一拆二建添戏台。"它反映了在重建景福院之前，这里一度被当作学堂、粮仓来使用。

　　2008 年，苍南县民族宗教事务局发证，把景福院命名为"苍南县蒲城乡景福道观"，教别定位为"道教"，并在重修过程中，突出道教的文化设置。③景福院从佛教寺院向道观转变，放在当前文化复兴背景下看，有其内在目的性和创造性，即一座以道观命名的道教宗教活动场所，可以彰显蒲城文化的多样性、丰富性和全面性，这对于当前把蒲城建立为历史文化名城有其实际意义。

　　然而不管历史上它是纯佛教寺院，还是现在被改造成道教性质的宗教活动场所，仔细考察内部的布局和安排，依然能看到在这个被定位为道教性质的神圣空间中，亦显示出了佛、道、儒以及地方神灵所共同构建的地方崇拜体系。

　　在正殿的正面三个神龛中，从左到右分别竖立孔子、道教三清、释迦牟

　　① 《梵宇纪绩》，载《夏氏族谱》。
　　② （民国）符璋、（民国）刘绍宽编纂：民国《平阳县志》卷四十六《神教志二》，民国十四年铅印本。
　　③ 《温州道教通览》一书中记述了 1993 年开始对温州道教进行的相关改革，蒲城景福院的改革可以看成是同类性质的。参见周孔华、阮珍生编《温州道教通览》，温州市道教协会编印，1999 年，第 13 页。

尼的神像；正殿左侧从前到后分别是张天师、北斗星君、西斗星君、中斗星君、东斗星君、南斗星君（合称五斗星君）；正殿右侧从前到后分别是五显大帝、天官大帝、地官大帝、水官大帝（合称三官大帝）、弥勒神、福德正神。虽然神像没有东林寺多，可三教混合是丝毫不逊。只不过，和东林寺不同的是，景福观内居于中间位置的是道教的最高神灵"三清"，其左右则供奉有释迦牟尼佛和孔子的像。

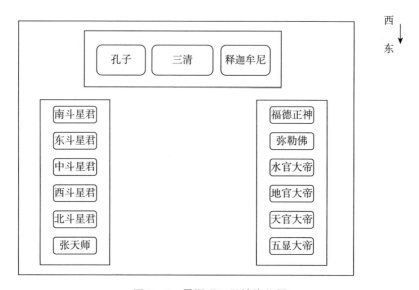

图9-5　景福观正殿神像位置

　　景福观住持念的经文中，包括《玄门早晚课诵》《赦罪解厄消灾延生保命妙经》《三官真经》《浑元祖师诸佛经赞》《大佛顶首楞严咒》，这也表明景福观所做的功课里，佛教的内容占据了相当的比重。观中还设有签诗，配合签诗的是统一印制的观世音灵签精解《百事问观音》，地方神庙中不可或缺的问签诗被采纳，而且所用解签的书文亦是被地方化和民间化的《百事问观音》，不仅表示这个神圣空间的释道杂糅，也表示在这个杂糅中还掺和了地方信仰。

　　从景福观的仪式来看，佛教的仪式亦是占据了多数。二月十九观音圣诞日，四月初八释迦牟尼圣诞日，六月十九观音菩萨出家日，九月十九观音成道日，七月二十九地藏王圣诞日，景福观都一一举行仪式。此外，景福观还会举行佛祭活动，同时，这些佛祭活动还会请正一教道公来做道场，这几乎是当前景福观仪式中仅有的和道教有联系的部分。

因此，现在的景福观虽然定性为道教，但是，无论是从它内部的神像、所诵读的经文还是所举行的佛事活动来看，它都在极大程度上延续着历史上佛教寺庙的性质，同时也在地方化过程中接受了儒、道以及部分地方性神灵。在现今已经正式规定为道教的情境下，亦不能完全排除历史上形成的佛、道、儒混合的地方信仰崇拜体系，而只能在原有的体系下进行调整，突出道教神灵，并协调与佛、儒及地方神灵的关系。

四　城南延福院

延福院，又称南庵，位于蒲壮所城南门外，建于唐咸通年间（860—874年）。在蒲城四座寺庙庵堂中，延福院是最为纯粹的佛教寺院，也是四个寺院中距离蒲城最远的一个寺院。

在住持华香梅（法名释传树）的记忆中，南庵是一个很吸引人的地方。"文化大革命"之前的南庵一直保留着四大天王神像，当时还是小孩的她觉得很喜欢。她说后来她去过北京一些地方，都没看到过那么叫人喜欢的神像。或许是和南庵有缘，华香梅从霞关信用社退休后就接管了南庵"文化大革命"后的重建工作。她先自己投入了几万块钱，然后通过地方上的乐助，慢慢地把"文化大革命"中成为废墟和柚子林地的南庵逐步重建起来。

1998 年仝立的《重建南庵碑记》对这段历史进行了记载：

> 南庵又名延福院，坐落蒲城南山麓，面对古城旁，临水堰泉，偏东接麒麟岗，始建自唐咸通间。建国后旧貌系清代中期所建，包括金刚殿、正殿等。□□□沧桑变易，佛像遭毁，殿堂被拆，僧尼四散，昔日宏法佛地已沦为荆棘丛生，環堵萧然。向之南庵钟声杳无音闻。游人至此，无不深感怅惜。里人渴望法轮重转久矣。九六年丙子冬，居士华香梅有鉴于兹发起重建，十方赞襄。旋得青涵大师大力鼎助，又经善信筹委等反复商讨，仍以资金未足因陋就简。方案既定，乃择日鸠工庀材。一度寂静南郊开始沸腾，钟声佛号又回荡在南山之颠。翌年增建房舍，修筑道路，拓展佛地，成绩卓著。住持释传树身负总筹之责，废寝忘食，不辞劳瘁，终得堂構落成，蔚然壮观，为古城添色，佛门增辉。谨缀梗概为之记。

现在已经说不清楚历史上南庵是否也混合了道教或儒教，总之，这位38岁便开始吃素的华香梅接管南庵之后，便一心一意要把南庵建立成一个纯粹清修的地方。

南庵正殿供奉的是释迦牟尼佛、药师佛、阿弥陀佛、地藏王、伽蓝佛，后殿供奉观音。一年当中只有二月十九观音圣诞日，四月初八释迦牟尼圣诞日，十一月十七阿弥陀佛圣诞日，六月十九观音菩萨出家日，九月十九观音成道日，七月二十九地藏王圣诞日等几个佛祭，初一、十五和其他时候只是"拜拜"。这些活动清一色地由南庵的出家弟子以及居士来进行，不会借助道教的道场。

南庵正殿里面收拾得几乎一尘不染，除了神像之外，只有一个香炉。出家人和居士在这里过着非常有规律的修行生活，早上三点半起床洗漱，四点二十五分在殿里做功课，下午三四点就做功课，平时有功夫就自己念经。念的经文主要是《无量寿经》《地藏菩萨本愿经》，还念"阿弥陀佛佛号"。

笔者田野期间，南庵的出家人有6个，居士7个。他们坚持过一种简单朴实的出家人生活，自己种菜、种粮食、挑水、砍柴，不参与给别人做佛事来获取收入。释传树说：

> 我们这里不做佛事，我们这里要安静，我不想赚钱，寺庙赚钱太多，很麻烦的。我们不吃这个钱，钱多了就麻烦。我们就是念佛、吃素，过一辈子，我们不要热闹。出家人就应该干净，钱多了，会多很多麻烦，修不好，自己都下地狱，还怎么给别人超度呢？

南庵的住持和出家人严格区分了佛和地方神灵：

> 佛和神是有区别的，神是地方的，他很矮；我们的佛是西方菩萨，光明很大，我们信的就是西方佛。

同时，他们还把自己区别于其他几个庵堂寺庙，他们认为自己信的就是三宝，很纯；东林寺那里还有神、娘娘、道教的东西；西竺寺那里虽然供奉三宝，但是经常给人做法事，不是一个清修的地方；景福寺已经变成道观，也没有出家人以及居士，算不上是佛教了。

从上述的材料中，我们不难看出，"文化大革命"后重建的南庵是四座佛教寺庙中唯一进行纯粹佛教清修的场所。它展示的是一个世外桃源般的神圣空间，与世俗的烦琐以及其他各种复合的地方信仰体系保持着恰当的距离①，与它远远离开蒲壮所城的空间位置有一种巧妙的对应。

五　结语

上述的四座"佛教"寺庙的现状和变迁情况，一方面呈现了佛教传入中国，在地方社会过程中所展现的不同程度的变异；另一方面通过对这些变异的仔细考量，能从中看出佛教在地方社会的变异过程也是地方崇拜体系形成的过程。我们可以在一个渐变的维度上对这四座"佛教寺院"进行一个对比：如果说延福寺代表了最纯正和本源意义上的佛教持戒修行的神圣空间，那么西竺寺因为进行佛教超度仪式，被视作相对"功利化"的佛教场所；景福寺尽管在当前的文化复兴中从原来的佛教场所转化为道观，但从前述的分析中依然能看得出来，它也是一个杂糅着地方性崇拜体系的神圣空间；东林寺内部所展示的"万神殿"式的格局亦可以被看作呈现地方崇拜体系的一个象征领域。

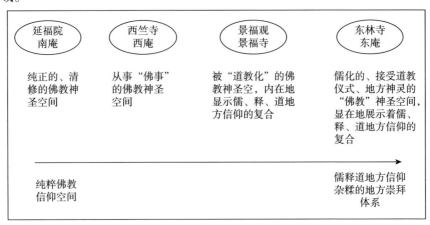

图 9-6　四个寺院信仰空间的区分

---

① 当然，出于出家人慈悲为怀的人生态度，对于诸如陈十四娘娘开光或者城隍爷出巡这样的地方公共事务，南庵的出家人也会尽自己的一份力量。

　　总之，从上述四个"佛教寺庙"的分析，笔者试图在空间上展示一个地方崇拜体系的变化或变迁。在地方社会过程中，自上而下或者由外而内的宗教文明推进尽管在一定程度上会影响和形塑地方社会的文化，但是地方社会依然具有自身的能动性，它能吸收外来宗教并与本土宗教和地方信仰相融合，不断演化为具有地方性特征的信仰体系过程。

　　我们往往容易站在中心或者上层的角度把边缘或者底层想象成软弱、没有历史乃至鲜有文化的地方。然而，诚如萨林斯所指出，历史从来不是单边的，历史从来是双向的过程；边缘的民族有自己的体系和结构，跨文化遭遇不能简单地化约为一种物理学，或者一种目的论。[1] 这里，把边缘民族置换成地方社会，我们可以说，大传统文化向地方社会扩散，亦不能化约为一种物理学，因为地方社会亦有自己的文化能动性，来创设自身的文化体系。因此，文化不仅是从上而下或者从中心向边缘扩散时的单向接受，文化还是底边或者边缘社会的一种再创造。蒲城四座寺院的现状和历史变化正体现了地方社会在应对自上而下或者由外而内的文明推进过程中所具有的能动性，从而形成带有自身特色的地方崇拜体系。

---

　　① ［美］马歇尔·萨林斯：《资本主义的宇宙观——"世界体系"中的泛太平洋地区》，载《历史之岛》附录，蓝达居等译，上海人民出版社2003年版，第363—364页。

第十章　仪式专家：蒲城正一师公的实践和传承

　　在蒲城城内有一简氏道教正一派师公家族，他们世居蒲城六代，六代皆为正一教师公。他们参与了以蒲城为中心的整个蒲门地区的各类仪式活动，小到家庭个人仪式，大到社区仪式。当前在蒲城一带活态传承实践着正一教科仪文化传统的是第五代简守慕和第六代简诗景父子。从道教历史角度看，简氏正一世家的代代传承反映了苍南境内正一教的文化和传统；从人类学角度来看，他们对蒲城一带大大小小社区仪式以及家庭个人仪式的主持，折射出了生活和文化的一种多元混融。本章在呈现苍南正一教历史背景、简家以及所主持的部分仪式民族志的资料基础上，分析地方社会和文化的多元混融。与此同时，苍南正一教科仪音乐已入选"第四批国家级非物质文化遗产名录"，通过对正一教科仪的民族志呈现，也能探究非物质文化遗产在地方社会生活活态传承中的内在面向和逻辑。

一　苍南正一教概况

　　道教是中国土生土长的宗教，被认为是"中国文化根底"之所在，在全国有全真派和正一派两大主要的派别。整个温州道教的历史十分悠久，据说起源于三国东吴①。苍南的道教历史亦能追溯到唐代，乾隆《平阳县志》记载早在唐代就有道士马湘和他的徒弟王延叟在苍南松山炼丹飞仙。② 在《温州道教通览》《浙江苍南县正一道普度科范》等书中，都有基于文字和师公口述的对于苍南道教历史发展谱系的清晰记载。宋代，林灵真在苍南本土开创道教水南派，

---

① 周孔华、阮珍生编：《温州道教通览》，温州市道教协会编印，1999 年，第 2 页。

② （清）徐恕、（清）张南英、（清）孙谦纂修：乾隆《平阳县志》卷二《舆地下·山川》，清乾隆刻本。乾隆《平阳县志》卷十七《人物下·仙释》，清乾隆刻本。

著有《符章奥旨》二卷、《济度之书》十卷，其徒弟吴全节编著《灵宝玉鉴》十卷等，并得到元代朝廷的敕封，在中国道教历史上占有较高的地位。又有从闽南传入的以陈靖姑为教主的"闾山派"兴行。元代流行南宗"金丹派"。到了明代，传自江西龙虎山的天师道"正一派"在苍南大盛。清代及民国以后，全真道的"龙门派"中兴。故而，苍南拥有"千年道乡"之称。

当前，整个苍南县内还活跃着全真派、正一派、闾山派三大道教派系。全真派尊王重阳为始祖，受牒于太上老君。男称道人（干道），女称道姑（坤道），主张全性保真，性命双修，住宫观，不婚娶，以阐教、诵诗、礼忏、丹炼内养为主，在苍南有127人左右。正一派受牒于龙虎山张真人，教徒男性称"师公"，不出家，可婚娶，以从事道场科仪见长，是三派中最盛的一派，人数在606左右①。闾山派尊陈靖姑（陈十四）为始祖，俗称"红师"，其科仪以"武场"著称。

正一派之所以是三派中人数最多、科仪活动最盛的一派，可能与其道场科仪活动和民众社会生活直接相关、且带有较强世俗性。正一教师公法事侧重通过画符念咒的方式来驱魔降妖、延生保泰、祈福禳灾。在仪式过程中，师公以摇铃持笏、舞剑吹角、步罡踏斗、唱念经咒为主，其科仪属于"文场"。虽然形式上都是"诵咒、掐诀、罡步、跪拜、燃灯、步虚、存想、运讳、叩齿、进表、炼度"②，但在笔者田野期间，当地民众亦言师公是有"手低"高下之分（即功夫深浅之分）。

正一教科仪法事通常涉及招魂、普度、收惊、度关、逐煞、开灯、普利等，都是直接与人之生老病死相关。从功能角度来分类，正一教法事大致有三：第一为"灵宝延生类"，第二为"青玄度亡类"，第三为"半延生半度亡类"。③徐宏图、薛成火先生通过对高工道士梁月生、郑宏基等的调查访谈，对三类科仪的基本节目和程序做了比较详尽的记录。④从这些记录可以对正一

---

① 该人数统计是笔者2008年田野调查时获得的《2007年苍南县道教教职人员活动花名册》中的统计数据。根据后来的学者调查，"苍南县加入道教协会的正一派道士只有近800人，还有相当一批道士并未加入道教协会，全部正一派道士人数应该超过1000人"。参见孔令宏编著《苍南正一派科仪音乐》，浙江摄影出版社2019年版，第149页。
② 郭德才：《浅谈道教正一派中的斋醮科仪》，道教思想与中国社会发展进步研讨会第二次会议论文集，泉州，2003年11月，第368页。
③ 徐宏图、薛成火：《浙江苍南县正一道普度科范》，香港：天马出版社2005年版，第1页。
④ 徐宏图、薛成火：《浙江苍南县正一道普度科范》，香港：天马出版社2005年版，第23—45页。

教的科仪做如下的大体概括和分析：

灵宝延生类　主要是通过做醮，祈请不同神明帮助实现消灾延生的法事，包括保安、除病、求福、赦罪、忏悔、禳灾、解厄、谢土、禳星等。多数以所请神明的名字来命名，也有少数是以做醮的目的来命名。前者如太岁醮、城隍醮、地主醮、娘娘醮、观音醮、三官醮、东岳醮、文昌醮、关圣醮、玉皇醮、灶君醮、杨府醮、许府醮等三十多种，后者如招财醮、禳莹醮、谢火醮等。无论是以神明的名字来命名，还是以做醮的目的来命名，每个醮都是有相应的神灵和目的的，如"太岁醮"所恭请的是以"太岁星君"为主的神明，其目的是"祛涤灾祸，祈庇吉祥"；"招财醮"恭请的是"招财五福圣王"，其目的是"招财进宝"。这些醮斋以社区性的为主，一般会在供奉各个神灵的神庙中举行。一些重要神明的醮斋会一年一度周期性进行，其他神明醮斋往往视地方具体情况而定，包括所在社区出现的状况、民众意愿、资金筹备等。此外，一场仪式中可以进行多种醮，以祈求多种目的①。

青玄度亡类　主要是以不同的方式对亡灵进行救度使其能超生或往生，其科仪方式包括焰口、开灯、大衍灯、燃灯、九阳灯、忏孤等。如"焰口"通过焰口布施的方式来超度亡灵；"开灯"是以开通冥路道场的方式超度亡灵；"大衍灯"则是以拜请三清三界慈尊点燃神灯、普照幽冥的方式来使亡灵往生仙界；"忏孤"则是以设斋筵召请无主孤魂的方式，使之超度或托生。青玄度亡仪式可以是由家庭或家族为其亡故的亲人进行的（如开通冥路、首七满七），也可以是宗族的（如完谱超宗），还可以是社区性的（焰口布施、超度功德）等。**半延生半超度类**基本上属于社区性的，包括普度、济冥利生、超阴保阳等。

不同科仪在具体仪式操作上有所区别，但总体上有一个基本结构，即准备阶段（包括戒斋、净坛、盖印等），请神阶段（包括发帖、安监等），祈/祭神阶段（如进表、卷帘、各种醮等），送神阶段。这个结构笔者将结合田野调查中所观察的仪式和相关资料进行具体呈现和分析。

苍南正一教师公祖上大多于明代从闽南迁入，法事诵唱均操闽南话。和多数正一教斋醮仪式队伍一样，苍南正一教参加科仪的师公主要由高功、都

---

① 如笔者田野中观察的三天三夜的桃花仙姑太阴宫开光道场有灶君醮、东岳醮、庆扬醮，一家户祈安道场中有太岁醮、灶君醮、解连醮等。

讲、监斋三法师组成，另外大型的正一教科仪还需有不同的师公来担任待经、侍香、侍灯、炼师、摄科、正仪、监坛、知炉、词忏等职能，但在大多数的道场，这些职能都是被兼项的，甚至在小型的家户道场中，有时候只由一位师公来完成该仪式中所有的事项。

和其他地方大同小异，苍南正一教科仪道场亦需有法印、法器、文书、道服、器乐。其中重要的法印有"灵宝大法师""神宵大法师"等；法器则有：令尺、钟、磬、天符牌、拂尘、笏板、法绳、圣杯、摇铃、手幡、引风幡等；"文书"包括表、奏、申、牒、檄、疏、札、状等（多数事先准备好）；道服有朝服、八卦袍、真人袍、蓝袍、红袍、紫袍等。乐器有堂鼓（大鼓）、版鼓（小鼓）、大锣、小锣、钹、唢呐、二胡等。师公只习经忏科仪，斋醮道场时的音乐伴奏一般是请当地民间吹打班乐手一人至二人担任伴奏，师公偶尔会兼司打击乐器。

一般而言，三天的道场会请 11—13 位师公，两天的道场会请 8—9 位师公，配以 1—2 位乐师。亦有半日小型的家户道场，1 位师公，配 1 位乐师。邻近区域师公们之间会形成相互合作的关系。

二 蒲城正一教师公简氏

如果问在蒲城各种仪式活动"谁是最常见到的？""谁是几乎参与了所有大大小小的社区仪式或者是家庭个人仪式的？"那一定会有一个统一的称呼，就是"简师公"。应该说"简师公"是蒲城人对于居住于蒲城六代相传的简氏正一教师公的统称。在笔者做田野的时候，主要是指简诗景（法名"忠荣"）和他的父亲简守慕，现居住在蒲城西门街。

简家祖籍福建福鼎水仓，到了简家 26 世，也就是简忠荣师公的曾曾祖父简朝薄的时候迁居蒲城，他们在蒲城一共六代人都从事正一教师公的职业，参与了以蒲城为中心的整个蒲门地区的各类仪式活动。笔者根据忠荣师公提供给笔者的族谱内容，梳理了其师公世家传承的谱系：

（根据其族谱记载）朝薄，居蒲城，名通信，字儒穗，号珊卿，生咸丰辛亥年三月初七午时，卒民国癸亥十一月廿七午时，配顶东园杨氏，继配鼎邑卓桥李氏生，生三男一女。长子盛锴生光绪辛卯年九月初五戌时，卒一九七五年乙卯二月廿六酉时，配管洋陈亮公女生四子：家级

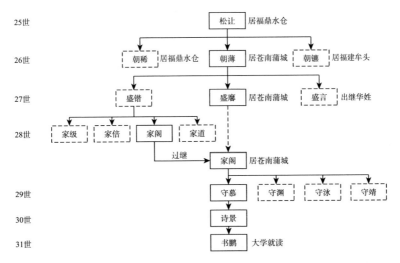

图 10 - 1　蒲城简氏师公谱系

（师公）、家倍（师公）、家阁（师公）、家道（师公）。二子盛廮（居住蒲城，师公），生光绪戊戌年六月廿丑时，卒于一九七零年庚戌。因无后，故长子盛锴三子家阁过继给盛廮。三子盛言出继华姓。

家阁，字振文，生民国己未年八月廿一子时，卒一九九二年壬申三月初二酉时。续给盛廮为子，继续居住蒲城为师公，号禄天，法名博台。配本城陈阿青女。生四子，守慕、守渊、守泳、守靖。长子守慕，生于民国戊子年正月初四寅时，配小岵华杨修公女。生一子，诗景。诗景，即忠荣师公，生于一九七五年乙卯三月十六卯时，初中学历，配金家山朱成友公女，生子书鹏。书鹏在笔者书写此书时候，在一所大学就读设计相关的专业。

蒲城小型家户道场由简守慕师公或简诗景师公 1 人作为主法师公，另配 1—2 位民间吹打班乐手担任伴奏。社区拔五更的下殿福、城隍下殿福亦是由简家父子来主法。2—3 天的大型社区仪式或家户仪式，则会请附近的师公一起合作完成。一般而言，师公之间合作关系有相对固定的圈子，在大型仪式的时候相互合作。笔者在田野期间，发现经常与简师公合作的师公有六七位，分别来自岱岭乡、苍南县城灵溪、福建福鼎、凤村等，年龄在 15—29 岁之间（时 2008 年）。简诗景当时年龄为 33 岁，在蒲城乃至马站的大型道场中都是作为主法师公。

表 10 - 1　部分与简师公合作的师公一览

姓名	出生年份（年）	居住地	学历
兰春雄	1976	岱岭	初中
沈兴相	1991	灵溪	高中
薛延国	1979	福鼎	初中
张淑泵	1980	灵溪	中专
李思表	1985	吕汗	高中
庄干进	1985	凤村	大专
兰加银	1993	富源	高中

三　蒲城正一教的仪式过程

简师公几乎主持了蒲城大大小小所有的仪式活动，全面参与了当地人有关出生到死亡过程中所希冀的"好生""好死"的人生善愿。笔者在与简氏师公聊天的时候，曾用"出生入死"这个说法来形容他们："蒲城人从出生到死亡，简师公都管了，你们师公简直是'出生入死'的英雄。"平时比较寡言的简守慕师公微笑地点头认同了。笔者前后两次在蒲城田野调查期间，在蒲城大大小小的仪式场合，几乎都能见到他们。就笔者亲历的，包括了：

1. 2008 年 1 月 20—21 日 C 老太太正一教超度道场；

2. 2008 年 2 月 20 日 正一教道场小孩做关；

3. 2008 年 2 月 10 日 东关庙晏公爷的"下殿福"；

4. 2008 年 2 月 24 日 太阴宫娘娘下殿福；

5. 2008 年 4 月 6 日 城隍上殿福；

6. 2008 年 3 月 10—12 日 桃花仙姑太阴宫开光道场；

7. 2008 年 8 月 25 日 W 家的祈安道场。

这些仪式包括为小孩健康成长的"生"之仪式，也有为亡者超度的"死"之仪式，还有为社区神灵做福的社区仪式，以求生死平安。因此，正一教的师公参与了当地人从生到死关键节点。现在以 C 老太拔亡超度仪式过程进行呈现和分析。

C 老太太拔亡超度仪式①

2008 年 1 月 20 清晨，笔者第一次到蒲城踩点一个星期左右，便遇到了蒲城城内 C 氏家族为 98 岁高龄去世的 C 老太太做超度仪式，同时也为 C 老太早年亡故的二儿子 C 先生一起做超度。道场一共是 20—21 日两天。C 老太家六代同堂，仪式过程中，在师公的主持下，几十个儿孙媳妇满满地跪拜在祠堂中，这种规格的家族（家户）拔亡超度仪式是笔者田野调查期间遇到的最大的一次。参与做道场的师公有 8 位，除了简家父子，还有便是前述表中的五位年轻道公，另有一位中老年乐师。②

（一）道场布置

道场设置在陈氏宗祠内，由师公来提前布置。分灵堂、内坛和外坛以及设在宗祠外供给孤魂野鬼的坛。

1. 灵堂

灵堂设在祠堂最里进，停放 C 老太太的棺椁，棺椁后侧设供桌一张（供台 1），供奉 C 老太亡灵。供桌上摆一炉、二烛、四碟素果（五个梨、五个苹果、五个橘子、五颗青枣）、一碗夹生米饭、一鸡蛋、一双筷（筷头上用红绳系着白棉花）。台边烧的是银纸钱③。

2. 内坛

内坛中设主案和侧案。内坛共有二进（二张供桌）：第一进主案为祖师台（供台 3）主要是供奉道教祖师、两侧挂有玉帝王母（右）、观音（左）。台上放一个香炉、小令旗、二烛、六品（红枣、枪鱼干、半生猪肉、金针菇、饼干、鸡蛋煎饼）、小糍年糕、三杯茶、五盅酒。

第二进设供台 2，供奉三清，供品简单，设香炉三个，小糍年糕三盘。

内坛左右侧案两边的墙面上挂有十殿王图。右侧为一殿秦广王、二殿楚

---

① 由于笔者当时初到蒲城，对于蒲城的绝大多数人来说，笔者就是一位外来的陌生人。这位外来的陌生人也是随机地遇到这个超度道场的现场。在这种情况下，未经主人家同意，直接拿着相机去拍摄仪式，是有悖田野伦理的。尽管对方允许笔者在旁观察，但整个过程笔者也确实感受到了他们对陌生人保持着警惕，并直言笔者不要拍摄。因此笔者只能以绘制示意图的方式呈现仪式现场大体的空间结构布局。本章图片未特别标注，皆为笔者制作。

② 一般而言，两天的道场一共会有 8—9 位道公；三天的道场会有 11—13 位道公。大的道场，道公师父之间会相互合作。

③ 当地习俗烧给阴间的人是用银纸钱。

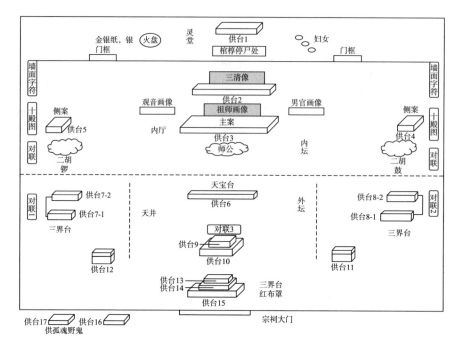

图10-2 C老太超度道场整体布置示意

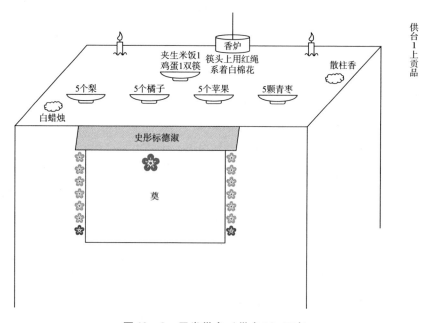

图10-3 灵堂供台（供台1）示意

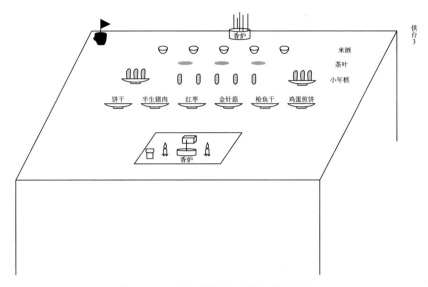

图 10 – 4　内坛祖师台（供台 3）示意

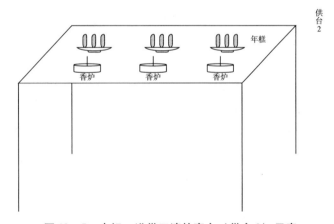

图 10 – 5　内坛二进供三清的案台（供台 2）示意

江王、三殿宋帝王、四殿五官王、五殿森罗王；左侧为六殿卞城王、七殿泰
山王、八殿平等王、九殿都市王、十殿转轮王。十殿王的内容为阐明因果报
应的图和文，如一殿秦广王，主赏善罚恶，写有"阳世重金钱无理成有理，
阴司重德行人欺天不欺"，画有牛头、判官、思乡岭、孽镜台、补经所、福田
关、鬼门关、莲池关等。

3. 外坛

外坛设的是三界台，也分为主案和侧案。三界台模拟不同的天界，一层

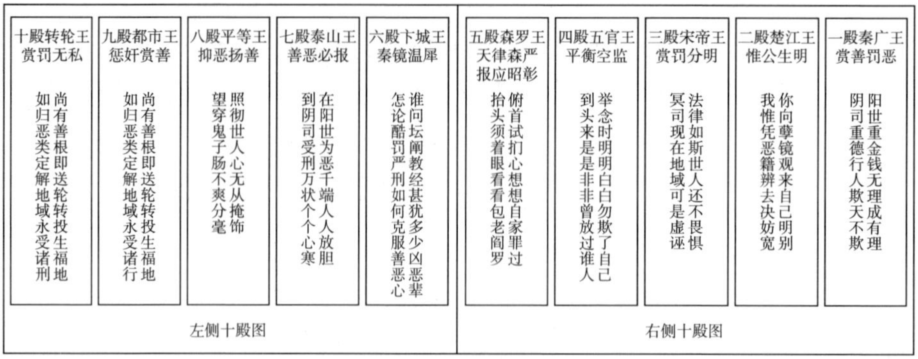

十殿转轮王
赏罚无私
尚有善根即送轮转投生福地
如归恶类定解地域永受诸刑
九殿都市王
惩奸赏善
尚有善根即送轮转投生福地
如归恶类定解地域永受诸行
八殿平等王
抑恶扬善
照彻世人心无从掩饰
望穿鬼子肠不爽分毫
七殿泰山王
善恶必报
在阳世为恶千端人人放胆
到阴司受刑万状个个心寒
六殿卞城王
秦镜温犀
谁同坛阐教经甚犹多少凶恶辈
怎论酷罚严刑如何克服善恶心
五殿森罗王
天律森严
报应昭彰
俯首试扪心想想自家罪过
抬头须着眼看看包老阎罗
四殿五官王
平衡空监
举念时明明白白勿欺了自己
到头来是是非非曾放过谁人
三殿宋帝王
赏罚分明
法律如斯世人还不畏惧
冥司现在地域可是虚诬
二殿楚江王
惟公生明
你向孽镜观来自己明别
我惟凭恶籍辨去决妨宽
一殿秦广王
赏善罚恶
阳世重金钱无理成有理
阴司重德行人欺天不欺
左侧十殿图
右侧十殿图

图 10－6　内坛十殿王名及对联

一界，三层三界，供救苦天尊、紫薇大帝、地藏王、观音菩萨、南斗星君、北斗星君、通都地主、县府城隍、太岁、阴府十王真君等。每个三界台都供有香炉、烛、素果、茶、酒等。

外坛主案从宗祠大门向内，一共分三进。第一进为三层的三界台（供台13、供台14、供台15）；第二进为二层的三界台（供台9、供台10）；第三进为外坛的一层供台（供台6），叫“天宝台”。左右两侧分别设侧案的三界台（供台7、供台8）。每个三界台都以“某某宫”命名，并写有对联。如外坛主案二进的三界台为“一气宫”，左右有“日月合明”和“阴阳合气”横批，内联为“分开二气祥光照九天观彩垂仙露，灯罩三光拱紫垣万里鹏程青玄都”，外联为“妙高台上昙花坠，说法坛前贝叶生”。具体如图 10－7 所示。

宫气一
气合阴阳
明合月日
灯罩三光拱紫垣万里鹏程青玄都
分开二气祥光照九天观彩垂仙露
说法坛前贝叶生
妙高台上昙花坠
供台9的结构和对联

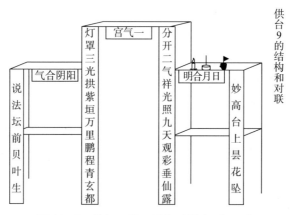

图 10－7　外坛二进三界台（供台 9）示意

外坛侧案左右三界台分别名为"云灵宫"和"真庆宫"，其结构和对联如图10-8、图10-9所示。

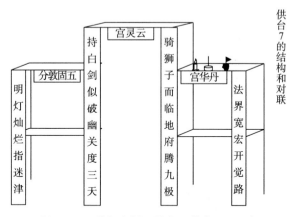

图10-8　外坛左侧三界台（供台7）示意

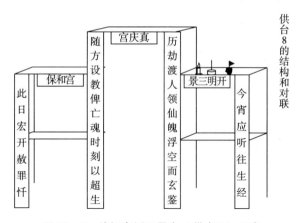

图10-9　外坛右侧三界台（供台8）示意

在仪式过程中根据不同的科仪内容对三界神仙等进行不同的供奉，供台上的供品随之发生变化。

4. 祠堂外坛

祠堂正门外墙的供台16、供台17，是用来祭孤魂野鬼的。① 供台上的供品和摆设如下：

道场布置的形制虽然有一定的统一性，如大的场地会分出东西南北中的

---

① 此次超度亡灵是两位之故，因此在祠堂外也摆设了两桌供台。

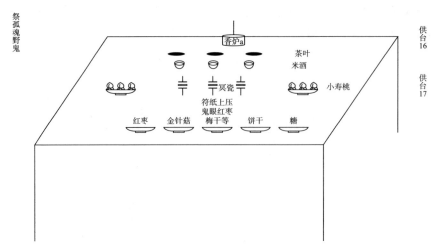

图 10 - 10　祠堂外坛（供台 16、17）示意

方位、供三清主案必须在道场的核心位置，等等。不过师公们也解释具体每个道场布置好坏、大小规格视场地情况和环境而定。至于选什么样的对联，可根据师公自己的喜好来。这些布置是不一定的，就像布置会场一样，可以有自己一定的随意性。

（二）仪式过程

第一天上午

（1）开鼓

开鼓，也叫发鼓，是仪式的第一场，意为请雷祖临坛后，借助雷祖开鼓之力，"开天门，擘地户，集万神，到坛所"，即四方所有大帝、星君仗此真香临坛普同供养。

先在内外坛上摆素果、糕饼五碟，上香烛，放雷牌在内坛祖师炉案前。

仪式开始后，师公先礼师，宣情旨，后宣《发鼓疏》，步北帝罡，师公要抬鼓在东西南北中五个方位击鼓，然后又抬鼓抬至道场司鼓位，再持续击鼓。接着，两位师公抬鼓，其他师公各敲锣打钹进行巡场。先向祖师幕前奏鼓，然后内坛外坛诸案、厨房等前各奏一遍。

开鼓仪式结束。

（2）请水净坛

此部分是指师公通过恭请常清常净天尊、五湖四海之五龙神水来荡天

210

净地、灌洗坛场，荡涤万劫之妖气，庶得一坛而清净。所用经文为《通用请水科》。

先由族人提前一天到山上取干净的水装入清洁的水瓶中，并于仪式当天放置内坛。师公在内坛，三捻香，念三皈依，至水边排素供起。念："司命通九地，列字上三天。永享无期寿，克诚高上仙。"接着请旨，言净坛之需要，言水之顺则长生、水逆则滔天等威力等，进而恭请各方水神龙王、龙母、龙子、龙孙、五湖水帝、五方河伯、水官水神、巡水夜叉、取水童子等，仅此真香普通供养，并"凭法水灌洗坛场荡涤万劫之妖气，庶得一坛而清净"。

接着进行化牒法事，焚烧净水符入水瓶，并上祈慈尊昭鉴东海青龙、南海赤龙、西海白龙、北海黑龙、中海黄龙吐水瓶中。然后师公用此净水绕着整个道场进行"晒水"，以洗涤道场。最后唱偈歌颂诸圣水神。

请水净坛结束。

（3）请印盖印

也就是向祖师请其印信，盖在所有的文书之上。所用经文为《通用盖印科》。天宝台上换上新供品，祖师印放置外坛的天宝台。

高功登坛鸣板，三捻香，起句："太上开正教，说法度人天。有源亦有本，混沌立三天。"而后诚启供养"三界尽知闻万圣千真咸共养"，并在祖师前告曰："设教垂科，无文不度，投诚列款，表词为先。虽流传于万世而玄妙之枢机，凡有代行必蒙护佑。入意 投臣求为宣呈宝愧匣学略备表疏，未经兹印难以行持，恐率虚文难以呈奏。仰荷道慈，悉能通达垂。道力以扶持保善功而完满臣下情无任俯伏俟恩之至。百拜谨言。"

接着，功起，三皈依，往天宝台请印。

道众再诵《六神咒》及唱偈曰："混茫始判道为先，常有常无始自然。紫气东来亿万里，函关初度五千言。惟愿高真来下降，证盟法事得周成，不可思议功德力，金真演教大天尊。"

请印盖印结束。

（4）启师

"启师"意为恭请正一道的祖师临坛。所用经文为《通用启师科》。

重新在内外坛上供品添香烛。师公在祖师前行拜，念："司命通九地，列字上三天。永享无期寿，克诚高上仙。"念《洞中文》，再次请常清常净天尊净筵。接着师公"百拜"上启师祖正一静应显佑、真君玉虚师相、玄天上帝、灵宝经籍、度师真君、正嗣真君、正一女帅元君等一切威灵仗此真香普通供养。

接着初献酒，念："诚有酒在尊，酒当初献。散花引，道高龙虎伏。散花林，德重鬼神钦，满师坛，祖师前供养。"并诚心诵念祖师真人的威灵。

接着二献酒，念："有酒在尊，当亚献。散花引，雷神斩百鬼。散花礼，帅将灭千邪，满师坛，祖师前供养。"并诚心恳请祖师神灵速现真形普通供养。

接着三献酒，念："有酒在尊，当终献。散花引，符驱无道鬼，散花林，法治不正神。满师坛。五师前供养。"宣：

"宣玉皇诰，三献法事。闻经以后，惟愿众生。深入法门，皈依信受。万罪冰消，千祥云集。永断执迷，常皈正道。"

接着献表，安师，化财。最后唱偈："稽首皈依三天师，泰玄上相张真君。传经传法传符禄，辅元体道度众生。天枢天机二省府，乞颁符命赦罪魂（乞祈醮主保平安）。愿供我等诸众生，香花灯烛虔供养。不可思议功德力，师威自在大天尊。"

启师结束。

（5）分灯

"分灯"意为向大圣元始天尊、太虚无上天尊、灯光普照天尊等祖师神灵祈求垂光下照阴司，使得所荐薄魂能睹光明，脱离黑暗，涉南宫之境，得以超拔。所用经文为《度亡分灯科》。

高功先在祖师坛行三叩首，三拈香，启师。"三清道主，帝后师尊，三界诸司，合坛真宰，一切威灵，仗此真香普全供养！"

接着陈情，言说"阴司夜壑茫茫，夜光不照阴关，备偿储苦，无有出期。C某某已辞阳世，愁恐坠阴司。恭诣道以求哀冀，垂光而下照。祈慈光揭开幽暗"。

接着师公三叩拜，焚符默咒语。发急急如太上度生真君律令之后，开始"颁治帝师，谨以分辉"，即师公持香绕坛向大圣元始天尊、太虚无上天尊、玉虚明皇天尊、法桥大度天尊等天尊分辉。每向一位天尊分辉，都进行赞咏，并祈神光慈度。持香请炬分光完，师公回到坛前，向灯光普照天尊、金刚妙天尊、玉京开化天尊、金缨玉石天尊进行赞咏和祈请，每赞咏一位天尊，都敲钟或磬。赞咏灯光普照天尊后，振金钟二十五下，金刚妙天尊击玉磬三十下，玉京开化天尊振金钟击玉磬各三十六下，交错声音；金缨玉石天尊后击磬九下，振钟六韵。最后再次祈请"神于太漠之乡，紫范恭宣，施泽于重阴之境，金钟清澈，玉磬含和，召十方阳德之神集九地阴冥之宰，普临法会，共证斋功，法众虔诚，旋行赞咏分灯功德"。最后，化金唱偈。

分灯完毕。

（中午休息，吃粉干、年糕。饭毕，师公们重新整顿道场。）

第一天下午

（6）开场

下午开场主要是师公们通过咒语进行净口、净心、净身，清洁自我，使得仪式能得到神明感应。师公先在内坛主案前的地上铺上八卦图。然后五位师公全部穿上道袍，唱念《发表科》，在八卦图上步罡。在此过程中，其中一位师公便分三次从墙壁撕下一张绿色的字符，放入一个有缎布的红木盘上，再加上一个表字后，另一位师公亦分三次从外坛的三界坛（供台9、供台10）上取下小令旗，插到内坛两侧的供台（即供台4、供台5）上。在此过程中，师公要以咒语和意念进行净口、净心、净身方式来自我洁净，为下午的仪式开始做好准备。

（7）发帖

发帖也叫发符，就是出道公做法请符吏给各路神仙发请柬。首先准备好各种请柬，放在外坛的桌子上。内坛主案重上新供品，立一炷香，边上放雷牌。C老太长子以及已故二儿子C先生的女儿奉香在侧。鼓乐声起，高功率两位都讲，向内三拜，向外三拜。接着高功带着两位都讲，在祖师案前宣文："中华人民共和国浙江省苍南县蒲城乡C某某（C老太太）和C某某（C先生）做拔亡超度仪式，要发出请柬，请各方神仙临坛。"

仪式过程中高功前后三次从亡者后人手中接香插到内坛主案和外坛的供台6上。接着又从供台上分香3支，交由都讲，都讲交给亡者长子，亡者长子将香插到灵台的供台上。

高功分别步虚念净口咒、净身咒、净心咒。再接着高功画度火符、度水符、荡秽符、开天符、辟地符。画完符后，念咒"急急如律令"，并焚化。接着族人把桌面上的各个表烧给各路神仙。鸣炮，高功都讲三位师公再次分别向内坛和外坛三拜。仪式结束。撤走供台3上的供品，以备下一场重新摆放新的供品。

（8）安监

"安监"意为请赵、康、王等元帅临坛安登宝座，来监督、护卫本次法坛。所用科目为《通用安监玄科》。

内坛主供台重新放置了新的供品，多了咸鱼干（枪鱼）、半生的猪肉、一盘煎鸡蛋饼、一盘饼干,一盘金针菇、一盘红枣、五杯烧酒、三碟茶叶、五个小人年糕。

师公先礼师,然后恭炷真香,拜请供养赵、康、王、朱临坛普同供养。并祈告因为担心道坛秽气,仰仗神威得到扫荡,现以茶酒真诚祭献。然后进行宣牒,其内容大致是恭颂各位临坛将军的职责和威灵,使得下邪不扰,师公可安奉座坛。

(9)请神

"请神",即请各方神仙临坛。

祖师坛上重新摆放供品,包括冥糍、小年糕、红枣、金针菇、饼干、一个熟鸡蛋、半生猪肉、全腌鱼、三杯茶、五杯酒。

师公先礼师,然后恭炷真香,言道坛已经完备,叩请各方神仙降临本坛,享受礼拜,并发慈心救拔苦主。

(10)竖幡

斋坛竖幡有三重意思,一则是"竖灵幡用以召真灵,祇迎三境十方的众圣神灵";二则斋坛后运用此幡,帮助亡灵超度,亡灵可以随着幡的指引礼上清;三则普皆超度。要事先准备好幡和九莲灯,幡上写"东极宫中大慈仁太乙救苦天尊玉陛下"。所用科目为《竖幡科》。

鼓磬声起,师公们先在内坛行三叩礼,焚香启奏三清以及守幡土地龙神等三界官属一切威灵仗此真香供养。先言"冥阳之斋会须扬十绝之灵幡,然后可以召真灵",接着诵念"圣驾幡幢飘扬,俯身常朔于太空,现在虔仰延迎于上圣,伏望三清上圣十级高真鉴此虔诚,证盟拔度。师公以宝幢迎接天尊"。

接着师公宣宝幡功德,"华幡双举,昭明三境之宣恩;宝偈一吟,下拔九幽之罪爽。""我当超汝离阴籍,随此神反礼上清。""以此立幡之后,天人胥悦,境土咸宁,长夜开光,群生获利,再凭法众称扬圣号。"

接着师公带领忏主进行三献香酒。师公从其身后左侧家人手中依次接香,插入主供台(供台3)的香炉中,进行三献,念:(斋主上香酒初献)太微回黄旗,无英命灵幡。摄召长夜府,开度受生魂。(斋主二上香酒亚献)符命通溟溟,灵幡飘晓风。千神朝北府,飞鸟上南宫。(斋主三上香酒终献)阳神返汝钱,阴灵赴我幡。北斗天蓬敕,玄武开幽关。

接着师公献表。师公为亡灵特请忏念,伏愿"魂罪逐风消愆随冰释,获秉妙利时刻升迁"。

再接着，师公进行"召幽"，即志心奉持幡，召请十方三界内六道四生中有主无主已生未生胎卵湿化一切孤魂滞魄，承道宝力祥光洞照来临坛受此斋坛竖幡功德。

最后将炉、幡引归灵位，化金银普施，唱偈。

竖幡仪式结束。

重新摆放供台3（主供台）上的各类祭品。

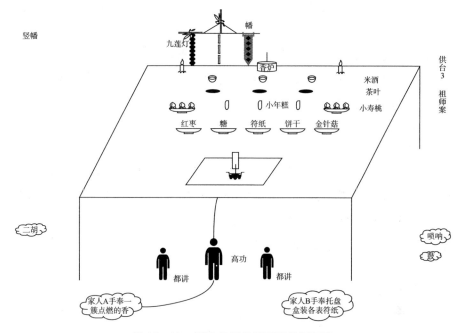

图 10-11 幡引归灵位后所放位置示意

（休息，晚饭）

第一天晚上

（11）建坛"捲簾"

一则建宫殿造塔，二则是卷帘幕。本节诵读科仪文书为《通用建坛玄科》《灵宝捲簾科》。建坛"捲簾"，是道教正一派科仪将举行斋醮的坛场幻化为瑶坛仙境、神仙世界，并启请仙真降临坛场，如同人世君王临朝听政，卷帘听取高功面陈奏疏。之所以作"捲簾"，是因为"陈簾幕森严，凡眼莫能展望冕流咫尺"，而"天心不舍慈悲"，希望得到神灵的允许"暂开簾幕"，使得"恩光洞照于幽冥"。

仪式开始时，师公在内外坛（供台3和供台6）上香、烛、酒、茶、供品。所放的供品和"竖幡"仪式相同，但在桌的后侧两端角上多点了红蜡烛，插了三面三角形的小绿旗，酒杯上多盖了一红布，写着"鲁班爷""吴道子""地理师"，恭请他们下坛来帮助建房造塔。

师公步虚、礼师后，便开始戏剧性地模拟木匠、工匠建坛卷帘。伴随鼓声密集，节奏加快，师公用锯、尺、斧、规、线墨等工具，模拟性地建一座宫殿，用红纸黑字写上"水晶殿"为之命名。在此过程中，师公心中存想鲁班等仙师身穿八卦神衣，率领部下一起造殿。建造好水晶殿，请三坛酒供给诸神享。

师公回到内坛，再行拜、唱诵。启诵《捲簾科》，出到外坛游殿卷帘。暂开帘幕后，恭唱："玉眸含真圣，金容映新辉。妙相垂御座，圆光启宝辉。太元总真教，高挂绣珠帏。"

唱毕，建坛、"捲簾"完毕。

（12）贡王

贡王科仪意指请阴府十殿冥王来为亡灵赦罪，使得亡灵好超生。念诵《贡王科》。在开始贡王科前，要在外坛另外摆设一台供台。供品有酒五杯、茶三盏、两盘小寿桃、糖、金针菇、小番茄、饼干、红枣、苹果、鱼干、半生肉、鸡蛋、橘子、符纸、小人糍糕。

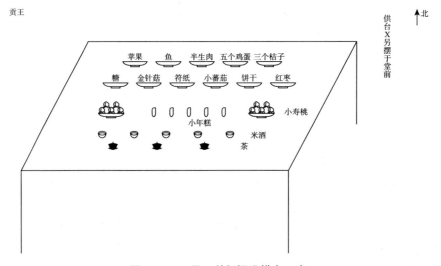

图 10－12　贡王科新摆设拱桌示意

仪式开始，师公礼师，陈念："以香焚宝炷，诚蕴志心，发金炉而瑞气盈空，散玉虚而祥云作盖，通群生之祈祷，达众圣之妙门。以今焚香供养，无上三宝天君太乙救苦天尊、阴府十殿真君、天曹府受生院第一库一大夫泰山府君焦面鬼王。再请……"

然后诵读十地阴府具有的衡平鉴明悉辨善恶功过的能力。又"虑亡灵自从无始以来乃至有生之后，六根三业之愆，缠万恶千冤之报，对成愆罔觉积罪滋多，恐坠幽冥未由超度"，乞请愿垂慈怜，摆脱轮回。

接着志心诵念十殿名号"阴府第一宫泰素妙广真君，阴府第二殿阴德定体真君，阴府第三宫洞明普静真君，阴府第四殿玄德五灵真君，阴府第五宫最圣耀明真君，阴府第六殿宝肃昭成真君，阴府第七宫青童至仁真君，阴府第八殿无上正度真君，阴府第九宫飞魔演庆真君，阴府第十殿五化威灵真君"，以及地府其他武将文官等慈悲不舍请降道场。受今阳门忏主等时日虔备香花灯果烛，帮助忏主至早超升。

然后进行三献香。亡者儿子端香在旁，由师公主持并代忏主进行上香贡茶进酒。初献十方诸天尊，二献天堂享大福，三献天尊说经教。三献完周，恭对慈王案前披宣俯垂洞鉴。

入意。

向来情意已具敷宣，圣造无私谅垂昭鉴，即将向来宣经功德皈流忏主 C 某某（C 老太太）、C 某某（C 先生），痛度 C 某某（C 老太太）、C 某某（C 先生）魂追资冥福拔向生方。

最后唱偈歌颂，贡王科结束。

（13）起灵

起灵，也叫洗灵。此仪式主要是通过师公做法引亡灵回家到法坛中，使得灵魂得到超度。本次一共为两位亡者起灵，故而准备了两个盆。盆中放热水、毛巾；水盆周围围上席子，用香柱根固定上端口。洗灵仪式的供台另外设于外坛，台面上的供品摆设方向为东西向。供台上供金针菇、煎蛋、米饭、半生肉、小寿桃、鱼、豆、桌子下放银纸钱（阴间用，仪式完毕烧掉给阴间家人）。

师公先制作两面绿色纸旗，上写"中国五湖四海"的神仙，另外制作两面白幡，上写"引三魂渡六魄"。

仪式开始，高功都讲至外坛，起句："点起灵前烛，焚烧炉内香。三魂闻召请，七魄赴灵筵。灵前法语道众，变食神咒谨当讽诵。"高功右手拿四支幡，左右摇摆，至内坛祖师坛前宣读。首先是祈请大圣大慈大悲大顾，三清三境大天尊三尊圣号不思议，惟顾忘噩承道力，永翰苦海出翰回。不可思议功德力，宝幡接引大天尊。一炷道德香，顾超三境路。天尊大慈悲，宣演秘密语。

接着向三尊启禀："伏以呜呼哀哉，陈亡魂之苦，惟凭仙佛之慈悲，我亦心伤，敢代幽灵而呼吁，今天为浙江省苍南县蒲城乡某某街道居住，奉道超幽普度下民为 C 某某（C 老太太）、C 某某（C 先生）举办拔亡超度道场。叹此辈孤魂伤残，长夜无光真凄楚。愿慈尊矜怜拯拔，阴眷有脚广超生。幽囚获赦，孽垢全消。能驾慈航而苦海无波，燃慧炬而幽局不夜。谨言。公元 2008 年 1 月 21 日。百拜。"

接着，高功开始"打杯"，来验证亡灵是否归来。如果一正一反，说明其灵魂到家了。第一次打杯，是师公代表大儿子为其母亲 C 老太打，出现的是一正一反，说明 C 老太太亡灵已经回来；第二次打杯，是师公代表 C 老太孙女为其二儿子 C 先生打（也就是代表亡者女儿为亡者打），也是一正一合，说明 C 先生亡灵也回来了。①

接着，高功把幡放入卷席中进行"洗灵"，给亡灵食物（熟食）。为亡灵供食物的桌子和摆设的方位由西向东（人是坐直桌，神是坐横桌）。

洗灵

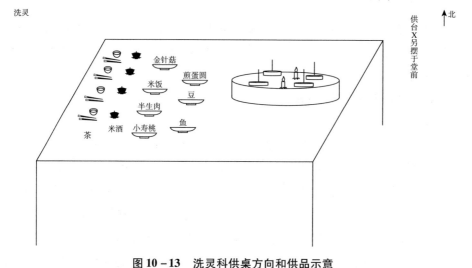

图 10 – 13　洗灵科供桌方向和供品示意

---

① 打杯的时候，如果两个都是开（阳）是笑杯，或两个都是合（阴）是阴杯，说明亡灵没有回来。师公解释说，如果很多次打不出一正一合（一阴一阳）的杯，即灵魂没有回来，那么他们会重复进行打杯，一直打到一阴一阳的杯出现，也就是一直打到亡者的灵魂回来为止。这次 C 老太太和 C 先生洗灵仪式非常顺利，一次就打出了一正一合的阴阳杯。

最后，高功和都讲献酒唱偈："灵前上香酒初奠，初杯美酒献亡灵。献酒极乐三清界，愿荐灵魂礼玉清。玉清圣境元始尊，元始天尊度亡灵。二奠极乐三清界，愿荐灵魂朝上清。上清真境灵宝尊，灵宝天尊度亡灵。三奠极乐三清界，愿为灵魂朝太清。太清仙境道德尊，道德天尊度亡魂。哀哀流泪苦难言，连把三杯酒已完。桌脚大银火烧化，化落冥府做盘钱。惟愿灵魂来受领，领纳羹饭及银钱。阳眷今日设斋筵，逍遥快乐早超生。不可思议功德力，逍遥自在大天尊。"唱毕。化金银普施，唱偈。

起灵仪式结束。

第二天上午

第二天一早（2008 年 1 月 21 日）C 老太的尸体被火化了。8 时许，祠堂继续做第二天的道场。

（14）度人

度人仪式比较长，所用的科仪文书为《度人科》（亦称《度人经》），分上中下三卷。整部《度人经》讲元始天尊开宣经宝，诸天神人鬼如法持念的功德利益，是道教正一教中最为重要的经义之一，也是拔亡科仪中不可或缺的部分。

首先是把火化后的骨灰送回祠堂，并在外坛天井空场中摆上两层双桌子架子，一桌为 C 老太设，另外一桌为其早亡的儿子 C 先生设，桌子上摆放了三道素品。地上铺着草席，C 老太太的大儿子以及 C 先生的女儿在草席上跪坐。

祖师案前重新放三道素品，师公在祖师案前唱念《度人科》。师公拜祖师后开经言："请经若饥渴，持念如金石。保子飞仙路，五灵度符籍。"接着皈依道、经、师三宝。然后，开宣经宝，持念如法，发出五道"急急如律令！"言太上、元始天尊的各种威灵。

接着师公诵念《度人经》上卷，主要开示诵读此经之功德。先赞元始天尊说经一遍至十遍的无量功德功用，再赞元始天尊说经一至十遍之时东、南、西、北、上、下无量品至真大神无鞅之数众浮空而至，一国男女倾心皈仰。接着诵元始天尊悬宝珠于空中，十方无极至真大神、无鞅数众俱入宝珠之中，元始天尊在宝珠内为其说经。遇值经法普得济度，倾土归仰，咸行善心，国安民丰，欣乐太平。接着，三次以"道言"为开头，再赞诵经十遍的诸多功德。度人上终。师公唱诵功德偈和延生偈。

接着师公诵念《度人经》中卷，主要是颂赞真元始祖气化生诸天，普植灵光的功德。先诵东、南、西、北、东北、东南、西南、西北、上、下十方无极飞天神王长生大圣无量度人，浮空而来，倾光回驾，齐到帝前，严校诸天。接着，逐一诵唱东方八天、南方八天、西方八天、北方八天及相应之帝的名号，今日欣庆，受度历关，诸天齐到，三恶断绝。另外有青、赤、黄、黑、白五帝大魔，万神之宗，飞行鼓从，总领鬼兵。上天度人，严摄北酆，神光受命，普扫不详。将此功德普告无穷，万神咸听，三界五帝，列言上清。度人中卷终。师公唱宣经功德偈和延生偈。

再接着，师公诵唱《度人经》下卷，主要讲"诸天之上，各有生门，中有空洞，谣歌之章，魔王灵篇"。先诵读欲界中的"鬼道乐兮""鬼道自凶"的状况；再诵读色界中魔王变化以试人身，人们因而不能得度的状况；三诵读无色界中的魔王使人们保真者少，迷惑者多，不乐仙道，故而无法转五道的状况。诵此魔王之歌音百遍千遍之功德，可以飞升太空，过度三界，位登仙翁等。接着，又五次以"道言"为开句，说诵读此经的诸多无量功德。度人经下卷完毕。师公宣经功德偈子和延生偈子。

然后师公把祖师台上的牌位以及香炉移到天井的两张桌子上，一张一个进行祭拜。接着师公将被祭祀者的子女手上托盘中的表、符以及祖师台上的符一一焚烧回向。师公一起回到祖师案前拜谢祖师。

度人仪式毕。

（15）进表一

"进表"仪式主要是把表、符、香上给三天大法天、"三元妙纬宫""东南大口寺"，俗语解释就是把表进给神仙，陈情此处要做拔亡仪式，乞慈颜垂览，颁旨赦罪。所念经文为《拔亡进表科》。这次进表是为 C 老太早年亡故的二儿子 C 先生所做。

师公先在祖师坛前稽首，开偈子诵：

> 飞神总翘鬓，稽首天尊前。
> 帝真何以恩，赐吾太灵篇。
> 是为不灭道，万天乘吾权。
> 五行空洞中，下怀昧其渊。

恭请扶教辅元，正一护应，显佑真君三天大法天师，万法宗师来到法坛中。

接着，师公开始逐一诵念道教各位天尊大地真君等的名号：玉清元始天尊，上清灵宝天尊，太清道德天尊，昊天玉皇上帝，玉虚天皇大帝，星主微紫大帝，东极青玄大帝，南昌朱陵大帝，后土真皇大帝……酆都六洞魔王，三元九署三官，府县城隍主者，太岁至德尊神入坛。再接着请远近祀典神祇，监坛十部元帅，泰山沿途土地，三界侍卫从官，黄箓院行官吏……护送五灵神将，冥关幽壤神祇，孝舍香火神明等仗此真香普通供养。在此过程中，师公不断地从 C 先生的女儿手中一只一只地接香，共 33 支。

再接着，师公对着诸位神灵陈述，言天道不言而善应人："臣览其诚恳，难以抑绝，谨为伏地拜奏救苦表文一通谨谨。"上诣东极妙严宫请奏。开始宣表，大意为先称念三天大法天、历代天君、天枢知院、真君上表等的名号，然后陈述济生度死的功德，接着称自己"伏念臣充意察职在宣""奏救苦表文一封，谨谨上诣"，希望东极妙严宫"扶卫表文，依时进御，斋诚上达"，天泽下达，遂超生之恩。

完毕后，师公叩齿三通，取五方炁盖表。此时师公从亡者家属托盘中接表，放到自己的笏板中。谨谨上诣。谦说自己，检校不查，恐怕有错误，行列不端，字样不楷，脱漏损倒等，传言书佐习事小吏，随表进对。然后进表于东极妙严宫御前，闭炁上升。

接着严宣："若有下官故炁遏截表文，使不上达者，篆符所在，近司依律治罪。"上来阙文已具敷，宣将吏官军，各具遵奉。神水一噀速达帝庭，承差符使，赍表而行，速去速来，不得久停，吾在坛前，俟候望汝速回报应。布三火罡，默焚表文。此时，师公让族人把笏板上的表拿去焚烧。

焚表功德，下超灵魂，平三炷香完。

最后唱偈：

> 稽首青玄太乙尊，相耀威光坐玉台，
> 特叩天师佳妙旨，会治仙官接表文，
> 愿睹慈颜垂省览，乞颁依旨赦罪去。
> 飞表感应大天尊。

（16）血盆灯

师公解释血盆灯专门为女性做，因为妇女生育、经血会触污神佛，因此死后下血盆地狱受苦，要为其诵读《血盆灯科》和《超生净土科》才能消灾受福。① 按照仪式规定，桌子下放五朵银花，整个仪式分为五节，一节做完烧掉一朵。但是在本次仪式中，是五节完毕后（概25分钟），家人把桌子底下的五朵银花全部烧掉。可见，仪式在操作时并非百分之百地严格遵照设定程序的。师公先是宣读血湖地狱中女性受苦之状，然后召神请将，放鞭炮，烧黄纸，破地狱。意为为女性清洁，并将其从血湖地域中超拔出来。

血盆灯毕。

（17）午供

"午供"意为恭请祖师教主，变食真言神咒神力加持献资于化食，使得众幽冥轮回幽魂滞魄能得甘露法食以解脱，并皈依道家三宝受持十戒，超脱轮回苦。所用科仪文书为《灵宝午供金科》。

午供的供品增加了很多。供台上"三素品"，还增加了葡萄干、白米一盘，元宝两个（放在盘中）、绿色珠宝一盘、花烛各三支香、一个苹果（放盘中）、毛巾（代表衣物），前排放三个杯黄酒，盛白米饭的空碗，桌脚下放白米饭。

高功率领两位都讲，至祖师坛前，捻三支香步虚礼师，并把香插在三清供台（供桌2）上。接着师公陈述，言人间庙食，只有加以诸天宝馔，慈尊妙力，闻大梵灵音，才能"一味为百品之珍，一金为千车之宝，琼浆玉粒，悉皆丰盈，天上人间俱食饱暖"。接着就上述之意思，分别向太和万福天尊、酥酡抹味天尊、高真妙果天尊、法食饱暖天尊讽诵变食真言神咒。"甘露法食解脱，为众示有生，现诸国土，供养十方无量三宝及诸众生，而修净土教化众生，俱习威仪，施无量食，发无上道，普伸启请而示其行。"

法食已经变现，接着师公开始上启至尊、高真、三官五帝，九府四司、宗师、神仙、上智、明王、帝王、西方释子，极乐尊师，五百圣僧，千亿菩萨等等仗此清斋普伸供养。

然后师公再谨启社稷、岁君，城隍、冥官、狱卒、河伯、大神、忠神、烈仕、玄妃、仙眷、仙官、将吏、金童、玉女、五服宗亲、久近神识、三途

---

① 关于《血盆灯科》有一定的争议。按照师公对于《血盆灯科》的解释，正一教的《血盆灯科》应该是吸收了佛教《目连正教血盆经》（或《女人血盆经》）而设置的科目和仪式环节。不过《目连正教血盆经》并不载于《大藏经》。《佛学大辞典》中说本经未见记载于诸经中，而被疑为伪经。《印光大师文钞续编》中也说："又女人家，每疑生产有罪。而无知劣僧，遂伪造血盆经、血盆忏。"清代纪昀《阅微草堂笔记》中也强调，产育必然会有秽污，即使是贤妻良母也不得不这样，并不是自己的罪孽，因此《血盆经》为伪经。笔者此处只对仪式过程本身做记录。

五苦、六道四生、一切穷魂、无边鬼众，等等，仗此清斋普伸供养。

接着，师公向坛中散糖果。再入内坛，开始进行十奉献。"今则斋主虔诚供养已周，愿所作者成，所谋者遂，所求者得，所向者亨。臣等诚惶诚恐端拜，以闻仰承无上道力经力师力。"

同时请一切鬼神来此，所得饮食，皆有敬心。并忏悔过去所造诸愆杀生偷盗邪淫放荡悭贪嗔怒之罪，发心悔咎。并为鬼神说三皈依十戒。"三皈"，即皈依无上至真至上道宝、经宝、师宝。"十戒"，即戒不得非时出入、不妄求血食、不败人家业、不纵逸车马等。

并劝谏鬼神，从今日后始对三宝前作大皈依，作大忏悔，省悟前非，追思往咎，今皆得遇，功超恶趣，果证仙，皆今凭道众讽诵经文，汝等闻声，各宜谛听谛受。最后唱偈子，并回向"愿以此功德，普及于一切，我等诸众生，皆成无上道"。"皈依十方三宝尊，一切神仙诸威灵，不可思议功德力，度人无量大三尊。"

烧符纸、化银，从祖师台上取水，用枝叶洒水（甘露），普施供养。

午供结束。

（18）进表二

这次进表是为 C 老太所做。三位师公在天井中的双层供台上做进表仪式，长子立在后首，手捧装着表和香的盘。仪式过程与"进表一"一致。此处不复述。

进表仪式完毕后，家人准备孝棒，大儿子穿着孝衣，手奉 C 老太太像，去西竺寺山上火葬场接母亲的骨灰。① 下午 1 点左右，族人送回骨灰，安放在灵堂供台 1 上。

（中饭，休息）

第二天下午

（19）三界灯

"三界灯"仪式意为用灯点照三界，向上界天府、中界岳府和下界水府的诸圣众和灵官进行告解、拜祭和皈依，祈告三界诸神明，会诚心格，消灾解

---

① C 氏家族的祖坟规模很大，在"麒子山"。这个时候，简师公则在道场仪式现场做"纸马"，给"信使"送"赦书"用。赦书由师公书写，其内容就是上午做的"九龙库命告下三元九野阴曹合属去处"当中的一段内容。

厄，普赐福因。所用经文为《三界灯》。

仪式开始，高功身着红袍，带领四位都讲（两位红袍，两位绿袍）一起到祖师案前。左后侧立二儿子之女，手奉香；右后侧立 C 老太太之大儿子，手奉表和符纸。

师公拜祖师后，开诵：

> 上元天官解天厄，中元地官解地厄。
> 下元水官解水厄，乾元火官解火厄。
> 四圣能解四时厄，五帝能解五方厄。
> 南辰能解本命厄，北斗能解一切厄。
> 消灾解厄天尊

接着是焚香依按真科，稽首虔诚，披身上启三清上圣、十级高真、诸天天尊、诸天上圣等等上下应感，一切威灵仗此真香普同供养。

再接着，向诸神灵陈述三界待轩群生藉于陶溶万类、咸资化育的功德。因此"当知真皈命，是以酌水献花，恭按真科虔邀道侣，扫除内外尘垢，祷于上下神祇，启建玄坛，敷陈妙范，点照三界，万灵诸圣，宝灯上通三境普照十方，忏他生此世之愆，尤消以往未来之罪咎，愿消罪名于北府，添注禄算于南宫……稽首皈依，虔诚赞咏"。

诵罢，入意。

再接着，高功从亡者家眷手中分三次接香，插入祖师坛中，分别向上界天府琼阙高真和诸灵官、中界岳府威灵和诸灵官，以及下界水府圣众和诸灵官称颂、祈祷、忏悔罪恶。告之"常切战竞之惧，未伸忏悔之情，恭启丹忱，敷陈清供，谨依科式布列灯坛，虔备香花灯烛之仪，志心皈命上界天府琼阙高真伏愿天官赐福""志心皈命中界岳府威灵伏愿地官赦罪""志心皈命下界水府阆苑清仙伏愿水官解厄"，等等。

除此三界神灵之外，师公再次向天灵神宝大慈尊，玄穹九辰诸帝君……十方无量神仙侣志心皈命、行礼。祈愿他们："同垂感应赴灵坛，慈悲接引学真人。惟愿克诚无上道，升平人瑞万千秋。"

至此，祝灯法事上祈高真，向来关祝三界万灵筵寿星灯法事并已周完。

此时，都讲们已经将红色绸布从外坛的三界台一直铺到内坛的祖师供台前，把表、符包在红布一端，亡者子女捧着跪地，头触红布。红布即代表去往三界台的路。

高功在坛前再诵，祈愿："伏以，道分三品，众真咸副于下民，诚运寸心，一念潜通于上圣，今则讽诵仙经，种种功德，普伸回向，端异恩麻，俯垂福佑，更愿三界垂慈，锡九五康宁之景福，万灵洞鉴注百千绵远之寿龄，仍祈家门清吉男女康宁，诸事吉庆，大降祯祥，凡在时中，永梦圣佑。"

为上良因志心称念："三清二境天尊，消灾解厄天尊，留恩赐福天尊，不可思议功德。"

最后唱偈：

> 祈告三界诸神明，列真圣帝镇台星，
> 鉴纳醮会诚心格，普赐人民好良因。
> 上祈苍天下叩地，赦释愚悃万罪倾。
> 合会圣贤镇醮座，证盟祈恩事完成。

三界灯仪式完毕。撤掉天井中的二层供台。

（20）救苦忏

救苦忏仪式顾名思义，即师公带着忏主及家亲眷属向太乙救苦天尊等道教神灵忏悔生前罪过，并祈求神灵请命祈恩，救苦超生。所诵经文为《救苦忏》。仪式开始前，高功带领两位都讲在祖师坛前礼师拜启。C 氏家族的子孙们全部披麻戴孝跪在一旁。

首先师公谨运真香百拜上启，请东极宫中大慈仁者，寻声赴感太乙救苦天尊，青玄上帝十方救苦天尊……救苦圣众仗此真香普同供养。接着师公诵念并意想"玉华散彩，紫气含烟，香云蜜雾，迳上九天，持香金童，传言玉女，接持真香，上奏圣前"。高功启奏，其言大意有三：一则伏愿神灵狮驭浮空，乘云而下临坛；二则再陈三宝证盟，广开济度之门的大德大愿，而俗世之人少种善根，多潜盈恶，不信无常易到，冥关受苦，因此设此道场，祈愿忏悔宥罪；三则唱诵东极宫中大慈仁者，太乙寻声救苦天尊等，放瑞光以威神之道力，拔死滞之。

启奏完毕，鼓乐起，师公带领家属人各恭敬志心朝礼跪拜。分别对太乙救苦天尊、青玄上帝九拜九礼，并宣其威德。唱偈：人生难百满，生死同一源。生前造不善，浮生积一根。忏除在生业，解脱宿生冤。还生于人道，均受好生恩。

接着，又礼拜东方玉宝皇上天尊、南方玄真万福天尊，西方太妙至极天尊，北方玄上玉宸天尊……十方诸天尊，赞颂其"炼质入仙真，遂成金光体，超度三界难，地狱五苦解"之威德。

再接着，高功再次跪拜，依按科仪奉，向灵神宣说："修斋醮，忏愆谢过，请命祈恩，谅沐洪慈，特俞丹祷，刀山剑树，悉使推除，火狱冰池，俱令消解，故得疾除罪簿不虞逼合鬼群，法众虔诚志心赞礼。"带领大众称颂"大慈大悲救苦尊"名号三遍，"救寒庭长夜，三途几重，五苦八难，九狱地狱，三十六部，酆都地狱，碌石地狱，无间地狱，救苦诸妙神，受任救苦名，苦恼得痊安。救苦悉消灭，超出苦众生。礼已皈命，各各长跪忏悔"。

随后，重复地忏过、祈求、稽首、礼谢、献颂之后，不可思议功德太上慈悲救苦宝忏完周。

最后偈曰：

> 天尊哀悯救迷津，五色圆光自在身。
> 东极宫中传妙旨，北都黑壤罢严刑。
> 天堂享大无边福，地狱惟闻救苦声。
> 惟愿天尊来救度，拔度灵魂早超生。

救苦忏完毕。

（21）拔亡五苦灯

此部分仪式是师公阐述五种轮回之苦的原因和表现，以忏灯功德，上祈慈尊灯照，使沉魂滞魄得以往生。所用经文为《五苦灯》。

供品不变，师公出坛请炬，向外点灯起。外坛天宝台上用米糕在供台上做了"金刚""冥冷""普接""风雷""灾酆"五个方位，用来表"五灯"。师公焚香虔诚启奏供，向祖师神灵启奏滞魄穷魂于幽牢黑狱日日无停苦楚备经，"罪积而轮回五道，愆深而责役三途，若非大道之宏恩，难拯沉沦之苦趣"，是以祈求"设教太上垂科，启法轮罪福之场，演破暗明灯之式"。

师公分别在每灯前诵《五苦灯》，一灯表一种轮回之苦：第一轮回道，名为色累苦心门，受刀山地狱之苦；第二轮回道，名为因爱累苦神门，受剑树地狱之苦；第三轮回道，名为因贪受形苦受铜柱地狱之苦；第四轮回道，名为华竟苦精门，因华着想，受镬汤地狱之苦；第五轮回道，名为身累苦魂门，因欲着想，受涟汲溟波地狱之苦。

忏破明灯完，引灵皈位，送炬皈案。然后再向慈尊神灵志心称念、祈祷慈尊神灯鉴映三界万重黑暗，使得沉魂滞魄仗此照临，愿垂感通，俱蒙拯拔，咸遂往生。

（22）颁赦

此部分的仪式用模拟戏剧的方式把"赦书"送到天尊那里，接受天尊的"赦免"。首先，师公把原先布置在道场两侧的"令旗""牒文"都收好，并放到事先做好的"纸马"上，用此纸马送"赦书"去往天尊处。

此时，由一位师公模仿天尊，以唱京剧的方式，接受纸马送来的"赦书"。仪式完毕，由家人把纸马和赦书拿过去烧掉。

颁赦仪式完毕。

在颁赦差不多结束的时候，天井中所有供台都撤掉。重新在堂中摆设双层供台，上层三素品，下层写有"日 月 光 水 火"，烛20根、香4支，下面备4支白蜡烛、一盆水、7根未点燃的香。放银纸、一个生鸡蛋。用长板凳链接，从天井的供台一直接到供台1，上面盖着白布，每隔一尺半，放几张银纸，点一根蜡烛。这条白布象征从灵台（供台1）通往上界的路，以接引亡灵。

第二天晚上

（23）填库

填库仪式是指在师公的主持下，送阴钱给过世的人。最后用"打杯"的方式来证明过世的家人是否收到。出现一阴一阳，就表示收到。如果没有出现一阴一阳，师公就再重新念一段经文，再打，一直到出现"一阴一阳"为止。

（24）放焰口

放焰口是为普度孤魂野鬼。通常家户的拔亡仪式都会设置这个环节，使那些没有后人祭祀的孤魂野鬼得到救度。

祖师坛上重新摆放全素的供品，上香烛。音乐声起，高功带领四位都讲，身着道袍，头戴印有"三清"字样的地藏菩萨样式的帽子。在内坛祖师案前行跪拜礼，对三清进行赞颂。赞颂完毕，念《救苦忏》部分内容，高功臆想变身太乙救苦天尊，去开地狱救拔受苦幽魂。

接着五位师公到天井中的二层供台上，跪着念唱《焰口科》。高功撒米于坛前，意味铺九州地脉图，然后志心召请九府泉台，六宫九狱，有灵无祀的一切孤魂野鬼、穷魄滞魂等来临坛所，受斋坛普施功德。候此施食完毕，总伸回向，请圣证盟。

接着唱偈，赞神祈神，诵念地狱幽灵之苦，祈神威大慈悲普度众生出幽沉，接引三途苦众生入正途。接着再诵读《救苦忏》部分内容回向。最后，高功在急促紧张的锣鼓声中向空中、桌子上苍劲有力地画符以退孤魂。

师公焚烧掉所有的纸钱、对联、牒、符、香，鸣角。

焰口科仪完毕。

（25）代纸钱

代纸钱，就是给亡魂烧纸钱。师公和家人到蒲城南门外，生了四堆火。亡者家人在师公主持下，在道士班的吹打声中，抬着事先做好的纸钱等到城南门外空地烧。家人用钳子等金属在火堆旁边的地面上不断来回横扫，防止钱被孤魂野鬼抢走。

最后，两炷香和火一起烧掉。等出殡后，把亡者的灵牌放入祠堂中。

（26）送神

仪式最后为送神。根据每个道场的情况，送神仪式有繁有简。本次仪式最后的送神环节比较简单，由简忠荣师公一人主持，并未穿道袍。师公在代烧纸钱大致快结束的时候，开始诵念各路神仙名字，作揖致谢，恭送天尊倾光回驾。

全部仪式完毕。

总的来讲，苍南地区的正一教仪式大同小异，有着大致相同的结构和流程，C老太太及其早亡的儿子的拔亡超度仪式也遵循这个结构和流程。即，师公是沟通神、人、鬼的媒介，整个仪式就是通过师公这一媒介，围绕净坛—请神—赞神—祈神—送神的大结构展开的。大结构中有小结构，每个小结构由单独的科目和仪式构成，这些小结构中的科仪大致也遵循"请神—礼神—祈神"的结构开展。

四 结语

正一教仪式体现了社区生活的混融性，也是儒释道交融性在地方社会的表现。斋醮是沟通天地鬼神的，它保留了原始宗教的自然崇拜、祖先崇拜以及巫术的文化因子，以神仙信仰为基础，践行沟通人、神、鬼的一套宗教仪式，并遵循社会道德性。在其所崇敬的神灵中，除了道教原有的神灵体系之外，释迦牟尼、观音、地藏等佛教佛菩萨也常出现在受邀请神灵中。如在《灵宝午供金科》中，师公所要上启的神灵中包括了"西方释子，极乐尊师，五百圣僧，千亿菩萨"① 等佛教佛菩萨。同时，道教正一派科仪法事"礼三师"② 是科仪中的一个重要内容。也就是说，正一教道教和儒家、佛教一样，把尊重师长作为必须遵守的基础，在科仪过程中，凡是读经、讲诵、行道、烧香、入室、登坛，都要先礼师存念。

从科仪经文和仪式内容上来看，儒释道的交融也表现十分明显。科仪上，正一教经常使用的焰口科仪、超生科仪是受到佛教影响而形成的。正一派科仪法事"散花"是斋醮仪式，道教仪式常把醮坛幻化为神仙居处的瑶坛，存想自身为神仙临坛弘道，因此，遂以散花作为颂赞神仙和幻化醮坛的仪式内容之一。中国古代祭仪中并无"散花"的形式。道教的"散花"源于佛教，但又有自身的特点。佛教的散花，多用鲜花，后也有改用纸花的。道教的"散花"，并不实地抛撒鲜花，只是存意、诵唱。

经文内容上，很多内容也是融合了佛教经文的。比如《五苦灯》的"五道轮回"的内容、因果报应的内容，受佛教六道轮回、地狱因果论述的影响十分明显，在行文上与《地藏菩萨本愿经》的行文也颇为接近。《度人经》中关于人生超拔三界，往生西方的整体观念也吸收了佛教净土宗的宇宙观。如"寂寂至无踪，虚峙劫仞阿。豁落洞玄文，谁测此幽遐。一入大乘路，勋计年劫多。不生亦不减，欲生因莲花，超凌三界途，慈心解世罗。真人无上德，世世为仙家"③。（着重号为笔者加，下同。）

文字语言和佛经上的相似性。如《灵宝午供金科》："解脱多生冤家仇恨，执对愆尤，来此法筵，更相和睦。解释冤结，共相欢乐。轮回受报，无有休停。"④ "造诸罪愆杀生偷盗邪淫放荡悭贪嗔怒，唥芬如荚，种种施为，致成

---

① 摘自简诗景家藏正一教科仪经书《灵宝午供金科》，第7页。

② 所谓"三师"，即度师、籍师和经师，有天上和人间二种。天上三师者，度师为太上老君，籍师为虚皇大道君，经师为元始天尊。人间三师者，度师即师者，籍师为度师之师，经师籍师之师。

③ 《度人经》上卷，第7、8页。

④ 摘自简诗景家藏正一教科仪经书《灵宝午供金科》，第7页。

掌障，烦恼死路，随落幽冥受诸秽恶，轮回生死，迎相报对，无有了期，今日恭对三宝前，醒悟身心，生前是非，发心悔咎。我说三皈依十戒，汝等需当记忆，勿令遗忘，志心谛听。"①

　　每个社会都有其自己处理生死问题的文化方式。道教作为中国土生土长的宗教，在历史过程中衍生出不同的派别，不同的派别在各自的发展过程中，又不同程度地与儒家、释家以及地方习俗文化相混融，创生出一套为地方所接受、带有地方特色的安顿和处理生死问题的方式。从福建迁入蒲城的正一教世家简氏，以一种混融的方式把儒释道的内容融合在社区仪式生活中。不仅其科仪内容上混融着儒释道，他们的仪式活动本身也与地方多元生活相融合，既参与个体的生老病死，也参地方神灵的公共仪式。他们是蒲城一带人们生老病死的文化处理中介，沟通了生与死，缓冲了生死离别的痛苦和矛盾，为死者安顿了去处，给生者以生命慰藉；也借由他们的仪式操作，沟通人鬼神，使得社区获得安宁。在简氏家族一代传一代的仪式实践中，他们担负着蒲城一带人们的个体生命、公共集体仪式生活的中秩序安排，使生者与死者建立联结，使地方社会的价值、情感、历史和记忆也在仪式实践中不断保存和延续。

---

　　① 摘自简诗景家藏正一教科仪经书《灵宝午供金科》，第12页。

总结与展望

笔者于 2008—2009 年开启的关于蒲壮所城的"历史、文化和仪式"的人类学书写是在"汉人社区的人类学研究"学术脉络下展开的,潜在地运用了历史人类学和文明人类学的理论视角去对话已有的汉人社区研究的诸多成果和可能的局限。时隔多年,当笔者有机会对当年的博士学位论文做修改、调整、补充、订正的时候,文化遗产、非物质文化遗产、文化资源、文旅产业、乡村振兴等成为重要的时代关键词,也是笔者自己教学研究的主要内容,因而,经由对蒲城的"地方的文明人类学"的探讨,引申有关此文化遗产地"活态混融的遗产保护与传承"的观点,作为对未来研究的一点展望。

一 汉人社区的人类学研究

基于学科和历史的复杂原因,在中国人类学史上,将近有 30 年的时间(20 世纪 50 年代至 80 年代),汉人或者汉族可以说在人类学研究中的"少数民族",人类学家(包括民族学家)以国内少数民族作为研究对象,从而使得原有国内外基于汉人社会的人类学研究没有能够在漫长的 30 年间得到相应的发展,因此基于汉人社会研究的相关概念和理论的提炼来反思人类学本身,以及关于人和文化的思考方面的研究没有得到长足发展。直到 20 世纪 80 年代,有关汉人社区的相关研究才逐步回到人类学的研究视野中。概括而言,汉人社会的人类学研究包括有以下几个传统:吴文藻的社会学派,西方人类学家所主导的宗族理论、市场理论、民间宗教理论,以及而后兴起的国家—社会视角的社区研究,这些研究或者存在缺少历史性、上下内外的联系性比较,或者在克服平面功能主义、缺乏历史性的同时,又存在着国家—社会解释框架泛滥的问题。

其中,基于马凌诺斯基的部落社会研究的传统影响最大,成为学习人类学入门基础。长期以来，对诸如村落这样子的社区做精细的民族志研究是人类学区分其他学科的一个重要标志。"社区"不仅是人类学的研究对象，也是人类学的研究方法。在对一个社区进行深度田野之后，人类学家用社区的资料进行问题的诠释。因此，人类学家通常是一个小型社区的研究专家。以村落作为社区开展民族志调查，几乎是每个人类学研究生要开展的基础训练。

　　以笔者为例，硕士研究生的时候，笔者曾在导师的指导和要求下，对广西南宁周边的三个汉人村落做过调查。笔者亦是按照一般的村落调查提纲，对这三个村子的人口、婚姻、经济、信仰、习俗等进行民族志调查，最后以"城市化""现代化"作为背景和目标，对三个汉人村落的社会经济文化变迁进行了比较，试图说明距离中心城市南宁的地理位置的远近决定了三个村落各自现代化发展的速度和程度的快慢和高低。之所以把三个村落和中心城市进行关联并开展比较分析，是笔者自发地认为一个村落是超越村落自身的，它与它的中心城镇、中心城市有着政治、经济、文化、人脉（婚姻圈、事业圈）的联系。然而，在研究方法上，笔者却依然本着去调查一个似乎是自在、本然、固有的、没有"上下""内外""左右""前后"① 关系的马凌诺斯基意义上的部落社会调查，来开展三个村落的调查和研究的。到了博士研究生阶段，即便已经接受了历史人类学、文明人类学的部分学习和训练，但最初踩点蒲壮所城的时候，笔记依然兴奋于它提供了一个近乎完美的"汉人社区研究"的空间坐落：一个有着物理城墙建筑隔离的0.33平方公里的汉人聚居的空间。接着便下意识地对之开展社区民族志的调查研究，形成一份关于这个社区自身文化的记录和描述的民族志文本，从而完成自己的"人类学成年礼"。这种下意识是接受传统人类学学科训练的通常反应。

　　由此亦可反映将近一个世纪的汉人社区的研究历程，从人类学传入中国伊始，马凌诺斯基所开创的对一个微型社区进行整全式的民族志调查研究便长期主导着中国汉人社会研究，形成了汉人社区② 的研究传统。从20世纪30年代开始，汉人社区研究经历了功能主义视角、多元文化视角、国家—社会视角的探索和解析，这些研究都曾经帮助人们进一步地认识过去未曾认识过

---

① 　王铭铭：《民族志与"四对关系"》，《大音》第2011年第1期，第201—202页。

② 　在汉人社区研究的传统里，社区主要是指一个有边界的相对封闭的实体，村落通常是这种社区的典型代表。关于"社区"这个概念自身的流变，可参见胡鸿保、姜振华《从"社区"的语词历程看一个社会学概念内涵的演化》，《学术论坛》2002年第5期。

的汉人地方社会，但也不断地产生新的认识局限和解释空白。

20 世纪 30 年代，以吴文藻、费孝通、林耀华、杨懋春、许烺光等为主的人类学家运用功能学派的理论对汉人地方社会进行社区研究的时候，产生了诸如《江村经济》《义序的宗族研究》《金翼》《一个中国村庄：山东台头》《祖荫下》等经典著作（以上书籍完整书名参见脚注）。[①] 他们试图从汉人村落社区这样微型研究来反映中国社会的整体面貌，并能解决中国社会的问题。然而，把马氏"无历史"原始部落的社区调查研究方式运用于汉人社区研究时，只能导致孤立地、平面地看待一个地方社会，视其为一个封闭自足的团体，使得这种观察未能看到村落社会自身的历史及其与外部的联系。[②]

抗日战期间一直到中华人民共和国成立初期，因各种历史性因素，国内的汉人社区研究处于停滞状态，同时还遭到了西方汉学人类学的奠基人弗里德曼（Maurice Freedman）[③] 及其同盟施坚雅（G. William skinner）[④] 等人的批判，并以"宗族研究"和"市场理论"来取代汉人社区的研究。一直到了 20 世纪 60 年代中期，西方一批人类学者在港台等地重新开始回归汉人社区的研究。这些成果主要集中在汉人社区的民间宗教方面，如武雅士（Arthur Wolf）主编的《中国社会的宗教与仪式》（1974）、芮马丁（E. M. Ahern）的《中国的宗教与政治》（1981）、魏勒（Robert Weller）的《中国汉人宗教的一致性与多样化》（1987）、桑高仁（Steven P. Sangren）的《一个汉人社区的历史与巫术力量》（1987）、王斯福的《帝国的隐喻：中国民间宗教》（1992）等。[⑤] 在研究方法上，是基于小地点汉人社区的调查，把民间宗教视作一个包含丰富

① 费孝通：《江村经济——中国的农民生活》，商务印书馆 2001 年版；林耀华：《义序的宗族研究》，生活·读书·新知三联书店 2000 年版；林耀华：《金翼：中国家族制度的社会学研究》，生活·读书·新知三联书店 2000 年版；杨懋春：《一个中国村庄：山东台头》，张雄、沈炜、秦关珠译，江苏人民出版社 2001 年版；Hsu, Francis L. K, *Under The Ancestors' Shadow*, *Chinese Culture and Personality*, New York：Columbia University Press，1948。

② 刘朝辉：《村落社会研究与民族志方法》，《民族研究》2005 年第 3 期，第 97 页。

③ ［英］莫里斯·弗里德曼：《中国东南的宗族组织》，刘晓春译，上海人民出版社 2000 年版。

④ ［美］施坚雅：《中国农村的市场和社会结构》，史建云、徐秀丽译，中国社会科学出版社 1998 年版。

⑤ Arthur Wolf, ed., *Religion and Ritual in Chinese Society*, Stanford，1974；E. M. Ahern, *Chinese Ritual and Politics*, Cambridge：Cambridge University Press，1981；Steven P. Sangren, *History and Magical Power in a Chinese Community*, Stanford：Stanford University Press，1987；Robert Weller, *Unities and Diversities in Chinese Religion*, New York：McMillan，1987；Stephan Feuchtwang, *The Imperial Metaphor*：*Popular Religion in China*, London：Routledge，1992.

的社会实践和社会观念的象征——仪式体系，借助对民间宗教的社会——文化分析和解释，说明了民间信仰体系自身内在联系以及它与社会国家的外在联系，以此来揭示小传统和大传统的关系，乃至中国人的认知结构等宇宙观的问题。上述的 20 世纪 50 年代以后集中在宗族、市场或者民间宗教等方面的研究成果，曾被王铭铭概括为几种类型社区研究的新范式：范式的社区验证、模式交错的分析、社会缩影的探讨、国家——社会关系结构的社区描写、象征地方化等，并指出："这些新的汉人社区研究范式基本上避免了功能主义民族志缺失，强调社会力量的多元特点、汉人文化的变异潜力以及社会现象在本土区位的直接意义。"[①]

不过，无论是宗族理论、市场理论还是民间宗教理论，他们的研究依然没有摆脱功能主义汉人社区"无历史"的研究局限。这些作品虽然对"历史"加以重视，但是文本模式依然是共时性的。他们把历史抽象为"社区背景"或者"古代的宇宙观"，历时性的视角没有得到充分的展现。此外，他们的研究还具有强烈的"文化本质主义"色彩，试图从一个社区文化中寻找出所谓的"中国文化的特质"，并将其视作固有的文化模式，而忽略了这些特质和模式不断历经着意义的再解释和变化。正如郑振满所指出，王斯福、武雅士、桑格瑞的研究带有"文化本质主义"的味道，他们试图从一个乡村或者社区看到的文化中寻找出所谓的"中国文化的特质"，于是，有关桑格瑞的"阴阳五行"，王斯福的"宇宙图式"，武雅士的"神、鬼、祖先"都被提炼成一种固有的文化模式，而没有看到这些被提炼出来的"模式"或"结构"中间跳跃了很多的意义再解释以及它们不断转型和变化的过程。[②] 历史本身没有得到充分的重视和展现。

20 世纪 70 年代末以来，随着改革开放，汉人社区研究得到复兴。人类学家们运用国家——社会、民族——国家、世界体系以及现代化等理论来研究社区，探讨了村庄与国家、政治经济过程、意识形态之间的关系。比较有代表性的作品如萧凤霞（Helen Siu）的《华南的代理人与受害者》[③]，通过对乡、镇、

---

① 王铭铭：《小地方与大社会——中国社会的社区观察》，《社会学研究》1997 年第 1 期，第 98 页。

② 黄向春：《文化、历史与国家——郑振满教授访谈》，载张国刚主编《中国社会历史评论》第五卷，商务印书馆 2007 年版，第 478 页。

③ Helen Sue，*Agent and Victims in South China*，Yale University Press，1989.

村社区的个案研究，揭示了 20 世纪以来，由于国家的行政力量不断向下延伸，而造成乡村社会行政体系"细胞化"的过程。黄树民的《林村的故事》①则通过对林村党支部书记叶文德人生经历的描述，展示了在中国农村社会变迁过程中，国家在当中所起到的巨大作用。景军的《神堂记忆》②则表明了在国家主导的现代化过程中，村民如何通过历史记忆、传统的重建来与之进行对抗的。与此同时，还有部分历史人类学派的学者注重社区的历史性研究，并把社区历程的分析置于"国家—社会"理论中，如华南学派对宋元明清时期的华南研究、王铭铭的《社区的历程》《逝去的繁荣》等。③此外，诸如庄孔韶、阎云翔、周大鸣、兰林友、潘守勇、王沪宁、陆学艺、毛丹等人的研究，都是以小地点为研究单位来探讨大社会。上述 20 世纪 70 年代以来的社区研究在国家权力、社会记忆、宗族研究、社会变迁等各个层面体现了"大社会"。这些研究成果主要是在国家—社会理论框架中对现当代的中国汉人社区进行了考察。鉴于现当代中国是一个国家权力不断下放基层社会过程，这一来自西方的社会理论在很大程度上帮助人类学家更好地认识了汉人社会中的许多问题，但也存在着误读和肢解中国社会历史文化的潜在风险和问题。

总的来讲，从 20 世纪三四十年代开始至今，人类学汉人社会研究经历了从功能主义的社区研究转向了超越社区的研究，把社区和大传统、国家、世界政治经济体系相连接；同时也超越功能主义只有结构没有历史的研究局限，把社区历史过程纳入了研究视野中。然而，汉人社区研究在克服平面功能主义、缺乏历史性的同时，又存在着国家—社会解释框架泛滥的局面。

此外，在全球化时代的今天，前所未有的流动性不断加剧，不同文明之间的互动和融合也不断加速，传统的人类学社区研究似乎也面临着挑战：我们如何认识和界定社区？社区的研究能否来解释急剧流动的世界？

历史人类学家西弗曼曾指出："没有一个人以一个地点或地方为分析的物件。相反，地点是历史问题分析的弹性脉络，而当我们提到边陲性时，我们

① 黄树民：《林村的故事：1949 年后的中国农村变革》，生活·读书·新知三联书店 2002 年。
② 景军：《神堂记忆：一个中国乡村的历史、权力与道德》，吴飞译，福建教育出版社 2013 年版。
③ 王铭铭：《社区的历程：溪村汉人家族的个案研究》，天津人民出版社 1997 年版；《逝去的繁荣：一座老城的历史人类学考察》，浙江人民出版社 1999 年版。

以它为一个需要探究的历史问题，而非作为一个小地点不可避免的处境。"①人类学界的资料显示，流动性的加剧、文明互动的加速并不能消解地方社会或者说社区的研究；相反，人类学的特点恰好是通过对一个地方社会的研究来展示当今（甚至长时段以来）社会人口的流动和文明的互动。因此，我们需要反思的不是社区研究本身是否合理，而是我们用来研究社区的视野和方法。

对于中国的汉人社会而言，我们必然要面对中国自身是有着长期文明延续性社会这一事实。这个文明体系基于一个中心，长期以来不断地向周边推进，地方社会的历史过程在这种文明的推进过程中，形成了一种等级性的关系。与此同时，中国文明进程中也不断吸收着其他文明，并进行着融合。资本主义全球化扩张中，华夏文明推进又面临更为复杂的文明冲突和交融的形势。因此，研究一个有着复杂文明历史背景的中国汉人地方社会，除了要有历史的眼光之外，还应有一个恰当的理论视角，才能丰富和深化对于中国汉人社会本质的理解。

因此对于汉人地方社会或者社区的研究，既要避免无时间性，又要避免用现代国家—社会理论框架去错解过去的历史。可以提供的一个思路是，以文明演进或文明互动融合视角来观察和研究地方社会或社区，以体现地方或社区的历史性，并能超越单纯的国家—社会理论的解释框架。

二 地方的文明人类学探讨

19 世纪以来，"文明"一词由于受到了欧洲中心主义的影响，而成为标榜西方先进性的概念，因此，相当长的时间以来，人类学界都谨慎使用这个概念，导致它应有研究贡献受到局限。尽管如此，人类学界还是积累了不少研究成果。早在 19 世纪中早期，涂尔干和莫斯把"文明"作为社会集合体进行研究并探讨了文明的边界以及它在不同社会传播的能力，从而能够涵括不同的人群与社会。② 埃利亚斯（Norbert Elias）在《文明的进程》③ 一书中把

---

① ［加］西弗曼·格里福编：《走进历史的田野——历史人类学的爱尔兰史个案研究》，贾士衡译，台湾：麦田出版股份有限公司 1999 年版，第 42 页。

② ［法］莫斯等：《论技术、技艺与文明》，蒙养山人译，世界图书北京出版公司 2010 年版。

③ ［德］诺贝特·埃利亚斯：《文明的进程：文明的社会发生和心理发生的研究》，王佩莉、袁志英译，上海译文出版社 2018 年版。

现代性作为文明的一种，探讨欧洲国家权力如何通过"礼仪"、然后是"文明"的灌输来实现，强调文明与个体自我管束之间的关系。而福柯（Michel Foucault）则将（现代）文明视为"现代病"，即一种非人道主义的暴力，它束缚了社会中个体的自我，也压抑了人性。① 迈克尔·罗兰（Michael Row-lands）用文明的概念探讨非洲的一体性，从而以新的视角对文化中心主义、政治或者民族中心主义进行了反思与批判。② 王斯福（Stephan Feuchtwang）也用文明的概念探讨了作为帝国的传统中国的扩展，揭示不同的文明如何共存于中国，从而潜在地挑战着"文明冲突论"（亨廷顿）的观点。③

国内较早关注文明人类学研究的学者王铭铭在《走在乡土上》④ 的论文集中，就试图在村落研究中探讨文明史的理论雄心。在他看来，在中国的乡土社会中，存在着传统的"礼"的文明教化，它与人类学意义上的"大传统"及社会理论家埃利亚斯的"文明进程"等有关。后来他的学生张原用其在贵州屯堡的人类学调查材料做成的博士论文《在文明与乡野之间》⑤ 论证了他的这种理论设想。

那么用文明来思考一个位于中国东部的"汉人社区"，是否也合适呢？2012 年，在回答西南研究的时候，王铭铭曾经比较了他早年做的福建汉人社区，认为"东部"汉人社区也是一个文明的融合体，这个融合体包括了道教、儒教、佛教甚至伊斯兰教，因此华夏的核心地带也是一个文明的融合体。⑥ 当然，今天看一个中国的"东部"汉人社区，还有所谓"现代性的文明推进"，即一种在西方 19 世纪发展成为具有"现代"意涵的"文明"作为标准的推进。⑦

这些探讨一方面表明人类学研究试图以文明的概念来比较和反思文化概

---

① 米歇尔·福柯：《疯癫与文明》，刘北成、杨远婴译，生活·读书·新知三联书店1999 年版。
② ［英］迈克尔·罗兰：《历史、物质性与遗产：十四个人类学讲座》，汤芸、张原编译，北京联合出版公司2016 年版。
③ Stephan Feuchtwang：《文明的概念》，郑少雄译，载王铭铭主编《中国人类学评论》第 5 辑，世界图书出版公司2008 年版，第88—100 页。
④ 王铭铭：《走在乡土上——历史人类学札记·自序》，中国人民大学出版社2003 年，第1—27 页。
⑤ 张原：《在文明与乡野之间：贵州屯堡礼俗生活与历史感的人类学考察》，民族出版社2008 年版。
⑥ 王铭铭、张帆：《西南研究答问录》，《西北民族研究》2012 年第 1 期，第90 页。
⑦ 刘文明：《自我、他者与欧洲"文明"观念的建构——对 16～19 世纪欧洲"文明"观念演变的历史人类学反思》，《江海学刊》2008 年第 3 期，第154—160 页。

念的一些局限；另一方面也折射出在全球化背景下，人类学的地方性田野研究自身值得进一步的探讨和反思。尽管人类学家运用"文明"的概念进行思考和研究是宏观性的，然而，这些以文明的概念所做的宏观探讨对于微观的汉人社区或地方社会研究具有相当大的启发性和意义：第一，在汉人社区或地方社会研究的脉络中，用文明演进的长时段视角来重新理解地方社会文化的运行逻辑，使汉人社区研究避免无时间性的拘囿；第二，"文明"的概念能使社区研究能超越民族—国家的内外部行政区划的限制，对汉人社区研究的国家—社会理论框架进行反思，消除单一的国家—社会概念和理论对于地方历史认识的片面；第三，"文明"的视角能消解对于地方化与全球化关系对立性的理解，有助于理解地方化与全球化之间的辩证关系，从而能在地方化当中窥视全球化，树立本土情怀的世界眼光；第四，基于中国是一个具有长时段连续文明历史的社会，"文明"视角下的汉人社区研究能提供不同于世界其他地区的社区研究的经验和素材，并潜在着发展出中国独有的社区研究的理论或者视角的可能性。

因此，本书在一定程度上是用文明演进的视角，以历时性叙述框架，对蒲壮所城的地方社会过程进行了探讨，即把蒲壮所城"去军事性"的过程放在华夏化、全球化的文明演进脉络里面，通过探讨政治、经济、文化等要素的交互作用来理解蒲城这一地方社会过程的复杂性，从而一方面对汉人社区研究的国家—社会理论框架进行反思，另一方面也消解对于地方化与全球化对立性的理解。

在华夏化的文明演进脉络里面，论述了明清以来蒲壮所城宗族组织的形成和变化以及地方崇拜体系——包括佛、道、儒、巫等宗教和信仰活动生成演变的情况。在以农业为基础的传统时期，它们是考察地方社会在华夏化文明推进下的社会过程最基本和最核心的两个层面。在此过程中可以看到华夏文明如何透过血缘性/拟血缘性的宗族组织、祖先崇拜以及仪式来构建地方社会的自我认同和想象的，同时也认识到地方社会在这一文明吸纳的过程中，其自身的能动性和原生性文化生成力对于"华夏"的"吸收"，并生成出具有地方性特色的一套崇拜体系。

宋明以来宗族制度的庶民化发展，表明了王朝通过鼓励宗族组织的发展而推行代表华夏文明核心部分的儒家意识形态。宗族组织不仅仅是国家在民间的制度化建设，同时它还是国家意识形态所鼓励的价值理念、是一种文明的形态。因此，宗族不仅仅是整合地方社会的重要因素，它还是一种文化象征资源，是地方社会对帝制国家认同、进入华夏文明体系的一条有效途径。

此外，地方社会还通过祭祀被朝廷鼓励、具有正统象征的神灵以及实践朝廷认可的佛教、道教使得自己进入华夏文明体系当中。正如华森所说的，由国家操控的神明信仰经由"标准化"的过程，而成为构建统一的、正统的文化身份的象征，地方社会通过对这些具有正统性象征的神明的祭祀，使自身社会"儒雅化"或者说"文明化"。① 这一个过程亦反映出了在蒲城"去军事性"的文明进程中，通过自愿性宗教以及制度性宗教的实践，构建了地方社会的自我认同和想象。

但在这一过程中，地方社会自身原生性的信仰活动以及文化生成力会在一定程度上"影响"着华夏文明的"纯洁性"。在文明的进程中，地方并不是完全被某一种文明所征服的，民间根据其自身的生活经验始终滋生和存在着一套自己的"系统"，这种系统与地方社会的民众生活紧密相联，以致帝制国家文明所带来的各种"神灵"在地方崇拜体系当中，是重新按照其自身的逻辑被排列过的。因此，在文明的进程中，我们不仅需要自上而下的视角，也需要自下往上的视角，从地方社会内部来看待文明进入地方之后，是如何同地方社会自己生成的文化相互交融和作用，生成一套具有自身逻辑的地方体系。

蒲壮所城正是经过具有血缘性和拟血缘性的宗族组织以及地方崇拜体系的构建②，逐渐由一个纯军事性的社区逐渐转化为有着丰富内容的人文地理空间，一个具有自我认同的地方社会，并成为蒲门地区政治、经济、人文中心。它所聚集的名人、神庙、宗祠、地方性的仪式活动，都表明了它是传统时期发展得非常典范的一个汉人社区。虽然中间经历了"迁界"之变，但是展界后，人们立刻投入重建祠堂、重修祖坟、大办私塾教育培养子弟获取功名的行动中，社区的神庙以及神明祭祀的仪式也很快恢复发展，并于乾康年间进入空间繁荣的时期。社区在中断后能得到重新恢复，恰好进一步证明在华夏文明的体系中，宗族以及神明作为一种整合社区、标榜文明典范的文化手段

① ［美］詹姆士·沃森：《神的标准化：在中国南方沿海地区对崇拜天后的鼓励（960－1960年）》，载韦思谛《中国大众宗教》，陈仲丹译，江苏人民出版社2006年版，第57—58页。

② 这个地方崇拜体系除了本书已经加以考察的正统神灵以及属于"淫祀"的巫觋崇拜外，还有佛、道以及清末传入的基督教、天主教等。由于时间和身份的限制，笔者对于当地天主教和基督教只是初步涉及。

所具备的独一无二的作用。

处于空前繁荣时期的蒲城，不仅通过上述方式来把自身纳入王朝正统文化当中，其实也通过上述方式，在蒲门地区形成"文明等级"的格局，它自身在其所在的地方成为象征华夏文明的地方中心。因此，地方趋向于所城，而所城则趋向于王朝中心，它们形成了政治、经济和文化上等级关系。正是通过了语言、祠堂、庙宇、通婚范围①、文人学士的数量等，"城里"的人与"城外"的人形成了区分。因此，它既象征了王朝中心，同时也体现了王朝中心与地方之间的文明等级关系。宗族、神明崇拜、社会仪式等成为明清时期蒲壮所城在蒲门地区塑造自身帝国文明象征的最好符号，帝国的文明等级秩序就是这样在浙南边陲的山地平原中被推演出来。

起源于西方的资本主义产生后，一种以工业化、城市化、市场化为表现形态的文明形式向全球扩张，在其普遍化的推进过程中，越来越多的地方都被卷入这一体系中。其对蒲壮所城地方社会过程的影响，包括教育组织的现代化、民族—国家的兴起后的地方社会与国家关系以及地方社会文化旅游业的开发等情况。在这个过程中，可以看到，华夏化文明进程被资本主义全球化的文明进程所影响，民族—国家作为全球化的文明体系的一个组成部分导致国家与社会的关系变成单轨制，蒲壮所城从一个地方中心退化成一个边缘社区；与此同时，面对以资本主义为主的现代性文明推进，地方社会自身依然具有的一定的因应之道，即地方社会通过进一步的文化地方化来参与全球化。因此全球化的文明进程过程，也是一个更为地方化的文化过程。

蒲城华氏族学的转变历程表面上看是一个家族的事物，但是在很大程度上反映出了整个地方社会的文明演进方式的转变。因为现代学校作为一种业缘性的社会组织，它的产生是近代资本主义文明全球化扩张的结果。在蒲城华氏族学的演变过程中，可以清楚地看到现代性的文化组织是如何从传统的血缘性宗族组织当中生成转变过来的。表面上看，这是华氏宗族精英在新时期通过实践国家所鼓励的办学活动来对其认同的一种方式，并在这个过程中提升宗族在地方上声望；但从深层次而言，它是华夏化的文明演进一定程度上遭受资本主义扩张以来的现代化文明演进的一种表现。

---

① 根据地方上的口述，以前城里的女人喜欢嫁在城里，而城外的女人也千方百计地要嫁入城内。这也显示了城里在经济、文化、社会地位上的优越性。

从传统帝制国家进入现代民族—国家之后，中国社会的权力运行单轨化，地方社会进入了由国家力量直接主导的时期，国家和地方的距离前所未有的接近。由此所导致的地方社会与国家的关系也一再为人类学的村落研究所重视。宗族与神明作为"传统"在这个时期所经历的断裂与复兴，是蒲壮所城社会过程的一个重要组成部分，也是地方社会在现代全球化文明进程的一种表现方式。

在此过程中，大小传统伴随着时代的不同而有所转变。在传统时期象征着地方正统性的宗族和神明，在科学、民主等意识形态上场的民族—国家时期，退化和沦落为封建迷信的"民间传统"；而当民族—国家在进一步建设中遇到了认同性和亲和性困境的时候，国家又开始向这些"民间小传统"进行征用。当然，地方社会也有其能动性，能一如既往地利用"国家"符号来证明自身在宗族和神明的实践中所具有的合法性和正统性。蒲城的宗族与神明在新时期实践展现了全球化的文明进程过程中国家与地方的双重关系。

世界性旅游业的兴起，是现代性全球化进程的又一个明显的特征。地方社会在这个格局下，又一次被包容到更为广阔的世界体系之内。地方是各种大的社会网络所汇集的末梢，世界体系、文明的进程的变化可以通过地方社会过程本身的变化来探究。因此，蒲城对于"抗倭历史文明名城"的构建，应该被看成民族—国家建构、全球化文明进程的组成事件。蒲壮所城亦通过构建象征民族—国家悠久历史的地方性叙事来使自身成为民族—国家的组成部分，同时也以此来拥抱全球化，把自己纳入一个更为流动和紧密的世界体系当中，实现地方全球化。当全球化、世界体系、现代文明对于地方社会产生影响的时候，地方社会也在运用自身的地方性书写着全球化的文明进程。

另外，如果借用亨廷顿的以宗教作为区分文明类型的方式①来看蒲城地方社会过程，亦可显示出其"文明的融合体"的特征。蒲壮所城这一军事设置场所在地方社会过程中，积淀着佛、道、儒、正统神明、淫祀、巫觋以及外来的天主教和基督教等多层面的宗教实践和信仰。它们通过各自的仪式，成为地方社会自我构建和认同的手段与方式，经过时间累积，共同存在于蒲城，成为这个地方社会的整体的崇拜体系。这一多元并存乃至复合的地方崇拜体系，体现地方社会在其文明进程中，一方面吸收和接纳着由上而下或者由外

---

① ［美］塞缪尔·亨廷顿：《文明的冲突与世界秩序的重建》（修订本），周琪等译，新华出版社2010年版，第23—27页。

而内的宗教信仰成分；另一方面也在继续生成着原生性的信仰，并通过它们自身的逻辑，把这些不同层面的信仰综合为地方崇拜体系。因此，如今展现在我们面前的这个"汉人社区"，实际上是融合了多种文明的因素的，它们虽然彼此有区分，但是又彼此多少有着互融。一是底层原生性的巫觋信仰再生和更复，如巫术、萨满，它们长期存在于地方社会中，一定程度上是巫文明的遗存，同时又与传统的正祀、道教互有牵连，也与整个地方社会的经济生活和道德生活相联系。二是传统的正祀，包括城隍、晏公、陈靖姑崇拜，它们属于自愿宗教的部分，并且被纳入帝制国家文明体系中的"以神道设教"，是华夏文明体系在地方的生成和展演，与此同时，在它们的发展过程中，又吸纳进了道教、佛教和巫的成分，同样也和地方社会的经济生活和道德生活相联系。三是佛教，作为西来的一种文明，佛教进入中土之后，不仅有创新还有变异，不仅要"敬王者"，还要纳入整个"天地君亲师"当中，甚至与地方性的神灵共处一殿，亦也接纳道士来做仪式。四是西方文明的天主教、基督教的情况。[1] 尽管晚近进入该地方社会的基督教文明并没有儒释道那样密切地融合成为一体，但是田野的部分资料显示，在人们的日常生活中，基督教文明与原有的地方社会文化也正在发生着一定的程度的互动和融合。[2] 由此

---

[1] 蒲城所处的中国东南沿海这一地域而言，明代的海倭、海商、海盗活动其实已经表明这个华夏地带已经卷入了大的世界体系当中。伴随近现代资本主义的兴起，基督教、天主教文明也在全球范围内进一步推进。清代的时候，天主教、基督教等西方文明进入了蒲城这个地方社会。天主教于清光绪十五年（1889年）传入平阳，光绪三十四年（1908年）传入蒲城。蒲城天主堂，在蒲城乡城内，清光绪三十四年建堂，民国二十九年成立堂区，民国三十四年驻有神甫。1973年拆毁，1987年在城北村书馆巷复建。1990年，有信徒100人。基督教在清同治六年（1867年）开始传入温州。清光绪二十七年（1901年）传入蒲门。蒲城教堂，自立会教堂，在蒲城城西。清光绪二十七年（1901年）基督教开始传入城内，时有信徒35人。光绪二十九年，建立教堂，信徒增至145人。1985年，教堂重建。1990年，有481名信徒。

[2] 笔者在田野期间，曾经访谈了一位基督徒又重新改信当地的晏公爷的案例。在一个家庭中，有的成员信仰基督教，有的成员信仰佛教并兼信地方神灵，这些情况都是有的。有一位当地基督教的牧师，业余的时候从事殡葬的唢呐吹奏，他曾经向笔者坦言，自己并不是专门给基督徒吹奏的，也为非基督徒吹奏；而且很多时候，为基督徒吹奏，乐曲方面还会考虑当地的传统文化，他力图把基督教的文化和蒲城一带的地方文化结合在一起。基督化是一个在全球范围内都普遍存在的现象，在南美洲、非洲的一些地方，基督化的程度相当高和彻底。但是，由于在蒲城这样一个汉人社区，其自身有着深厚的华夏文明基底，又非常好地融合了佛教文明，同时借位灵验性而长期存于地方社会的巫觋文化（笔者更愿意认为这是传统巫文明的一种遗留）很好地配合了社区的仪式生活和经济生活，因此外来的基督教文明并没有统治该社区。此外，由于社区共同的血缘亲缘关系和经济生活，基督徒与非基督徒之间实际上存在不少的协作和交流，虽然不能说完全地融合，但是基本上是"不同而和"地存在于社会中。如果给予更长的时间，这种融合会不会有更多的空间，是一个值得期待的考察。

探讨一个地方性社会如何在自身原生性巫觋信仰、华夏文明、佛教文明、基督教天主教文明的推进以及复合作用下，生成一个文明的融合体。

总之，对文明的思考可以通过对一个汉人地方社会的动态过程和经验来体现；社区过程既能反映大的社会转型和全球化的地方影响，也能表现文明的等级性以及文明进程的不均衡性。通过对蒲壮所城去军事性的社会过程的考察，我们既可以看到一个文明或者多元的文明乃至世界体系等对于地方社会及其历史的形塑，也能看到地方在吸纳这些文明的同时，如何通过主体的能动性建构出一个具有自身运行逻辑的地方社会体系，这个地方体系既是各种文明演进在地方交织、沉淀的结果，也是地方自主创新的结果。

因此，把文明的演进放在了一个有着其自身运行逻辑的地方社会中来讨论，从而消解把地方和全球对立起来的理解倾向，全球化和地方化是一个事物的两个不同的表述方式，是一体的。从汉人社会研究的学术脉络来看待，这种研究取向使得我们既能超越民族—国家的行政区划对地方社会的限制，也能超越国家—社会概念和理论对于地方历史某程度上的扭曲。

亨廷顿说文明是冲突的，但文明并不一定总是冲突的，正如赵旭东所指出的：没有一个文明，它持久地存在，不是借助与其他文明之间的良性互动而实现的。在今天世界诸多文明之间互动频繁的时代里，我们需要有一种清醒的文化自觉，积极主动地融入这种文明互动的传统中去，并使自己的文明，不论是古老的，还是新生的，都会有一种新的凤凰涅槃。[1] 因此，文明视野的地方社会研究，也是"转型与发展中的中国人类学"的一种可能的努力方向。

当然，"复杂社会"的人类学研究，向来没有脱离于这些社会中的国家、精英、乡民并存的部落、继嗣群、萨满等。[2] 要在一个文本中很好地展现并充分论证社区的文明史，或者说从文明互动和交融角度来论证社区的地方社会过程，并不是一件容易的事情，即使笔者已经把论证的材料集中在宗教、信仰和仪式这个单一的方面来展开，依然是挂一而漏万。比如，在蒲城这个社区内，还有基督教和天主教两座教堂，笔者也曾初步考察过，如一个家族内

---

① 赵旭东：《从文野之别到圆融共通——三种文明互动形式下中国人类学的使命》，《西北民族研究》2015 年第 2 期，第 57—58 页。

② 王铭铭：《人类学讲义稿》，世界图书出版社公司 2011 年版，第 220 页。

虽然有人信仰基督教，但依然参加宗族相关的集体仪式和活动，此现象亦是不同文明形态交融的一种表现。可惜因笔者没有更好的机缘进入蒲城基督教内部开展更加深入的调查，只能遗憾地悬置，希望日后自己有机会或者有人能在此基础上开展进一步深入的探究。

不管如何，把一个汉人社区历史过程置于文明互动和融合的背景下来探讨，有助于我们理解当今全球化背景下的地方和全球关系。通过蒲城这个小的地方社会，可以看到早在近现代之前文明的互动和融合就开始了。从这个意义上而言，"全球化"的概念就不仅仅限于近现代资本主义兴起之后的全球化，它可以推得更早。

三 活态混融的遗产保护与传承

上述文明人类学的研究表明，世界上存在某些没有清晰边界的社会现象，这些社会现象超越了政治边界、地域边界乃至文化边界，其空间范围和文化性质相对难以界定。"没有清晰边界的社会现象"要比有清晰边界的社会复杂得多。① 这样的地方或社会是包涵了"世界想象、历史叙事、德性论及本体论的'广泛综合'"，亦涵盖了"天地人神，也包括人自身（死去的人与活着的人）"。②

因此，在今天寻求文化遗产保护和传承的背景下，要汲取文明人类学研究所启示的地方社会实则是一个混融的社会形态的观点。蒲壮所城是国家级文化遗产，是"国保单位"，但这个"国保单位"不应该是简单的物质文化空间，而应是包含着人的、活态的、非物质的、超物质的混融的文化空间。从文化遗产保护角度而论，本书在一定程度上是把国家重点文物保护单位蒲壮所城作为一个"地方社会"进行人类学调查研究，展示了文化遗产地在历史过程中所形成的多元的传说与故事、文化与仪式，关注了文物当中的"文化"，建筑背后的"生活"，物质后面的"超物质"，从而体现了遗产的文化之根、生活之魂和生命之灵。

因此，在笔者看来，文化遗产的保护和传承也离不开混融性。笔者曾经论述过，一个真正的遗产大国，不仅仅是拥有了多少项符合当前联合国教科

---

① 王铭铭：《人类学讲义稿》，世界图书出版社公司 2011 年版，第 220 页。
② 王铭铭：《人类学讲义稿》，世界图书出版社公司 2011 年版，第 268 页。

文组织标准的遗产项目（自然遗产、文化遗产、双遗产、非物质文化遗产），还应该从自己国家的历史、文化和遗产特色中提炼和形成自己的国家遗产体系，参与到联合国教科文组织规则制定的对话中，去丰富遗产的标准和多样性。[①] 我国目前的十大分类的"非遗"体系就是根据联合国的分类标准，结合本国的部分特色设定的。尽管如此，还是存在"割裂"遗产的整体性、混融性的情况。历史上，我国曾经以"中医"为项目去申请联合国教科文组织的"非遗"项目，但因为不符合教科文的规定，未能申请成功，后来只能单分针灸去申请才得以成功。此外，以本书所涉及的正一教科仪仪式为例，目前被列为国家非物质文化遗产的是正一教科仪音乐部分。然而，正如笔者在书中所呈现的，整个正一教不仅与儒家、释家混融，还与社区生活混融，涉及"道—学—技—承"[②] 一个中式的非物质文化遗产图示。

文化遗产的保护和传承应该是地方性活态混融的保护和传承。在资本与科技驱动下呈加速度增长的现代性，给予人们便利的同时，也造成人与自然、人与地方、人与自身的割裂。人们虽能足不出户而"坐拥天下"，却也因此丧失了与其所存在空间的"地方感"，在"没有附近"的世界里生活。文化遗产与地方性的天然联系，使得文化遗产保护成为对抗现代性此种碾平世界特性的一种力量。

我国提出的生态文明发展、乡村振兴、"非遗"保护等战略有着内在一致的逻辑性：是对现代工业化、城市化、资本化发展的一种批判性的、挑战性的思想和实践。三者都蕴含着对"地方"的诉求。生态文明发展内含对于工业化、制式化发展的反思和反向；生态文明发展的立足点在于对"地方"的重新定义：它需要的是一种生态正义类型的"地方"，而不是单纯产业化的、工业化的资源地。地方性，意味着空间正义，意味物质、文化关系的总和，意味着人文地产景的一体性，意味着"恋地主义"[③] 和"恋地情节"[④]，在特定的地点上形成的一种生活样貌。地方性包含了地方感，文化遗产是地方性

---

① 林敏霞：《道—学—技—承：中国非物质文化遗产理论图式建构的"中医"启示》，《文化遗产》2014 年第 6 期，第 103—107 页。

② 林敏霞：《道－学－技－承：中国非物质文化遗产理论图式建构的"中医"启示》，《文化遗产》2014 年第 6 期，第 103 页。

③ 王梦婷、吴必虎、谢冶凤、高璟：《恋地主义原真性：人文地理学视角的建筑遗产原真性解释框架》，《城市与区域规划研究》2021 年第 2 期，第 102 页。

④ ［美］段义孚：《恋地情结》，志丞、刘苏译，商务印书馆 2018 年版，第 5 页。

的、具有家园属性。文化遗产与地方性的天然联系，使得文化遗产保护成为对抗现代性此种碾平世界特性的一种力量。

地方性活态混融的遗产保护和传承，需要还给乡村的是一个非市场资源化的，非城市—乡村二元对立的，并非被资本剥夺的乡村，而是原本的一个有着自我"完整、混融的世界"的乡村和地方。这样的乡村是百业俱全的乡村，要求文化遗产的保护和发展是在地化的，把资本注入在地的实体中，促进乡村的全面振兴。这样的乡村是人与自然生态、与超自然之间的混融，要求在文化遗产的保护中，不仅保护有形的文化遗产，更要注重"非物质"本源意义的含义，即看不见的超自然的思想、观念等非物质。在很大程度上，有形的文化遗产是因为这些无形的"非物质"和神韵而得以生成、延续和发展。工业化为主的现代性把人类社会生活中原本具有的"混融"中的"灵性"和"灵韵"的非物质层面剔除了，从而使得人们和社会变成了纯物的，进而进入商品、市场和资本主导的轨道中。混融的文化遗产的保护观点，实则是要求反思人类工业文明以来的现代性，并在"道—学—技—承"的中式非物质文化遗观中寻找相应的思想和文化资源力量，重启一个更加生态的、和谐的、永续的社会发展理念和道路。

主要参考文献

一　正史、地方志、文史资料、工具书等

（宋）不著撰人：《三教源流搜神大全》七卷《晏公爷爷》，长沙中国古书刊印社印本，1925 年。

（宋）蒋叔兴：《无上黄箓大斋立成仪》卷五十三，明正统道藏本。

（宋）王十朋：《梅溪集》，别集类三，第二十七卷，《四库全书》本，集部四。

（明）成化、弘治：《八闽通志》。

（明）姜准：《岐海琐谈》，蔡克骄点校，上海社会科学院出版社 2002 年版。

（明）郎瑛撰：《七修类稿》卷十二，上海书店出版社 2009 年版。

（明）李东阳编纂：《明会典》卷八十六《祭祀》七，四库全书本。

（明）李东阳编纂：《明会典》卷九十四《群祀》四，四库全书本。

（明）李东阳编纂：《明会典》卷九《行移勘合》，四库全书本。

（明）刘曰旸、王继祀主修：万历《古田县志》卷十二。

（明）梅魁：《小渔杨府行宫记》，载吴哲明《温州历代碑刻二集》，上海社会科学院出版社 2006 年版。

（明）汤田昭、王光蕴纂修：万历《温州府志》卷五《食货》，万历三十三年序刊本。

（明）余继登：《典故纪闻》卷三，明万历王象幹刻本。

（清）华文漪：《逢原斋诗文钞》，陈盛奖点校，上海古籍出版社 2005 年版。

（清）金以埈修、（清）吕弘诰纂：康熙《平阳县志》卷二《城池》，清康熙刻本。

（清）李琬修、（清）齐召南、（清）汪沆纂：乾隆《温州府志》卷十四《风俗》，民国三年补刻本。

（清）林大椿：《红寇记》，载马允伦编《太平天国时期温州史料汇编》，上海
　　社会科学院出版社 2002 年版。

（清）项元生：《蒲门志》。

（清）徐恕修、（清）张南英、（清）孙谦纂：乾隆《平阳县志》卷二《舆地
　　下·山川》，清乾隆刻本。

（清）徐恕修、（清）张南英、（清）孙谦纂：乾隆《平阳县志》卷七《防圉》，
　　清乾隆刻本。

（清）徐恕修、（清）张南英、（清）孙谦纂：乾隆《平阳县志》卷十七《人物
　　下·仙释》，清乾隆刻本。

（清）徐恕修、（清）张南英、（清）孙谦纂：乾隆《平阳县志》卷四《建置
　　下》，清乾隆刻本。

（清）姚福均：《铸鼎余闻》卷二，巴蜀书社 1899 年版。

（清）允裪编撰：《钦定大清会典》卷三十六，四库全书本。

（清）曾唯辑，张如元、吴佐仁校补：《东瓯诗存》上，上海社会科学院出版社
　　2006 年版。

（清）张廷玉等纂修：《明史》卷九十一《志第六十七·兵三》，清钞本。

（清）张廷玉等纂修：《明史》卷九十《志第六十六·兵二》，清钞本。

（清）赵翼撰，曹光甫校点：《陔余丛考》卷三五，上海古籍出版社 2011 年版。

（民国）符璋、（民国）刘绍宽编纂：民国《平阳县志》二十七卷《职官志六》，
　　民国十四年铅印本。

（民国）符璋、（民国）刘绍宽编纂：民国《平阳县志》卷九《学校志一》，民
　　国十四年铅印本。

（民国）符璋、（民国）刘绍宽编纂：民国《平阳县志》卷十八《武卫志二》，
　　民国十四年铅印本。

（民国）符璋、（民国）刘绍宽编纂：民国《平阳县志》卷十九《风土志一》，
　　民国十四年铅印本。

（民国）符璋、（民国）刘绍宽编纂：民国《平阳县志》卷十七《武卫志一》，
　　民国十四年铅印本。

（民国）符璋、（民国）刘绍宽编纂：民国《平阳县志》卷十一《学校志三》，
　　民国十四年铅印本。

（民国）符璋、（民国）刘绍宽编纂：民国《平阳县志》卷四十六《神教志二》，

民国十四年铅印本。

（民国）符璋、（民国）刘绍宽编纂：民国《平阳县志》卷五十六《金石志三》，
　　民国十四年铅印本。

（民国）符璋、（民国）刘绍宽编纂：《民国平阳县志》卷五十五《金石志一》，
　　民国十四年铅印本。

苍南县档案局编：《苍南民俗》，2001年。

苍南县档案局：《苍南民俗》，2001年。

苍南县地方志编纂委员会编：《苍南县志》，浙江人民出版社1997年版。

苍南县教育志编纂委员编：《苍南县校史集》，温州天元艺术印刷厂，1995年。

苍南县政协文史资料委员会编：《刘绍宽专辑》（苍南文史资料第十六辑），
　　2001年。

林振法主编：《苍南县水利志》，中华书局1999年版。

马站镇志办公室编：《蒲门大事记》，1995年。

马站镇志办公室编：《蒲门姓氏》，1995年。

《明太祖实录》卷一百三十九，台北：台北中央研究院历史语言研究所1962
　　年校勘影印版。

蒲壮所城文保所编撰：《蒲壮所城四有资料》，全国重点文物保护单位记录档案，
　　档案号：330300014-1101，2005年。

曲文军：《〈汉语大词典〉词目补订》，山东人民出版社2015年版。

温州市瓯海区委员会文史资料委员会：《瓯海文史资料》第11辑《塘河文化》，
　　2005年。

项显美：《蒲城风土》，福州彩顺彩印有限公司2008年版。

郑维国主编：《马站地方志》，中央文献出版社2003年版。

政协浙江省苍南县委员会文史员会编：《抗倭名城——金乡·蒲城》（苍南文
　　史资料第二十辑），2005年。

政协浙江省苍南县文史资料委员会编：《苍南风土》（苍南文史资料第二十二
　　辑），2006年。

政协浙江省苍南县文史资料委员会编：《苍南文史资料》（第一辑），1985年。

周孔华、阮珍生编：《温州道教通览》，温州市道教协会编印，1999年。

周振甫主编：《唐诗宋词元曲全集·全唐诗》第14册，黄山书社1999年版。

二 谱牒、藏书等

陈兰圃、陈焕森：《建祠并创谱记》，载《颍川郡陈氏宗谱》卷一，1991年。

《陈氏宗谱》，民国版。

《大殿重修碑记》。

《梵宇纪绩》，载《夏氏族谱》。

《佛说大藏正教血盆经》。

《佛学大辞典》。

《甘氏宗谱》，2006年修撰版。

《光灵堂》。

华经、华振中：《吾族祀田始末记（民国三十七年）》，载《华氏宗谱》卷一，2005年修撰版。

华经：《振华小学奉令改为蒲城乡中心小学吾族舍田壹百亩结案祀事（民国三十七年）》，载《华氏宗谱》卷一，2005年修撰版。

华经：《组织族产奖学基金保管委员会缘起（民国三十七年）》，载《华氏宗谱》卷一，2005年修撰版。

《华氏族谱》，2005年修撰版。

华英：《重建太阴宫前殿记》，载《华氏宗谱》卷一，2005年修撰版。

华元衡：《追识建修宗祠事》，载《华氏宗谱》卷一，2005年。

华振藩：《兰义社小叙》，载《华氏宗谱》卷一，2005年修撰版。

华振中：《先考兰卿府君事略》，载《华氏宗谱》卷一，2005年修撰版。

华镇藩：《先考兰卿府君事略》，载《华氏宗谱》卷一，2005年修撰版。

简诗景家藏正一教科仪经书：《拔亡进表科》。

简诗景家藏正一教科仪经书：《超生净土科》。

简诗景家藏正一教科仪经书：《度人经》（上中下）。

简诗景家藏正一教科仪经书：《发表科》。

简诗景家藏正一教科仪经书：《发鼓疏》。

简诗景家藏正一教科仪经书：《贡王科》。

简诗景家藏正一教科仪经书：《救苦忏》。

简诗景家藏正一教科仪经书：《灵宝捲簾科》。

简诗景家藏正一教科仪经书：《灵宝午供金科》。

简诗景家藏正一教科仪经书：《三界灯》。

简诗景家藏正一教科仪经书：《通用安监玄科》。

简诗景家藏正一教科仪经书：《通用盖印科》。

简诗景家藏正一教科仪经书：《通用建坛玄科》。

简诗景家藏正一教科仪经书：《通用启师科》。

简诗景家藏正一教科仪经书：《通用请水科》。

简诗景家藏正一教科仪经书：《血盆灯科》。

《金氏宗谱》。

《金氏族谱》卷一《原序十二》。

《金氏族谱》卷一《原序十三》。

《倪一水先生求雨文》，载《倪氏宗谱》。

《蒲城各姓氏宗谱》。

《王氏宗谱》。

《王氏宗谱》，2004 年新修版。

《夏氏宗谱》。

《徐氏宗谱》。

《续修宗谱序》，载《华氏宗谱》卷一，2005 修撰版。

《印光大师文钞续编》。

《张氏宗谱》。

正一教科仪经书：《度亡分灯科》。

正一教科仪经文：《竖幡》。

正一教科仪经文：《五苦灯》。

正一教科仪经文：《焰口科》。

《朱氏宗谱》，《历代祖考端委略》

《朱氏宗谱》，马站城门。

《朱氏族谱》，1997 年重修版本。

三　中文研究性专著、编著等

［法］阿诺尔德·范热内普：《过渡礼仪》，张举文译，商务印书馆 2012 年版。

［美］埃里克·沃尔夫：《欧洲与没有历史的人民》，赵丙祥、刘传珠、杨玉静译，上海人民出版社 2006 年版。

安京编著：《海疆开发史话》，中国大百科全书出版社2000年版。

包亚明主编：《文化资本与社会炼金术——布尔迪厄访谈录》，包亚明译，上海人民出版社1997年版。

[美] 本尼迪克特·安德森：《想象的共同体——民族主义的起源与散布》（增订本），上海人民出版社2016年版。

蔡榆：《蒲城拔五更》，团结出版社2018年版。

陈永霖，武小平作：《宋代温州科举研究》，浙江大学出版社2017年版。

[美] 戴维·欺沃茨：《文化与权力：布尔迪厄的社会学》，陶东风译，上海译文出版社2006年版。

[美] 杜赞奇：《文化、权力与国家：1900—1942年的华北农村》，江苏人民出版社2003年版。

[美] 段义孚：《恋地情结》，志丞、刘苏译，商务印书馆2018年版。

费孝通：《江村经济——中国的农民生活》，商务印书馆2001年版。

费孝通：《中国绅士》，中国社会科学出版社2006年版。

[挪威] 弗雷德里克·巴特主编：《族群与边界：文化差异下的社会组织》，李丽琴译，商务印书馆2021年版。

葛兆光：《中国古代文化讲义》，上海复旦大学出版社2006年版。

[美] 韩森：《变迁之神：南宋时期的民间信仰》，包伟民译，浙江人民出版社1999年版。

胡梦飞：《中国运河水神》，山东大学出版社2018年版。

胡朴安：《胡朴安中国风俗》上，吉林出版集团股份有限公司2017年版。

黄树民：《林村的故事：一九四九年后的中国农村变革》，生活·读书·新知三联书店2002年版。

黄应贵：《反景入深林：人类学的观照、理论与实践》，商务印书馆2010年版。

景军：《神堂记忆：一个中国乡村的历史、权力与道德》，吴飞译，福建教育出版社2013年版。

[美] 麦克尔·赫兹菲尔德：《什么是人类常识——社会和文化领域中的人类学理论实践》，刘珩等译，华夏出版社2005年版。

[丹麦] 克斯汀·海斯翠普编：《他者的历史：社会人类学与历史制作》，贾士蘅译，中国人民大学出版社2010年版。

孔令宏编著：《苍南正一派科仪音乐》，浙江摄影出版社2019年版。

李世众：《晚清士绅与地方政治：以温州为中心的考察》，上海人民出版社
　　2006 年版。

李书磊：《村落中的"国家"——文化变迁中的乡村学校》，浙江人民出版社
　　1999 年版。

林国平：《林兆恩与三一教》，福建人民出版社 1992 年版。

林敏霞：《文化资源开发概论》，知识产权出版社 2021 年版。

林耀华：《金翼：中国家族制度的社会学研究》，生活·读书·新知三联书店
　　2000 年版。

林耀华：《义序的宗族研究》，生活·读书·新知三联书店 2000 年版。

林亦修：《温州族群与区域文化研究》，上海三联书店 2009 年版。

刘晓春：《仪式与象征的秩序：一个客家村落的历史、权力与记忆》，商务印
　　书馆 2003 年版。

［英］马凌诺斯基：《西太平洋的航海者·导论》，梁永佳、李绍明译，华夏
　　出版社 2002 年版。

［美］马歇尔·萨林斯：《历史之岛》，蓝达居等译，上海人民出版社 2003 年版。

［加］玛丽莲·西佛曼，P. H. 格里福编：《走进历史的田野——历史人类学的
　　爱尔兰史个案研究》，贾士衡译，台湾：麦田出版股份有限公司 1999 年版。

［英］迈克尔·罗兰：《历史、物质性与遗产：十四个人类学讲座》，汤芸、
　　张原编译，北京联合出版公司 2016 年版。

［法］米歇尔·福柯：《疯癫与文明》，刘北成、杨远婴译，生活·读书·新知
　　三联书店 1999 年版。

［英］莫里斯·弗里德曼：《中国东南的宗族组织》，刘晓春译，上海人民出
　　版社 2000 年版。

［法］莫斯等：《论技术、技艺与文明》，蒙养山人译，世界图书北京出版公
　　司 2010 年版。

［美］Nelson Graburn：《人类学与旅游时代》，赵红梅等译，广西师范大学出
　　版社 2009 年版。

［德］诺贝特·埃利亚斯：《文明的进程：文明的社会发生和心理发生的研
　　究》，王佩莉、袁志英译，上海译文出版社 2018 年版。

潘一钢、金文平主编：《温州文艺大观：民间文艺理论》，西泠印社出版社
　　2004 年版。

彭兆荣：《旅游人类学》，民族出版社 2004 年版。

彭兆荣：《人类学仪式的理论与实践》，民族出版社 2007 年版。

彭兆荣主编：《文化遗产关键词》（第二辑），贵州人民出版社 2015 年版。

彭兆荣主编：《文化遗产关键词》（第一辑），贵州人民出版社 2014 年版。

［美］塞缪尔·亨廷顿：《文明的冲突与世界秩序的重建》（修订本），周琪等译，新华出版社 2010 年版。

［美］施坚雅：《中国农村的市场和社会结构》，史建云、徐秀丽译，中国社会科学出版社 1998 年版。

孙江主编：《事件·记忆·叙述》，浙江人民出版社 2004 年版。

谭景玉、齐廉允：《货殖列传：中国传统商贸文化》，山东大学出版社 2017 年。

［挪威］托马斯·许兰德·埃里克森：《小地方，大论题：社会文化人类学导论》，商务印书馆 2008 年版。

王春红：《明清时期温州宗族社会与地域文化研究》，中国社会科学出版社 2016 年版。

王明珂：《羌在汉藏之间：川西羌族的历史人类学研究》，上海人民出版社 2021 年版。

王铭铭：《人类学讲义稿》，世界图书出版社公司 2011 年版。

王铭铭：《社会人类学与中国研究》，广西师范大学出版社 2005 年版。

王铭铭：《社区的历程：溪村汉人家族的个案研究》，天津人民出版社 1997 年版。

王铭铭：《逝去的繁荣：一座老城的历史人类学考察》，浙江人民出版社 1999 年版。

王铭铭：《溪村家族——社区史、仪式与地方政治》，贵州人民出版社 2004 年版。

王铭铭：《走在乡土上：历史人类学札记》，中国人民大学出版社 2003 年版。

［英］王斯福：《帝国的隐喻：中国民间宗教》，赵旭东译，江苏人民出版社 2008 年版。

王有升：《理想的限度：学校教育的现实建构》，北京师范大学出版社 2003 年版。

［美］韦思谛编：《中国大众宗教》，陈仲丹译，江苏人民出版社 2006 年版。

［美］维克多·特纳：《仪式过程：结构与反结构》，黄剑波、柳博赟译，中

国人民大学出版社 2006 年版。

徐宏图、康豹主编：《平阳县苍南县传统民俗文化研究》，民族出版社 2005
年版。

徐宏图、薛成火：《浙江苍南县正一道普度科范》，香港：天马出版社 2005
年版。

徐佳贵：《乡国之际：晚清温州府士人与地方知识转型》，复旦大学出版社
2018 年版。

徐杰舜主编：《雪球：汉民族的人类学分析》，上海人民出版社 1999 年版。

徐晓望：《福建民间信仰源流》，福建教育出版社 1993 年版。

阎云翔：《礼物的流动：一个中国村庄中的互惠原则与社会网络》刘放春、刘
瑜译，上海人民出版社 2000 年版。

杨懋春：《一个中国村庄：山东台头》，张雄、沈炜、秦关珠译，江苏人民出
版社 2001 年版。

杨念群：《再造“病人”：中西医冲突下的空间政治（1832—1985）》，中国人民
大学出版社 2006 年版。

叶大兵编著：《温州民俗大观》，文化艺术出版社 2008 年版。

张琴策划撰文，萧云集等摄影：《乡土温州》，浙江古籍出版社 2003 年版。

张义德等编：《叶适与永嘉学派论集》，光明日报出版社 2000 年版。

张原：《在文明与乡野之间：贵州屯堡礼俗生活与历史感的人类学考察》，民
族出版社 2008 年版。

郑振满、陈春声主编：《民间信仰与社会空间》，福建人民出版社 2003 年版。

郑振满：《明清福建家族制度与社会变迁》，中国人民大学出版社 2009 年版。

庄孔韶：《银翅：中国的地方社会与文化变迁》，生活·读书·新知三联书店
2000 年版。

庄孔韶主编：《人类学通论》，山西教育出版社 2004 年版。

宗力、刘群：《中国民间诸神》，河北人民出版社 1986 年版。

四 论文、学位论文、调查报告等

陈春声：《正统性、地方化与文化的创制——潮州民间神信仰的象征与历史意
义》，《史学月刊》2001 年第 1 期。

陈进国：《宗教生活世界的“灵性反观”》，载金泽、陈进国主编《宗教人类

学》（第二辑），民族出版社 2010 年版。

陈克勇：《金乡庙会》，载政协浙江省苍南县委员会文史资料委员会编《苍南风土》（《苍南文史资料》第二十二辑），2006 年。

陈学文：《明代的海禁与倭寇》，《中国社会经济史研究》1983 年第 1 期。

范军：《城隍信仰的形成与流变》，《华侨大学学报》（哲学社会科学版）2007 年第 4 期。

费孝通：《关于乡镇发展的思考》，《北京大学学报》（哲学社会科学版）1992 年第 1 期。

高丙中：《民间的仪式与国家的在场》，《北京大学学报》（哲学社会科学版）2001 年第 1 期。

郭德才：《浅谈道教正一派中的斋醮科仪》，《道教思想与中国社会发展进步研讨会第二次会议论文集》，泉州，2003 年 11 月。

郭红：《明代卫所移民与地域文化的变迁》，《中国历史地理论丛》2003 年第 2 期。

韩璐、明庆忠：《少数民族节庆仪式展演的文化象征与建构主义旅游真实性研究》，《旅游论坛》2018 年第 4 期。

胡鸿保、姜振华：《从"社区"的语词历程看一个社会学概念内涵的演化》，《学术论坛》2002 年第 5 期。

黄向春：《文化、历史与国家——郑振满教授访谈》，载张国刚主编《中国社会历史评论》第五辑，商务印书馆 2007 年版。

黄应贵：《存在、焦虑与意向：新自由主义经济下的东埔地方社会》，文化创造与社会实践研讨会会议论文，台北，2008 年 7 月。

金亮希：《苍南县蒲城"拔五更"习俗——2002 年正月迎神赛会活动纪实》，载徐宏图、康豹主编《平阳县苍南县传统民俗文化研究》，民族出版社 2005 年版。

金亮希：《苍南县蒲城姓氏研究》，载徐宏图、康豹主编《平阳县苍南县传统民俗文化研究》，民族出版社 2005 年版。

科大卫、刘志伟：《宗族与地方社会的国家认同——明清华南地区宗族发展的意识形态基础》，《历史研究》2000 年第 3 期。

李江、曹国庆：《明清时期中国乡村社会中宗族义田的发展》，《农业考古》2004 年第 3 期。

李宪堂：《大一统秩序下的华夷之辨、天朝想象与海禁政策》，《齐鲁学刊》2005 年第 4 期。

李宪堂：《"天下观"的逻辑起点与历史生成》，《学术月刊》2012 年第 10 期。

李小红：《妈祖由巫到神的嬗变及其成因探析》，《宁波大学学报》（人文科学版）2009 年第 4 期。

林敏霞：《道—学—技—承：中国非物质文化遗产理论图式建构的"中医"启示》，《文化遗产》2014 年第 6 期。

林敏霞：《符号动员与景观再造：旅游情境下的"抗倭历史名城"打造》，《青海民族研究》2011 年第 2 期。

林敏霞：《国家与地方的历史互动：宗族文化教育组织视角——以浙江苍南蒲城乡华氏族学为例》，《广西民族大学学报》（哲学社会科学版）2010 年第 5 期。

林敏霞：《"家园遗产"：情境、主体、实践——基于台湾原住民及"社区营造"经验的探讨》，《徐州工程学院学报》（社会科学版）2013 年第 5 期。

林敏霞：《历史的"神道设教"和现实的"文化资源"——基于温州蒲壮所城城隍信仰文化资源保护与开发个案探讨》，载陈华文主编《非物质文化遗产研究集刊》（第七辑），浙江工商大学出版社 2014 年版。

林敏霞：《巫觋活动与神明创生——以温州苍南蒲城乡桃花仙姑为例》，载金泽、陈进国主编《宗教人类学》（第三辑），社会科学文献出版社 2012 年版。

林敏霞：《宗族离散与重构：清代"迁界"前后温州沿海地区族群迁徙与认同状况研究》，载罗勇、徐杰舜主编《族群迁徙与文化认同》，黑龙江人民出版社 2012 年版。

林培初：《蒲城元宵迎神民俗纪实》，载潘一钢、金文平编《温州文艺大观：民间文艺理论》，西泠印社出版社 2005 年版。

林子周：《苍南民间的杨府爷信仰》，《温州杨府侯王信俗文化学术研讨会论文》（上），温州，2011 年。

林子周、陈剑秋：《矿山的杨府爷信仰调查——以苍南县矾山镇为中心》，《温州杨府侯王信俗文化学术研讨会论文》（下），温州，2011 年。

刘朝辉：《村落社会研究与民族志方法》，《民族研究》2005 年第 3 期。

刘红玉：《论宋代温州移民与杨府爷信仰的关系》，《学理论》2012 年第 21 期。

刘铁梁：《标志性文化统领式民俗志》，载王铭铭主编《中国人类学评论》（第 4
　　辑），世界图书出版公司北京公司 2007 年版。

刘文明：《自我、他者与欧洲"文明"观念的建构——对 16~19 世纪欧洲"文
　　明"观念演变的历史人类学反思》，《江海学刊》2008 年第 3 期。

刘小京：《地方社会经济发展的历史前提——以浙江苍南县为个案》，《社会学
　　研究》1994 年第 6 期。

罗士杰、赵肖为等：《地方神灵如何平定叛乱：杨府君和温州地方政治（1830 -
　　1860）》，《温州大学学报》（社会科学版）2010 年第 2 期。

麻国庆：《中国人类学的学术自觉与全球意识》，《思想战线》2010 年第 5 期。

马威：《全球化模糊文化边界，多元文化使人类学研究转向》，《中国社会科学
　　报》2010 年 10 月 26 日。

［美］马歇尔·萨林斯：《资本主义的宇宙观——"世界体系"中的泛太平洋
　　地区》，载《历史之岛》附录，蓝达居等译，上海人民出版社 2003 年版。

孟令法：《温州杨府爷信仰之神职功能差异的历史地理学阐》，载《温州杨府
　　侯王信俗文化学术研讨会论文集》（上），温州，2011 年。

潘阳力：《浅析支撑杨府侯王信仰生存发展的因素》，《温州杨府侯王信俗文化
　　学术研讨会论文集》（上），温州，2011 年。

彭建英：《明代羁縻卫所制述论》，《中国边疆史地研究》2004 年第 3 期。

Stephan Feuchtwang：《文明的概念》，郑少雄译，载王铭铭《中国人类学评
　　论》第 5 辑，世界图书出版公司 2008 年。

施丽辉、张金玲：《明代抗倭遗址的保护与旅游开发——以浙南蒲壮所城为
　　例》，《经济研究导刊》2011 年第 24 期。

宋希芝：《水神晏公崇信考论》，《江西社会科学》2014 年第 11 期。

宋煊：《浙江明代海防遗迹》，《东方博物》2005 年第 3 期。

孙果清：《明朝抗倭地图：〈筹海图编·沿海山沙图〉》，《地图》2007 年第 2 期。

孙佳丽、周增辉：《瑞安碧山禅寺及其杨府爷信仰》，《温州杨府侯王信俗文化
　　学术研讨会论文集》（上），温州，2011 年。

孙九霞：《文化遗产的旅游化与旅游的文化遗产化》，《民俗研究》2023 年第
　　4 期。

王笛：《清末新政与近代学堂的兴起》，《近代史研究》1987 年第 3 期。

王梦婷、吴必虎、谢冶凤、高璟：《恋地主义原真性：人文地理学视角的建筑

遗产原真性解释框架》,《城市与区域规划研究》2021 年第 2 期。

王铭铭:《超社会体系——文明人类学》,载《人类学讲义稿》,世界图书出
　　版社公司 2011 年版。

王铭铭:《民族志与"四对关系"》,《大音》第 2011 年第 1 期。

王铭铭:《文明,及有关于此的民族学、社会人类学与社会学观点》,《中南民
　　族大学学报》(人文社会科学版)2014 年第 4 期。

王铭铭:《小地方与大社会——中国社会的社区观察》,《社会学研究》1997
　　年第 1 期。

王铭铭、张帆:《西南研究答问录》,《西北民族研究》2012 年第 1 期。

魏爱棠:《地方》,载彭兆荣主编《文化遗产关键词》第一辑,贵州人民出版
　　社 2013 年版。

熊贤君:《民国时期解决教育经费问题的对策》,《教育评论》1995 年第 2 期。

杨美惠、何宏光:《"温州模式"中的礼仪经济》,《学海》2009 年第 3 期。

杨美惠:《"温州模式"少了什么?——礼仪经济及巴塔耶"自主存在"概念
　　之辨析》,载王铭铭主编《中国人类学评论》(第十三辑),世界图书出
　　版公司 2009 年版。

杨念群:《北京地区"四大门"信仰与"地方感觉"——兼论京郊"巫"与
　　"医"的近代角色之争》,载孙江主编《事件·记忆·叙述》,浙江人民
　　出版社 2004 年版。

叶明生:《陈靖姑信仰略论》,《闽都文化研究》2006 年第 2 期。

叶明生:《福建寿宁四平傀儡戏奶娘传》前言,载《民俗曲艺丛书》,施合郑
　　民俗文化基金会 1997 年版。

约翰·戴维斯:《历史与欧洲以外的民族》,载〔丹麦〕克斯汀·海斯翠普编
　　《他者的历史:社会人类学与历史制作》,贾士蘅译,中国人民大学出版
　　社 2010 年版。

〔美〕詹姆斯·沃森:《神的标准化:在中国南方沿海地区对崇拜天后的鼓励
　　(960–1960)》,载韦思谛编《中国大众宗教》,陈仲丹译,江苏人民出
　　版社 2006 年版。

张立文:《论叶适思想的人文精神》,载张义德等编《叶适与永嘉学派论集》,
　　光明日报出版社 2000 年版。

张小莉:《清末"新政"时期政府对教育捐款的奖励政策》,《历史档案》

2003 年第 2 期。

赵旭东：《从文野之别到圆融共通——三种文明互动形式下中国人类学的使命》，《西北民族研究》2015 年第 2 期。

周大鸣：《凤凰村的变迁：〈华南的乡村生活〉追踪研究》，社会科学文献出版社 2006 年版。

周建新：《人类学视野中的宗族社会研究》，《民族研究》2006 年第 1 期。

五　学位论文

范正义：《民间信仰与地域社会——以闽台保生大帝信仰为中心的个案研究》，博士学位论文，厦门大学，2004 年。

林敏霞：《文明的演进：一座所城的文化与仪式》，博士学位论文，中央民族大学，2009 年。

宋永志：《城隍神信仰与城隍庙研究：1101－1644》，硕士学位论文，暨南大学，2006 年。

吴林羽：《困厄中的变迁：清末新式小学堂》，硕士学位论文，华东师范大学，2006 年。

六　英文研究性论著

Arthur Wolf, ed., *Religion and Ritual in Chinese Society*, Stanford, 1974.

Catherine Bell, *Ritual Theory*, *Ritual Practice*, New York：Oxford University Press, 1992.

Emily Martin Ahern, *Chinese Ritual and Politics*, New York：Cambridge University, 1981.

Helen Sue, *Agent and Victims in South China*, Yale University Press, 1989.

Hsu, Francis L. K, *Under The Ancestors´ Shadow*, *Chinese Culture and Personality*, New York：Columbia University Press, 1948.

Maurice Bloch, *From Blessing to Violence*：*History and Ideology in the Curcumncision Ritual of the Merina of Madagascar*, Camhridge University Press, 1986.

Rabinow, Paul and George E. Marcus et al., *Designs for an Anthropology of the Contemporary*, Durham and London：Duke University Press, 2008.

Robert Weller, *Unities and Diversities in Chinese Religion*, New York：McMillan, 1987.

Steele F, *The Sense of Place*, Boston：CBI Publishing Company Inc. , 1981.

Stephan Feuchtwang, *The Imperial Metaphor：Popular Religion in China*, London：
Routledge, 1992.

Steven P. Sangren, *History and Magical Power in a Chinese Community*, Stanford：
Stanford University Press, 1987；

六 其他

《苍南（马站）全域旅游暨蒲壮所城保护与利用高峰论坛举办 各路专家共商苍
南旅游发展大计》，苍南新闻网，2017 年 11 月 28 日，http：//www. cncn. g-
ov. cn/art/2017/11/28/art_1255449_13418815. html，2022 年 10 月 12 日。

苍南县发改局：《苍南县产业发展"十四五"规划》，2021 年 9 月 11 日，苍
南新闻网，http：//www. cncn. gov. cn/art/2022/1/11/art_1229566222_40133
71. html，2022 年 2 月 23 日。

苍南县文化和广电旅游体育局：《苍南县文化和广电旅游体育局关于县十届人大
五次会议第 277 号建议的答复函》，2021 年 12 月 24 日，http：//www. cncn.
gov. cn/art/2021/12/24/art_1229611494_4004518. html，2022 年 10 月 23 日。

《第二批浙江省非物质文化遗产名录申报书·蒲城拔五更》。

郭进贵：《蒲门话沧桑 走进蒲城之二——元宵闹古城》，2005 年 12 月 16 日，新
浪博客，https：//blog. sina. com. cn/，2021 年 12 月 3 日。

纪录片：《拔五更》，2017 年录制。

林子周、郑筱筠、陈剑秋：《苍南县江南垟"灵姑"信仰调研报告》，2008
年，未刊稿。

《蒲壮所城 2005—2006 年维修工程情况报告》。

杨思好：《蒲城的"拔五更"调查报告》，未刊稿。

《浙江：全域旅游助推强村富民，山海苍南春来早》，中国网，2017 年 2 月 17
日，http：//jiangsu. china. com. cn/html/Travel/tour/9322017_1. html，2021 年
3 年 15 日。

《浙江省民族民间艺术资源普查登记表》，2006 年。

后　记

全书交付之际，我依然如同过去一样，除了高兴暂时完成了一部分工作之外，并无如释重负的大喜悦，因为文本总是在进行中，而不可能真正地完成。然而，它必须得告一个段落，以阶段性结束和再次出发。一路行来，因有诸多老师、同学、亲友、田野中的各位朋友和访谈对象的帮助和鼓励，才得以最后完成这本书。

恩师徐杰舜教授多年来一直给予我教导、信任和帮助，没有徐老师的鞭策和鼓励，我大概还会凭着我的惰性，把这份书稿放在抽屉中继续积灰。受到徐老师"汉民族人类学研究"的影响，我读人类学以来的调查研究对象也都是以"汉人社会"或"汉人村落"为主。更难能可贵的是，徐老师身上永远都保有乐观向上和锲而不舍的精神，使我时时受到激励。多年来，学习和生活中偶有的沮丧或气馁，每每在他乐观向上、富有感染力的人生态度和为学姿态中得到化解，而这一点的重要性丝毫不亚于他在学业上一直给予的指导和鞭策。

在中央民族大学攻读博士学位期间，北京大学王铭铭教授兼任中央民族大学人类学理论与方法研究中心主任，亲自为我们开设了历史人类学等课程，并组织包括文明人类学等主题在内的系列讲座和研讨，也为本书的调查和写作提供了理论上的资源。在参加王老师所举办的有关"宗教与文明"的学术研讨时，我有机会认识中国社会科学院研究员陈进国先生，正是他的推荐，才使蒲城进入我的视野，成为我的田野点，并在后续的文本写作中得到他多次帮助和指导。

本书最初的文本，得到了中国人民大学赵旭东教授、郭星华教授，中央民族大学王建民教授、潘蛟教授、丁宏教授、兰林友教授的阅读并提出珍贵、中肯的修改意见。我的师兄海路、黄安辉，师姐罗彩娟，同届师门兼好友孙亚楠，同届同学兼室友高源亦在文本最初阶段便曾阅读并提出宝贵的修改意见。

本书的完成更加离不开田野期间所获得的诸多帮助。时任苍南县文化站站长的林子周先生及其爱人陈剑秋女士、副站长许则銮先生最初带我进入蒲城，并给予我持续的帮助和关心；时任蒲城乡政府书记的施成书、分书记金荣，时任文保所所长施丽辉女士、薛思源、张祖军、金丽华等文保所成员慷慨地提供了蒲壮所城相关资料，并给予生活和田野中的诸多帮助；文保会林培初老师、华晋绪老人是我田野调查最初的报道人，亲切、诚挚地提供极大的支持；金庆雄大爷、华允初大叔、简诗景师公、陈松飞大哥等在后续的田野中成为重要的报道人；时任苍南县文物馆馆长的杨思好先生、苍南谱牒收藏中心委员郑维国先生、苍南县图书馆王晓峰副馆长、苍南县文化广电新闻出版局的金亮希先生亦都为我提供给诸多地方资料；华祖美、林雪红一家长期热情地照顾了我在蒲城的生活，允许我对他们表以最真诚的感谢。此外，我要对田野中包括华姓、金姓、简姓、陈姓、王姓、张姓等在内的、那些日夜花时间陪我聊天、陪我去找族谱、看庙的蒲城民众表以我最真切的感谢，恕我不能一一的把所有的名字都写出来，他们是此书背后的无名英雄。

另外我还需要再单独感谢杨思好先生、简诗景师公、蔡瑜先生和师弟韦小鹏。本书第十章是新增内容，写作期间恰逢新冠疫情，很多仪式活动都停了，自己也被封在学校所在城市不能出行。杨思好先生热心地继续为我提供了大量苍南正一教相关的第一手文献资料，简诗景师公为我解释了不少田野中记录不周的地方，并提供最新的城隍庙照片，最后才能大致地把蒲城正一教师公的仪式实践和传承呈现出来。在后继全书的修正和校对中，杨思好和蔡瑜先生又为我提供了蒲城相关的族谱资料和最新数据，小鹏百忙中为我制作处理相关图片，使写作顺利完成。

感谢浙江师范大学学术出版基金和浙江省哲学社会科学重点研究基地浙江师范大学江南文化研究中心对本研究的支持，使得本书时隔多年能够顺利出版。中国社会科学出版社王莎莎副编审专业严谨的编校，保障了本书最终得以呈现。

最后，把我最带愧疚的感谢献给我的父母和爱人，感谢他们这么多年以来对我的支持和包容。做学问快乐，却也清苦，唯有得到你们的理解和支持，才安心于此。